基金资助：
重庆市高等教育改革研究重大项目（171002）
"跨界+协同"跨学科跨专业建筑大类人才培养模式研究与实践
重庆市高等教育改革研究重大项目（201002）
以学生为中心的研究性专业课程建设探索与实践
重庆大学新工科研究与实践项目重点项目（重大校教[2017]102号）
复合型建筑大类人才培养模式研究与实践

U0184490

跨界 融合 致深

—— 重庆大学建筑学部多专业联合毕业设计

CROSS-BORDER INTEGRATION IN-DEPTH —— MULTI-PROFESSIONAL JOINT GRADUATION DESIGN OF CHONGQING UNIVERSITY

黄海静 卢 峰 主编

中国建筑工业出版社

图书在版编目(CIP)数据

跨界 融合 致深 ： 重庆大学建筑学部多专业联合毕业设计 = CROSS-BORDER INTEGRATION IN-DEPTH —— MULTI-PROFESSIONAL JOINT GRADUATION DESIGN OF CHONGQING UNIVERSITY / 黄海静，卢峰主编. —北京 ：中国建筑工业出版社，2020.8
ISBN 978-7-112-25286-2

Ⅰ. ①跨… Ⅱ. ①黄… ②卢… Ⅲ. ①建筑设计—作品集—中国—现代 Ⅳ. ①TU206

中国版本图书馆CIP数据核字(2020)第115042号

责任编辑：李 东 徐 浩
责任较对：李美娜

跨界 融合 致深——重庆大学建筑学部多专业联合毕业设计
CROSS-BORDER INTEGRATION IN-DEPTH —— MULTI-PROFESSIONAL JOINT GRADUATION DESIGN OF CHONGQING UNIVERSITY

黄海静 卢 峰 主编
*
中国建筑工业出版社 出版、发行 (北京海淀三里河路 9 号)

各地新华书店、建筑书店经销

临西县阅读时光印刷有限公司印刷
*
开本：889 毫米×1194 毫米 1/12 印张：27 字数：978 千字
2021 年 2 月第一版 2021 年 2 月第一次印刷
定价：298.00 元
ISBN 978-7-112-25286-2
(36001)

主　编：黄海静　卢峰

参　编：甘民　谢安　陈金华　卿晓霞　杨宇

编写组：徐焕昌　林涌波　汤贤豪　赵航疆　林秋阳　袁沁心　仝函玉　吴昊

主　审：黄海静　卢峰

参与教师：卢峰　黄海静　邓蜀阳　曾旭东　张海滨　周智伟（建筑）
龙灏　王琦　褚冬竹　覃琳（建筑）
甘民　刘宝　李正英　叶天义（结构）
张勤　谢安（给水排水）
陈金华（暖通）
卿晓霞（电气）
杨宇　张亮　徐波　曹小琳（工程管理、工程造价）
王涛　吉方英　方俊华　汪昆平（环境工程）

特别感谢：中国建筑西南设计研究院有限公司
高驰国际设计有限公司
重庆大学建筑规划设计研究总院有限公司
重庆市设计院有限公司
重庆大学建筑学部

主　编

黄海静教授
博士生导师，重庆大学建筑城规学院院长助理
建筑城规国家级实验教学示范中心副主任
重庆市学术技术带头人后备人选
重庆市照明学会常务理事、副秘书长
重庆市绿色建筑专业委员会委员
重庆市科技专家库"科技专家"
中国建筑学会会员

主　编

卢峰教授
博士生导师，国家一级注册建筑师
重庆大学建筑城规学院副院长
建筑城规国家级实验教学示范中心主任
重庆市巴渝学者特聘教授
全国高等学校建筑学专业教育评估委员会委员
高等学校建筑类专业教学指导委员会建筑学专业教学指导分委会委员
中国建筑学会理事

序言

在当代全球化背景下，开放的国际竞争环境和扁平化的知识来源使建筑大类专业教育的内涵、外延与人才培养目标发生了深刻变革，以知识传授为主的传统教学模式以及窄口径的人才培养体系已无法满足社会与行业对复合型人才的迫切要求。如何帮助学生形成发现、分析、解决问题的综合能力以及具有前瞻性的专业视野，已成为当前建筑大类专业教育面临的重大挑战；而毕业设计作为检验专业教学成效与学生综合专业素质的一个关键教学节点，为探索新的教学模式提供了综合性的实践平台。

长期以来，中国的专业教育一直贯彻以特定知识、特定技能为核心的纵向教育模式，不同专业教育平行发展，相互之间的共享课程极少，导致学生缺少深入的思维与开阔的视野。表现在具体的建筑设计流程上，就是由建筑学牵头的线性专业协调模式，这种专业协调模式不仅对建筑学专业人才的知识宽度和协调能力提出很高的要求，而且对结构、设备等专业人才的培养不利，导致其在实际的专业实践过程中往往处于被动参与的状态，缺少创新意识与大局观，无法为建筑创作的多样性表达与创新发展提供强有力的技术支持。因此，如何将线性的专业设计推进模式转化为扁平化、复合性的专业设计协调与整合过程，不仅是建筑大类专业教育必须解决的问题，也是整个行业在信息化背景下持续发展必须解决的问题。

另一方面，城市与建筑发展的日益复杂性以及知识来源的多元化，使发现知识、分析知识与运用知识成为衡量专业人才创新能力的一个重要标准，只有具备更广阔的知识背景和了解完整的知识体系的人才，才可能具备宽广的专业视野以及在复杂问题背景下寻找最佳解决路径的能力，因此，更加宽阔的通识性基础教育不仅是培养复合型人才的关键，也是体现专业教育水平的一个标志。与此呼应，专业教学模式必须实现由"授之以鱼"向"授之以渔"的转变，才能真正使静态的以教师为中心、以知识单向传授为主体的被动专业教学过程，向以学生为中心、以学生自我探索与研究为主体的积极教学过程转变，使学生真正成为课程的参与者与建设者。

为了提高学生应对复杂设计问题的专业能力、构建探究式的教学过程，自 2013 年以来，重庆大学的建筑大类各专业依托建筑学部这一跨学科平台，开始探索多专业联合毕业设计，统筹建筑、结构、设备及管理 4 个学科 7 个专业，联合西南建筑设计院、重庆市设计院、重庆大学设计研究院等国内知名建筑设计企业，采取"跨学科、多专业、校企联合"的教学新模式，使各个专业的参与学生都能在资源共享平台上协同工作。这种新的毕业设计教学组织模式，不仅打破了各学科专业教育间的隔阂与壁垒，促进了各学科专业教育的协同发展，也推动了校企之间的深度合作，成为当前国内建筑类专业教育培养"复合创新型"人才的一个重要创新举措。

经过持续的教学实践探索与过程优化，重庆大学建筑学部多专业联合毕业设计已显现出其难得的实验教学价值和突出的教学效果，并从三个方面为现有的人才培养模式和专业教育模式改革提供了新的思路：一是多专业联合毕业设计改变了当前建筑设计领域惯用的线性工作流程，结合绿色建筑、BIM 等设计主题，构建了贯穿课程始终的设计研究环节；扁平化的设计参与模式使结构、设备、管理等专业的学生在设计前端就介入设计课题的定位、选址、技术体系构建、工作流程安排等系统性工作，提高了各专业学生对建筑设计流程与工作目标的整体性认知深度，拓展了各专业自身的专业知识范围，突出了学生设计小组在设计过程中相互交流和协调的重要性。二是多专业联合毕业设计也反过来帮助我们发现了不同学科之间、不同专业之间的教学隔阂和障碍以及由此导致的学生专业视野狭窄和综合研究思维能力不强等问题，为构建建筑学部的建筑大类通识课程和专业教育基础课程体系提供了更多的依据。三是多专业联合毕业设计为探索研究型的专业教育模式提供了一个更加开放和多元化的校企合作平台。近几年来，随着我国高校教师的高学历化趋势，专业教育与学术研究的差异性与矛盾性日益突出，对于以实践应用为核心的建筑类专业教育而言，在专业教学环节中缺少具有一定实践经验的专业教师，已经对专业人才培养产生了非常明显的负面影响。因此，设计企业参与多专业联合毕业设计，不仅可以将行业的最新成果转化为有特色的专业教学资源，为参与学生提供更贴近实际、更综合的技术解决方案，而且可以借助这一平台探索新的技术集成模式和扁平化的设计工作模式，通过与高校的研究合作，构建具有前瞻性的技术发展规划和一定的技术储备。从我国城市与建筑的未来发展趋势来看，校企深度合作既有利于提高专业人才培养质量，也有利于推进建筑行业向高水平、多元化的方向持续发展。

重庆大学建筑学部多专业联合毕业设计创下了国内专业教学的多个先例，是国内专业教学整合度最高、参与专业类型最全、对学生解决问题的综合协调性要求最高的毕业设计课题之一，自 2013 年启动以来就受到了国内许多建筑院校的高度关注。此学生作品集的集结出版，一是对近 7 年来相关教学工作的总结与回顾，并希望借此机会重新梳理教学改革的思路，找到更加有效、覆盖面更广、更具示范效应的推进途径，二是希冀借助重庆大学"建筑学部多专业联合毕业设计"这个平台，进一步探索适合建筑行业未来发展需求的创新复合型人才的培养模式以及相应的专业联合工作模式。此作品集中的许多学生成果，不仅展现了同学们对特定问题的深入探讨与艰苦的工作过程，也体现了各专业教师长期、无私的付出和严谨、务实的教学风格；作品集中的许多设计方案还存在诸多不足，解决问题的方法和途径还稍显稚嫩，但从培养高水平人才的角度来看，帮助学生掌握设计方法比掌握设计技巧更重要，形成宽阔的专业视野和团队协调意识，比设计图纸自身的丰富表现更重要。因此，以创新意识与综合能力培养为主要目标的多专业联合毕业设计任重道远，仍有许多环节需要我们继续突破原有僵化的专业教育教学模式，不断探索与时代发展相适应的创新教学手段和人才培养机制，真正实现"以学生为中心"的教学理念。

卢 峰

2020 年 5 月

目录 ■

	① 2013 年	② 2014 年	③ 2015 年
课题数	1	1	2
参与专业	7	7	7
师生参与人数	老师 14 人 学生 18 人	老师 14 人 学生 24 人	老师 14 人 学生 44 人
实习项目	无	崇州市人民医院 重庆市大坪医院	中建西南设计院 重医大学城医院 后工绿色示范楼
	第一次组织 7 个专业联合教学	第一次组织赴崇州、重庆实地调研	第一次同时组织两个设计课题 第一次与中建西南院实行校企联合培养 第一次加入绿建主题并赴绿色示范楼学习

联合毕设大事记

④	⑤	⑥
2016 年	2017 年	2018 年
2	2	2
7	7	7
老师 14 人	老师 14 人	老师 13 人
学生 39 人	学生 51 人	学生 58 人
中建西南设计院	中建西南设计院重庆分院	中建西南设计院
成都兴隆湖酒店	遵义市湄江酒店、遵义宾馆	成都华尔道夫酒店
重医大学城医院	重医大学城医院	四川大学华西第二医院
后工绿色示范楼	后工绿色示范楼	后工绿色示范楼
第一次在中建西南院开展为期 1 周的"校企联合—现场教学"	第一次引入 BIM 设计流程 单次培养学生人数突破 50 人	第一次由校外导师全程辅导基于 ArchiCAD 的 BIM 设计流程，统合 7 个专业，设计成果参与 2018 GRAPHISOFT 亚洲高校 BIM 毕业设计巡回赛并取得丰硕成果

关于教学

跨学科、多专业联合毕业设计教学创新与实践

一、背景

建筑类专业是应用型专业中国际化、市场化、职业化程度最高，竞争最激烈的专业之一。面对挑战，为了让学生具备应对全球市场竞争的宽阔视野和综合素质，建筑教育就必须提供协同、整体及多元化的学习机会。同时，当代建筑教学所面临的诸多建筑发展与城市环境问题，已远远超出传统学科范畴，向着社会、经济、生态、技术等多个领域拓展。适应于注册建筑师制度和社会发展需要，以加强学生的工程意识、工程素质和工程实践能力为出发点，培养具有综合研究与创新实践能力、独立工作与团队协作能力的复合型人才，已成为建筑类专业教育的重要方向。

重庆大学"建筑学部多专业联合毕业设计"改变了当前建筑教学和设计的线性工作模式，打破各学科专业间的壁垒，以建筑学部为平台，统筹建筑、结构、设备及管理4个学科7个专业，联合西南建筑设计院、重庆市设计院等国内知名建筑企业，采取"跨学科、多专业、校企联合"的教学新模式，使各个专业参与者都能在资源共享平台上协同工作，不仅促进了各学科专业教学的协同发展，也推动了校企联合的深度合作，是建筑教育培养"复合创新型"人才的重要探索与实践。

二、教学理念

"建筑学部多专业联合毕业设计"通过跨学科的联合设计教学、建筑项目的实做训练、多元协同的教学模式，帮助学生建立起整体性的建筑设计思维，掌握全过程的建筑设计方法（图1）。

1. 从"越界"到"跨界"

改变传统毕业设计中各专业固守自己的设计范畴，就建筑谈建筑、就结构谈结构、就设备谈设备、就管理谈管理的限定思维，"多专业联合毕业设计"重视设计中整体思维、全局观念的培养。通过跨学科合作，跨专业交流，"校－企"联合指导等"跨界"教学模式，实现资源整合与共享，加强了学生的知识积累、能力拓展与综合素养。

2. 从"配合"到"融合"

改变传统毕业设计中各专业被动配合、各自评价的状态，强调主动思考、统筹决策。"多专业联合毕业设计"的学生组成跨专业联合设计小组，从实习调研、基地踏勘、讲课指导、方案设计到毕业答辩的全过程，都紧紧捆绑，充分融合在一起，整个毕业设计过程中各专业学生共同参与，保证设计目标、创新思路、工作步骤、评价体系的一致性。

3. 从"一元"到"多元"

改变传统毕业设计中只重视单一专业知识的训练，忽视对相关专业知识的拓展性学习，缺乏对毕业生去向多元化趋势的关注的情况，"多专业联合毕业设计"的教学内容由"单一知识"向"复合知识"转变，强调建筑大类的整体设计观和复合性设计理念，通过多维度思维拓展、多层次教学体系、多元化教学方式，实现多类型的人才培养目标。

4. 从"协助"到"协同"

改变传统毕业设计中建筑先行、其他专业协助设计的方式，"多专业联合毕业设计"要求所有参与者具有跨专业的敏锐性，拓展相关专业知识，基于建筑、土木、环境及管理的整体认知，掌握多角度分析与综合决策的设计方法，建立协同平台与协调机制，从而有效减少专业间的冲突和设计反复，实现教学效果的整体最优，提高学生综合研究与协同设计的能力。

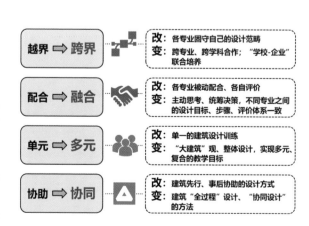

图1 多专业联合毕业设计教学理念构架

三、教学实践

1. 教学组织机制

1）建筑学部的综合管理

建立有效的教学管理机制是进行"多专业联合毕业设计"教学的重要保障。重庆大学"建筑学部"以学科资源整合、统筹发展为目标，由建筑城规学院、土木工程学院、城市建设与环境工程学院、建设管理与房地产学院四个学院和城市规划与设计研究院、建筑设计研究院这两个甲级设计院构成，共同协作，促进建筑大学科建设。建筑学部将建筑大类各学科统筹一体，构筑了建筑工程相关专业整合的平台，从联合毕业设计的构想策划、人员组织、选题论证，到教学管理、安排实习、组织评图和答辩等，建筑学部的组织管理和协调工作保证了整个多专业联合毕业设计的有效推进和顺利完成（图2）。

2）指导教师团队模式

基于工程项目组织的多专业联合毕业设计，教学模式由单一指导转变为团队指导，教师团队集体研讨课题设置、编制教学计划、开展课题讲座、指导联合设计，弥补单一专业教师在专业知识、技术层面的不足；同时，"校－企"合作基地的高级建筑师、工程师也参与教学，外聘专家参与专题讲座，担任评图答辩老师，构建"学院老师＋设计院工程师"组成的"双导师制"联合指导模式。强有力的、工程实践型的指导教师队伍，保证学生在设计过程中遇到专业交叉和工程实践产生的一系列问题时，都能根据其专业需求找到对应的教师进行解答。

3）学生的自组织合作

参与多专业联合设计的学生具备三个素质：一是专业设计和创新能力优秀，事业心和责任感较强，具备解决较复杂设计问题的潜力；二是有全局观，能超越单一、固有、绝对的专业优越感，重视学科间知识的融合与应用；三是工作主动热情、善于交流沟通，独立思考与整体协调兼顾，个性发展与合作协同并重。学生团队采取自组织合作机制，每个专业1~3名学生共同组成多专业联合小组，每组12人左右，建筑学专业学生任组长。从前期分析、概念构思到方案设计、技术实施等全过程，所有专业集体参与、讨论协商并达成一致，共同完成一套完整的设计。

2. 教学协同环节

1）选题的综合性与可参与性

"多专业联合毕业设计"选题结合建筑学科特点、行业发展和工程实践要求，强调前瞻性、综合性及实践性。关注绿色建筑及可持续发展趋势，以提高学生解决复杂建筑功能及工程技术问题的实践能力为目标，以设计企业实际项目作为选题来源，同时充分考虑各专业可参与性，保证项目设计的难易程度、图纸完成的精度和深度，既满足各专业毕业设计的要求，又发挥联合教学的优势。通过集体商议、论证，共同确定课题内容、指标要求等，形成一套全专业的课题任务书。

2）统筹协作的设计教学过程

"多专业联合毕业设计"涵盖专业多、过程繁杂，任何一个环节的问题都会影响整个团队的设计开展和推进，因此，教学进度的有效控制是联合教学的重点（图3）。联合教学前，教师团队根据毕业设计时间及设计工作流程，协商整个教学工作安排，确定主要时间节点，形成切实可行的教学进度表；联合教学中期，定期组织教师团队开会，讨论进一步的工作计划，协调教学环节的矛盾；联合教学后期，通过交叉评阅、统筹协调，保证毕业设计的整体效果。

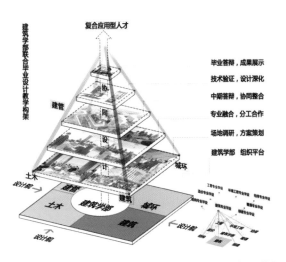

图2 多专业联合毕业设计教学组织构架

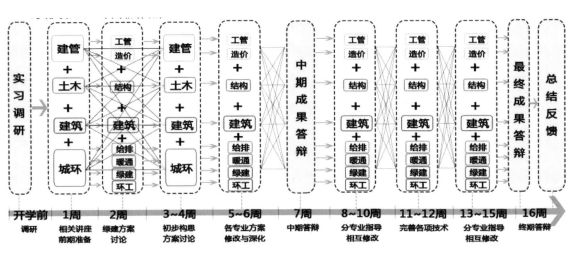

图3 多专业联合毕业设计协作流程

3）多渠道、探讨式教学手段

灵活多样的教学交流和沟通方式是联合设计教学实施的保障，通过图形、文字、语言等各种方式，建立起专业间的信息共享与技术沟通；公共网络、微信平台等各种现代化信息媒介手段也被充分应用到联合教学中，指导教师可以将收集整理好的设计案例、参考文献、图片资料等上传到网络资源平台供学生下载参考。各专业学生之间、学生与指导教师亦可及时沟通，开展探讨式教学交流，促进了各学科专业间信息传递的快捷、高效。

三、教学控制体系

教学进程的有效控制是联合教学的关键。"多专业联合毕业设计"构建了"5-2-1"教学控制体系，通过"5个阶段环节控制"，采用"2个团队组织模式"，完成从课题策划、协同设计到公开展示、反馈评价的"1个全过程式教学"（图4）。

1）基于"现场教学"的设计前期教学控制

毕业实习与基地调研是毕业设计教学的重要前提，强调实习内容的针对性、实习项目的系列化、实习过程的真实性，通过对建筑设计企业、相关案例工地、建筑示范项目参观调研及基地踏勘，增强学生对建筑行业、工程实践的直观认知。校企联合"现场教学"环节，一是围绕课题项目、绿建设计、专业分工与协作等内容组织各专业企业导师"现场讲座"，二是企业导师与学校教师联合指导学生完成设计前期"现场教学"，从而为下一环节的设计教学提供保障。

2）强调"开放、多元"的教学过程控制

"多专业联合毕业设计"采用"多元结合"的教学组织方法，包括：基础"通识教育"与"专业知识"讲座相结合；"集中式"设计内容授课与"定期性"教师团队例会相结合；分专业"独立指导"与多阶段"协同指导"相结合。既有"校－企双导师"联合指导，也有绿色建筑设计研究、BIM软件技术模拟的专家开展的专题讲座和研讨。开放性教学强调设计过程中各个专业的协作与控制要点，从而保证设计教学成果的整体最优。

3）"整体"答辩及反馈的教学评价控制

答辩环节采取"整体答辩"方式，各专业学生组成答辩小组，邀请各专业企业工程师和专家组成答辩委员会，指导教师旁听。成绩评定以小组整体效果为主要依据，并考虑个体在设计中的表现。学生的最终成绩由"整体成绩"和"个体成绩"按比例构成。此外，组织成果公开展示、师生座谈回顾等教学评价环节，并对参与联合教学的学生毕业后的工作学习情况进行问卷调查追踪，通过评价反馈，总结经验，不断完善多专业联合教学方式。

四、小结

重庆大学"建筑学部多专业联合毕业设计"促进了各专业实践教学的协同发展，增强了学生的全局观、工程意识和协作精神。教学创新点如下：

1）跨学科"交叉融合"的教学体系

紧密结合国家强化通识教育和专业融贯的教学要求、交叉和整合的学科建设目标，确定多专业内在联系与有机构成的教学思路，通过设置涵盖建筑、土木、设备、管理各专业知识的课程内容和教学体系，培养学生对经济决策、建筑功能、结构工程、环境评价及管理组织的统筹思考以及对建筑大类相关专业知识学习的有效衔接及整体掌握。

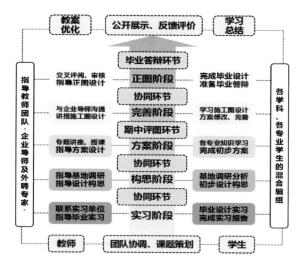

图 4 多专业联合毕业设计教学控制体系

2）"以学生为中心"的教学方法

以学生自主学习为主，让学生成为"课程搭建者"，培养学生具备专业坚实、知识面广、创新实践的综合能力。联合教学由单一、单向的教师知识传授转变为以问题为引导、学生主动参与的教学过程，提高了学生发现问题、分析问题、解决问题的能力。各专业学生高度融合，协同完成整个工程项目，培养了学生的团队协作精神与沟通交流能力，也发掘了优秀学生的组织协调及领导潜能。

3）全过程"协同设计"的教学模式

围绕工程实践项目形成完整的专业协同体，培养学生掌握从调研策划、方案构思到技术应用、规范表达的全过程设计方法，提高学生将专业知识与工程实践相衔接的能力，缩短学生走出校园后的工作适应期。将企业实践转换为教学资源，从实际项目课题来源、设计单位参观、实践案例考察、企业导师参与指导和答辩等各个环节，形成多层次、立体化的校企联合教学机制，既促进企业与高校间全方位、实质性合作，也可提高学生参与工程设计的"实战"能力、教师指导设计的实践教学能力。

从 2013 年到 2018 年，走过 6 届的"建筑学部多专业联合毕业设计"成果显著，获重庆大学教学成果奖 1 项，重庆大学优秀毕业设计奖 37 项（其中，建筑学专业 12 项），获"全国高等学校建筑设计教案和教学成果评选"优秀作业奖 1 项，获得 2016 年海峡建筑新人奖 1 项。毕业后的学生无论是在设计企业工作还是读研深造、国外留学，学生的专业协作、整体统筹及工程实践能力都表现突出，受到用人单位及国内外大学的高度认可。

"建筑学部多专业联合毕业设计"搭建与实际工程建设过程相适应的综合性训练平台，强化学生胜任初始职业所必备的专业知识和综合能力，提高其未来执业的竞争力与社会适应性，具备应对行业变化并持续发展的潜力，培养学生成为"能适应和驾驭未来的行业领军者"。

黄海静
2020 年 5 月

The Multi-professional Graduate Design of the Architecture Department

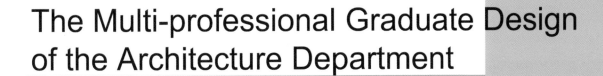

跨界 · 融合

20**3**

课题一:
　　　重庆大学建筑学部综合实训楼设计

《综合实训楼 1》

《综合实训楼 2》

用地详情

课题：重庆大学建筑学部综合实训楼设计

　　基地位于重庆市沙坪坝区重庆大学 B 区农学院旁边，场地由北到南存在 10m 的高差。由于校园急需一些可以提供给师生用于学术交流、讨论的公共区域，建筑学部拟建一实训楼，可选择在老楼的基础上进行改扩建，且希望引入一定的绿建技术，以得到高效、生态化的建筑空间。建设内容包括建筑基础认知展示中心、建筑博物馆、建筑新技术展示区、力学实验室和其他配套设施。

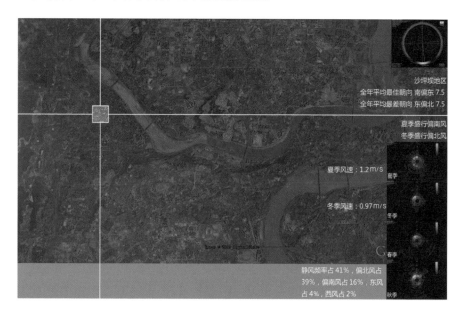

专业协同

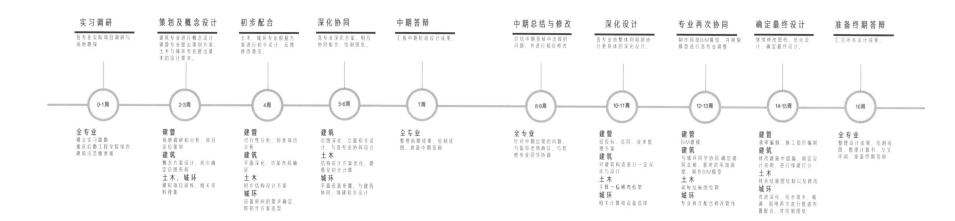

调研成果 PRE-RESEARCH

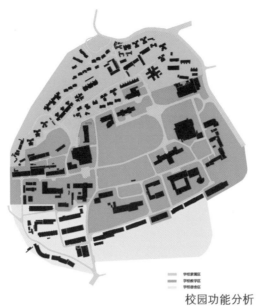

校园功能分析

校园公共空间分析

　　设计场地位于重庆大学 B 区。校园主要由三大功能区组成：教学区、学生宿舍区和教职工家属区，设计场地北面是教职工家属区，南面、西面和东面都是教学区。通过实地调研，标示出如上图所示的校园公共空间，包括校园运动场地、咖啡馆和室外广场。不难发现，许多室外广场利用率较低，很多属于消极空间，因此，可以真正被学生利用的公共空间数量十分少。校园急需一些可以提供给师生用于学术交流、讨论的公共区域。

流线分析

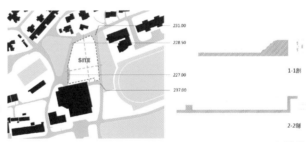

高差分析

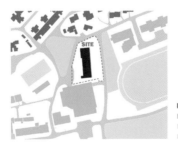

功能分析

原有建筑

视线分析

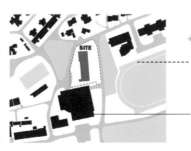

毗邻建筑

综合实训楼项目可行性研究报告（节选）

1. 项目建设背景

（1）国内各高校的校内实训基地概况

近年来，高等教育实训基地建设越来越受到各高校的重视，但是生产性实训基地建设模式尚未完全成形，目前我国校内实训基地的基本模式主要为仿真型校内实训基地。其主要特点是学生经过这种实训基地的培养，通晓整个生产过程，学生毕业后能够很快适应市场和企业需求，故而基本思路是正确的。但由于仿真实训基地不可能等同于真实生产过程，它的工艺过程、生产组织、员工培训、产品质量等无法达到企业或者市场要求，这样不可避免地使得学生实训过程偏离最初的定位，为学生今后走上工作岗位带来极为不利的影响。

现行高等教育管理体制不利于实训基地建设，政府缺乏宏观层次上调动学校实训基地建设积极性的有效措施和与之相配套的可操作的政策法规。虽然高校已经在诸多方面做了大量的工作，投入了大量的人力、物力、财力，但由于缺乏相关政策的有力支持，收效甚微，实训效果难以保证。

（2）国内不同等级高校的校内实训基地概况

目前，国内设置校内实训基地的院校多为高职院校。高等职业技术教育强调的是能力综合与实用，而学生的实践过程主要是在实训基地中完成，一个集教学、实验、技能训练和考核等为一体的实验实训教学基地，是高职院校十分重要的实践教学设施，对高等职业技术教育目标的实现具有重要的作用。因此，高职院校积极地在实训基地建设方面进行研究与探索，并取得了一些成绩。但仍然存在很多问题，主要表现在以下方面：第一，实验设备滞后于行业发展，配套数相对不足。第二，实训项目设计没有新突破，课程体系缺少企业本位的观点。第三，师资队伍建设有待加强。

众多本科院校对校内实训基地建设的重视程度远不及高职院校，主要是因为课程体系受传统的学科本位思想的影响较大，在强调理论知识的同时难免忽视了实践环节，重理论、轻实践的"缺陷"成为大多数本科院校的通病。

（3）重庆地区各高校的校内实训基地现状

与国内其他地区的情况相似，重庆地区的高校校内实训基地也主要集中在各高职院校，例如重庆青年职业技术学院、重庆屯大、重庆二峡职业学院、重庆工业职业技术学院、重庆三峡医药高等专科学校、工业技师学院、重庆工贸职业技术学院等高职院校都拥有自己的实训楼。

重庆地区的本科院校中，拥有校内实训基地的学校较少，例如重庆工商大学江北校区实训楼工程正处于竣工验收阶段，西南政法大学的实验实训大楼建设工程正在筹备之中。而重庆大学，作为重庆地区唯一一所同时拥有"985"和"211"两个称号的重点大学，目前还没有类似的校内实训基地。

2. 项目建设必要性

（1）为学生终身发展奠基的需要

实训基地是教师实行理论实践一体化教学的最佳场所，是学生将理论知识转化为专业技能的重要保证。知识和技能是学生踏入社会、进入企业的敲门砖，也是学生们后期职业可持续发展的重要保障。

同时，实习、实训和模拟仿真训练可以加深学生对职业和行业的了解，帮助学生向职场人士转变作准备，增加了自身的竞争优势。因此，实训楼的建设可以为学生的终身发展奠定良好的能力基础。

（2）改善重庆大学综合实习实训条件和保证教学成果的需要

虽然重庆大学建筑学部在办学过程中加强了培养学生的实习实训基础能力，但由于办学经费紧张，投入不足，实习实训的效果不理想，无法满足专业教育和实习实训的需要，影响了人才培养的效果和质量。为保证学生掌握实操技能，部分实训课程只能分组或租用校外企业工作平台进行，影响了教学效果，造成教学成本的大幅度增加。

学校通过与用人单位的沟通、对毕业生的跟踪调查及学校各专业的市场调研了解到社会对毕业生技能与能力的要求越来越高，应基本达到毕业、上岗"零距离"的要求。因此，本项目的建设是改善重庆大学综合实习实训条件和保证人才培养效果的需要。

（3）现代教育发展形势的需要

现代教育越来越倾向于理论与实际相结合，学校的教学目标也趋向于由传统的学科本位向"课堂教学内容与专业实践紧密结合，强化学生基本技能，提高学生综合素质，加强学生对专业岗位的理性认识和经验积累"的方向发展。

众多的高职院校对实训基地的重视已经引导很多本科院校加强实训基地的建设。在教育事业欣欣向荣、蒸蒸日上的情况下，在竞争激烈的社会环境下，重庆大学也必须增加对实训基地的建设投入，以"面向实践，满足教学，能力本位，素质第一"为基本原则，顺应发展的潮流，迎难而上。

3. 项目 SWOT 分析

（1）优势分析

重庆市，作为中国西南部唯一的直辖市，是国家实施西部大开发的核心战场，无疑能够飞速发展。而重庆大学作为重庆市唯一一所同时拥有"985"和"211"两个称号的重点大学，在西南地区的高等院校里起着风向标的作用。因此，重庆大学为提高人才培养效果、改善教学条件而做出的努力探索，无疑会得到政府及广大社会的重点关注和大力支持。因此，本实训楼项目在资金筹措、技术运用、设备供应等方面的支持是比较容易获得的，这是保证项目顺利开展的很大的优势。

（2）劣势分析

本项目因定位于绿色建筑，且将创新的理念贯穿于设计之中，所以其工程造价会比普通建筑高。在投资者未深入了解该项目的特点和内涵前，可能会因为价格较高而排斥该项目，从而影响项目的资金来源，给本项目的顺利实施带来不良影响。

（3）机会分析

对国内各高校的实训基地情况进行分析：目前实训楼主要分布在高职院校，其建筑的主要功能是满足学生的实训要求，对建筑本身的定位较低，缺乏环保等理念的融合。因此，将实训楼定位于绿色建筑，使得本项目具有其他实训楼所不拥有的特点；推广绿色环保意识，符合可持续发展规划；引用先进技术和材料，起到学校和行业双重领先的标杆作用；将全寿命周期成本管理贯穿于整个项目，改变了传统的成本管理理念。

（4）威胁分析

重庆成为近年来国内发展的新焦点，越来越多的考生选择来重庆读大学。这在促进重庆大学发展的同时，也促进了重庆其他院校的发展，这使得重庆大学位于竞争激烈的环境中，如果不注重创新、开拓和管理，就很容易落后。本项目也很有可能在这样的环境下不具备竞争优势。

（5）结论

通过对该项目进行 SWOT 分析，表明该项目是机遇与竞争并存的。可以肯定的是，重庆的大学是具有极大竞争与发展潜力的，而这些市场将被谁占有则取决于学校的品质。为了抢占市场，本项目必须在绿色建筑的基础上，加强管理、注重质量、控制成本，使建造出来的实训楼具有极强的竞争力。

综合实训楼 1

——重庆大学建筑学部综合实训楼设计

项目简介

项目依据三大原则进行设计：①以人为本，在保证实训楼基本功能的情况下，加强了公共空间的营造；②尊重校园风貌和文脉，与校园景观相协调，与校园和谐相处；③绿色设计，掌握整体设计和低技生态策略。

建筑形体设计始于合理的布局：基于日照、风向的影响，新建筑分散为两个独立的南北朝向的一字形体量并错开布置，将两个公共服务部分功能并列放置，使休憩空间和主要入口相联系，以获得更多的交往空间。

团队构成

建筑 ———— 秦朗 王振文

土木 ———— 陈阳 白巨波

给水排水 —— 温馨

暖通 & 电气 — 霍侦侦

环境 ———— 龚珊

建管 ———— 杨静 李玲

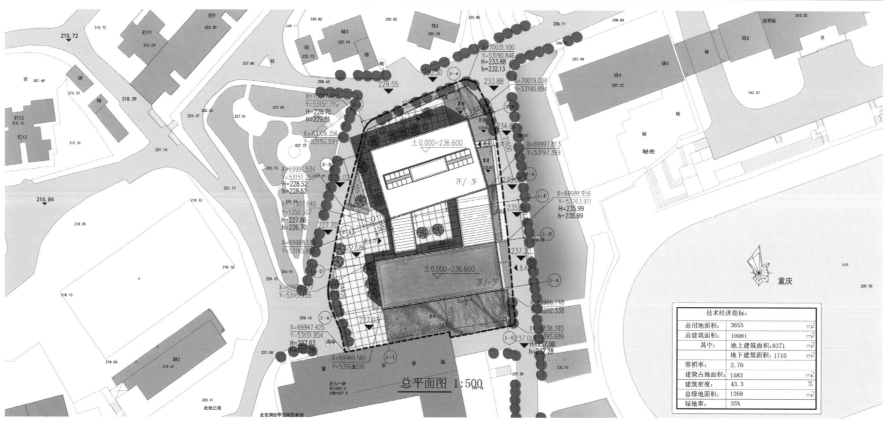

总平面图 1:500

重庆

技术经济指标:		
总用地面积:	3655	m²
总建筑面积:	10081	m²
其中:	地上建筑面积: 8371	m²
	地下建筑面积: 1710	m²
容积率:	2.76	
建筑占地面积:	1583	m²
建筑密度:	43.3	%
总绿地面积:	1269	m²
绿地率:	35%	

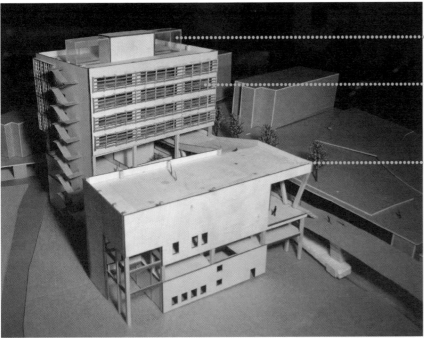

冬季保温
在冬季，通风采光井的顶部关闭，玻璃腔体在太阳的照射下，成为一附加阳光间，将热辐射给两旁的房间。

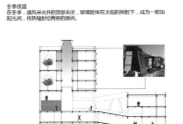
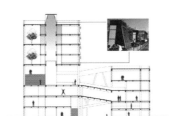

夏季通风
在夏季，通风采光井的顶部打开。此时，腔体形成一个竖向烟囱，利用烟囱效应进行自然通风；下部房间窗户打开，自然新风从下进入，废旧热空气由房间内靠近走廊部分离散排除，再由顶部排除。

屋顶绿化
为了降低屋顶的热负荷，在屋顶作构造处理，设计为种植屋面。

雨水收集系统
雨水一部分被绿化屋顶的植物所吸收，另一部分汇集到落水口，全部汇集到地下集水池中，收集的雨水与中水一起，经过处理过后，回收利用，用作建筑内部冲洗用水。

中水系统
建筑地下室有一套中水处理设备，由化粪池、废水调节池、中水处理设备和中水调节池组成。建筑中的污水汇集到化粪池，经过一系列的处理，达到一定的水质指标，输回建筑，作为冲洗用水和绿化浇灌用水。

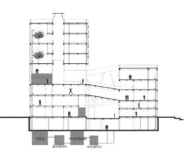

南面遮阳
在南面，日照条件良好，我们设置了大面积玻璃窗，同时在玻璃窗外悬挂自动摩孔水平金属百叶，这挡着多余的阳光的情况下保证室内自然采光，同时在上下楼层窗户之间悬挂光伏太阳能电池板，用以发电控制南面自动百叶。

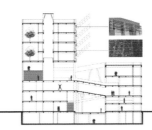

西面遮阳
在西面，主要建筑立面是建筑外墙涂刷砖红色涂料，外墙作外保温隔热处理。在采访医室四划七层，为了回应夏西面欧张山景观，我们设计了一个两层为一个单元的生态玻璃仓，玻璃选用双层Low-E玻璃，局部可开启，保证了视线通透性。外部密作遮阳处理，选择垂直的自动炉金属百叶，百叶上部安装太阳能光伏电板，用以发电控制帘百叶，下部通高的开敞空间，悬挂金属网架，种植绿色植物，形成绿色外墙。

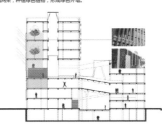

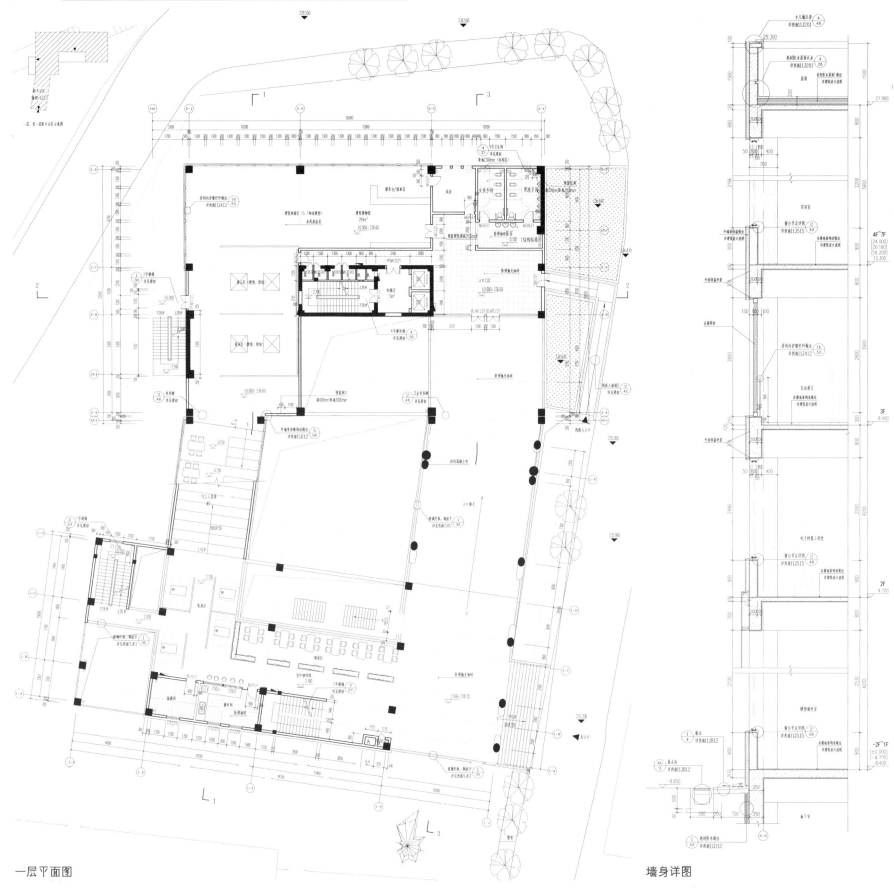

一层平面图

墙身详图

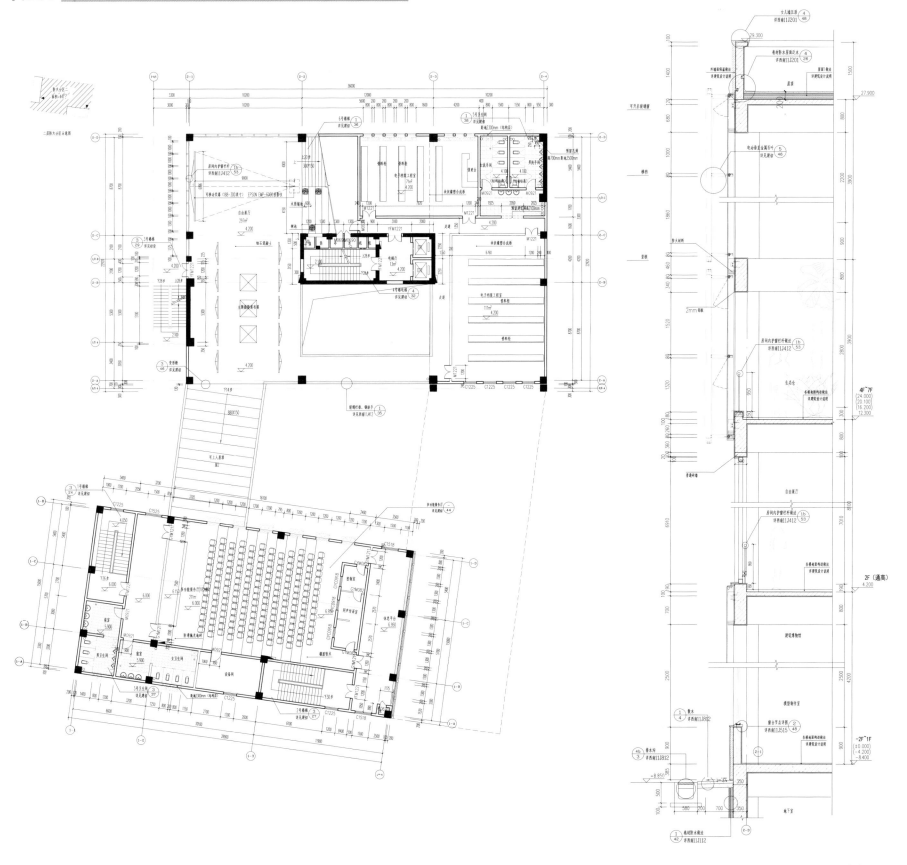

二层平面图

墙身详图

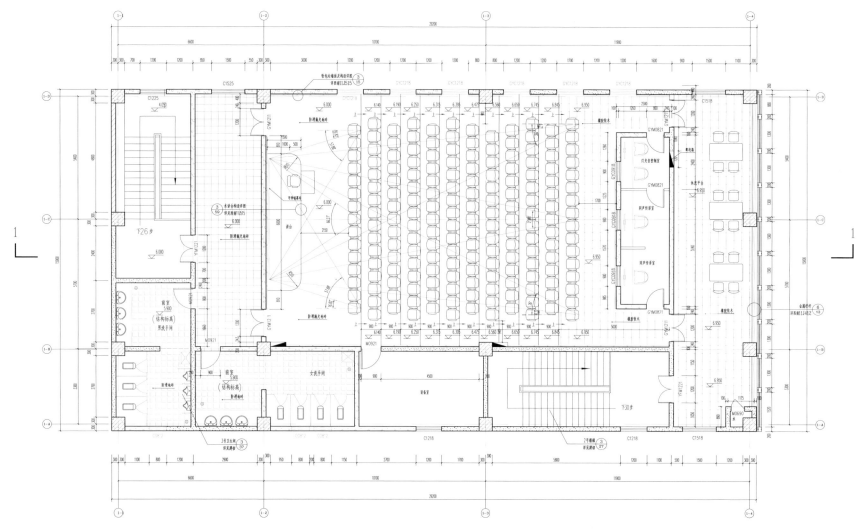

多功能报告厅平面详图

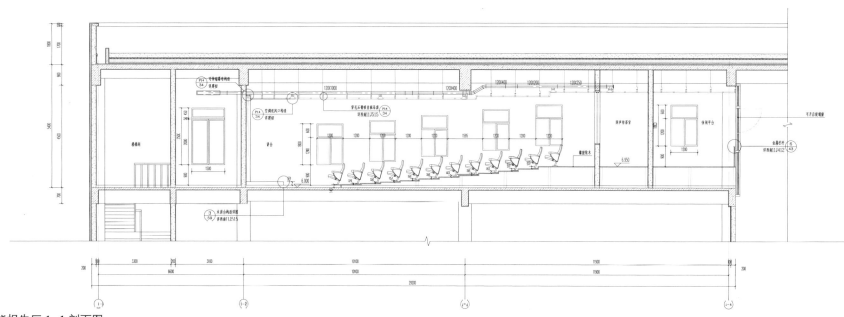

多功能报告厅 1-1 剖面图

1.部分楼面外加恒荷载统计

（1）柔性防水屋面（上人/保温/两道防水）

柔性防水屋面：上人 保温 二道防水			
层名	厚度	容重	荷载值
20厚1:3水泥砂浆找平层	20	20	0.4
隔汽层：改性沥青卷材1厚	1	10	0.01
20厚1:3水泥砂浆找平层	20	20	0.4
保温层：50厚硬发泡聚氨酯	50	0.4	0.02
20厚1:3水泥砂浆找平层	20	20	0.4
刷底胶剂一道	1	5	0.005
改性沥青卷材一道，胶粘剂二道	5	10	0.05
20厚1:3水泥砂浆	20	20	0.4
高分子卷材一道，胶粘剂二道	5	10	0.05
20厚1:3水泥砂浆保护层	20	20	0.4
10厚1:2.5水泥砂浆结合层	10	20	0.2
35厚590X590钢筋混凝土预制板或铺地面	35	20	0.7
砖	20	20	
板底抹灰			3.435
合计			

（2）刚性防水屋面+种植屋面

刚性防水屋面+种植屋面 二道防水			
层名	厚度	容重	荷载值
刷底胶剂一道	1	10	0.01
改性沥青卷材一道，胶黏剂二道	5	10	0.05
隔离层：无纺聚氨酯纤维布1层（干铺）	1	2	0.002
40厚 C20细石混凝土加5%防水剂	40	25	1
20厚1:3水泥砂浆找平层	20	20	0.4
隔离层1.2.3.4	1	0	0
40厚防水混凝土	40	26	1.04
30厚12~20粗卵石层	30	16	0.48
20厚5~10细卵石层	20	18	0.36
200厚种植土	200	18	3.6
板底抹灰	20	20	0.4
管线吊顶			0.5
合计			9.332

（3）卫生间

卫生间			
层名	厚度	容重	荷载值
水泥浆水灰比0.4~0.5结合层一道	1	20	0.02
20厚1:3水泥砂浆找平层	20	20	0.4
0.2厚塑料膜浮铺	0.2	0	0
40厚 C20细石混凝土+防水层	40	25	1
面砖	10	26	0.26
板底抹灰	20	20	0.4
管线吊顶			0.5
合计			2.58

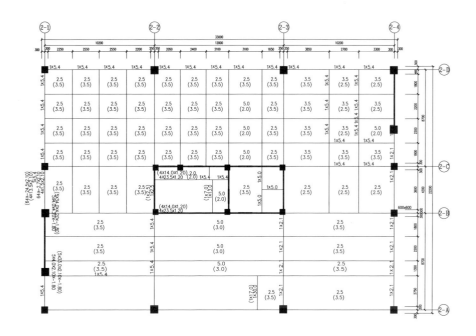

-4.200层梁、墙柱节点输入及楼面荷载平面图

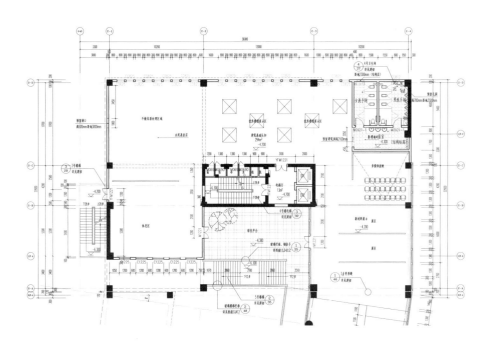

负一层平面图

2. 中水系统

中水系统是指将各类建筑或建筑小区使用后的排水，经处理达到中水水质要求后，而回用于厕所便器冲洗、绿化、洗车、清扫等各用水点的一整套工程设施。它包括中水原水系统、中水处理系统及中水给水系统。本建筑需对生活污水及实验室废水进行处理，综合分析活性污泥法与生物膜法处理污水的优缺点后，采用了生物膜法处理建筑内污废水。

3. 中水系统流程原理

污水原水自流进入化粪池，经由化粪池初步处理后以重力流的方式进入原水反应池，随后进入一体化中水处理装置（见下图）。一体化中水处理装置内有提升泵，进水高度可自定，本设计进水高度定位 –15.200m，出水高度为 –13.050m。然后经自流进入中水调节池，最后由变频加压装置送至用水单位。

4. 中水给水系统选择对空间平面的要求

中水供水系统必须独立设置。本方案对比了恒速泵屋顶水箱联合供水与变频调速泵组（带气压罐）供水两种方式，两者在技术和经济以及管理的方便性上各有优缺点，由给水排水专业针对项目情况作对比选择。需要注意的是两者在空间平面的要求上各有不同。

恒速泵屋顶水箱联合供水，水泵数量少，泵房面积小，屋面上需在生活水箱之外另设一水箱。

变频调速泵组（带气压罐）供水，高区由变频泵直接供给，不设置水箱。

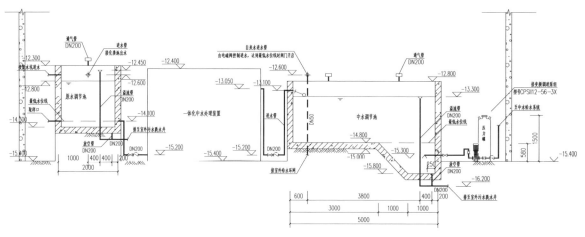

3-3 剖面图与中水处理流程图

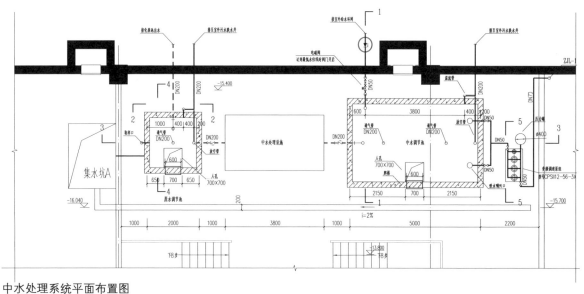

中水处理系统平面布置图

5. 空调风系统设计

结合建筑为实训楼的性质，本建筑设计了多种系统。空调风系统根据功能区的不同，大空间采用一次回风系统，实训室、教室等房间采用风机盘管加独立新风系统，同时采用了温湿度独立控制新风系统及热回收新风系统等。

风机盘管＋独立新风系统，以7层化学实验室为例，经负荷计算得到房间的总冷负荷、房间的湿负荷、总的新风量，代入对应空气处理过程的相关公式，可得空气处理过程线图，根据经过计算的风量、冷量确定空气处理设备选型。

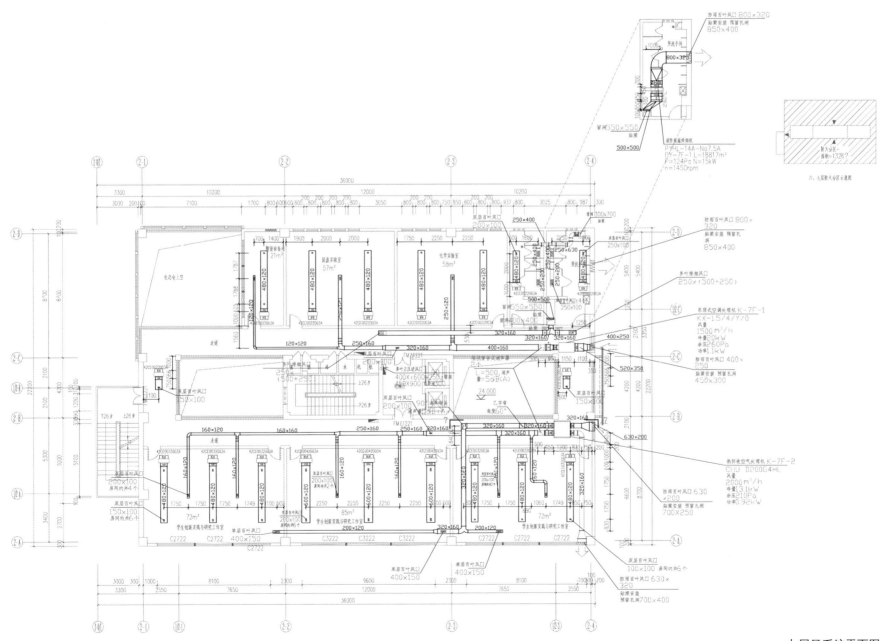

七层风系统平面图

6. 电气平面图设计

照明设计是满足人们生产生活要求的重要设计内容。应依据各个房间的功能、性质以及节能照度要求进行设计。

《建筑照明设计标准》GB 50034-2013 规定：工作场所通常应设置一般照明；同一场所内的不同区域有不同照度要求时，应采用分区一般照明；对于部分作业面照度要求较高，只采用一般照明不合理的场所，宜采用混合照明；在一个工作场所内不应只采用局部照明。

7. 照明方式和种类

在满足照度与距高比要求的基础上，应该根据房间尺寸以及工作的性质，确定照明的方式。对于不同类型的房间或场所，确定其照明方式。

该建筑的照明设计中，距高比 λ 取 1.3 ~ 1.5，而照明方式选择一般照明。在设计的过程中，根据所确定的照度、距高比以及照明方式去选择功率密度，从而进一步确定照明平面图的布置与控制方式，并满足《建筑照明设计标准》GB 50034-2013 的要求。

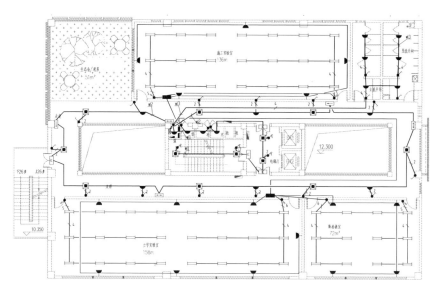

四层照明平面图

8. 照明设计

本工程选用 36W 三基色双管荧光灯，在计算出房间所需安装的灯具数量后，根据均匀分布，布线方便、美观的要求布置灯具，并满足《民用建筑电气设计规范》JGJ 16-2008 的规定：照明系统中的每一单相支回路电流不宜超过 16A，光源数量不宜超过 25 个。平面布置图详见下图。

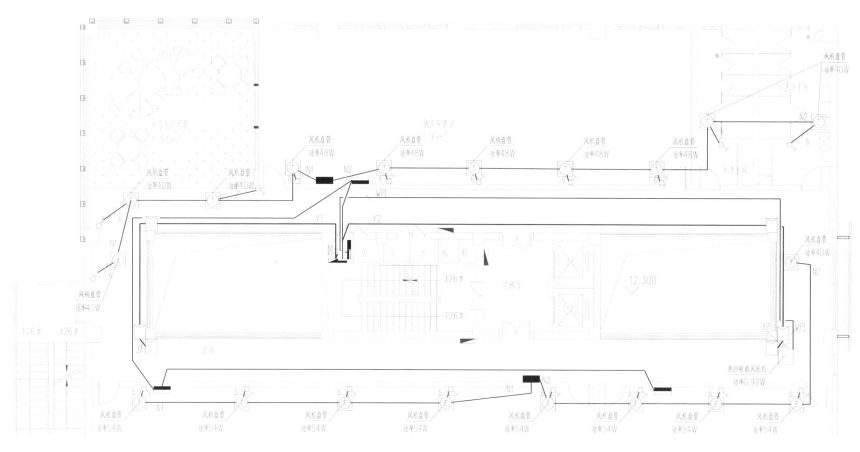

四层动力平面图

综合实训楼 2

——重庆大学建筑学部综合实训楼设计

项目简介

　　项目设计在保证功能空间分布合理的基础上，做到了尊重校园周边风貌与文脉，并与校园景观和谐相处。

　　建筑中间形成中庭，能获得较好的采光与通风效果，也增强了空间的交互程度。建筑表皮采用双层幕墙的形式，以获得更好的遮阳与日照效果，同时拥有更好的被动排风能力，体现了低技生态技术的良好效果。

团队构成

建筑 ———— 刘亚之 张子涵 ————

土木 ———— 杨俊杰 范洁敏 ————

给水排水 — 李梦媛 ————

暖通 & 电气 — 赵福滔 ————

环境 ———— 白婷婷 ————

建管 ———— 曾赟 吕冬博 ————

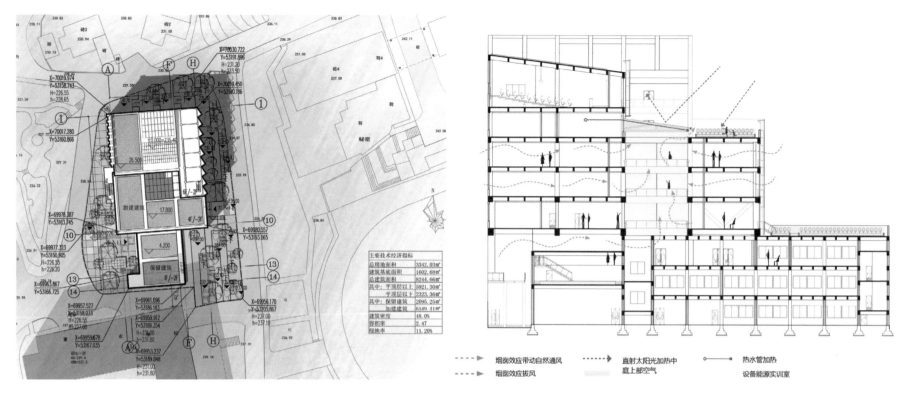

主要技术经济指标	
总用地面积	3342.03m²
建筑基底面积	1602.68m²
总建筑面积	8244.66m²
其中：平顶层以上	5921.30m²
平顶层以下	2323.36m²
其中：保留建筑	2095.25m²
加建建筑	6149.41m²
建筑密度	48.0%
容积率	2.47
绿地率	11.20%

总平面图

绿色技术分析

- - - - ▷ 烟囱效应带动自然通风
- - - - ▷ 烟囱效应拔风
- - - - ▷ 直射太阳光加热中
　　　　庭上部空气
●—— 热水管加热
设备能源实训室

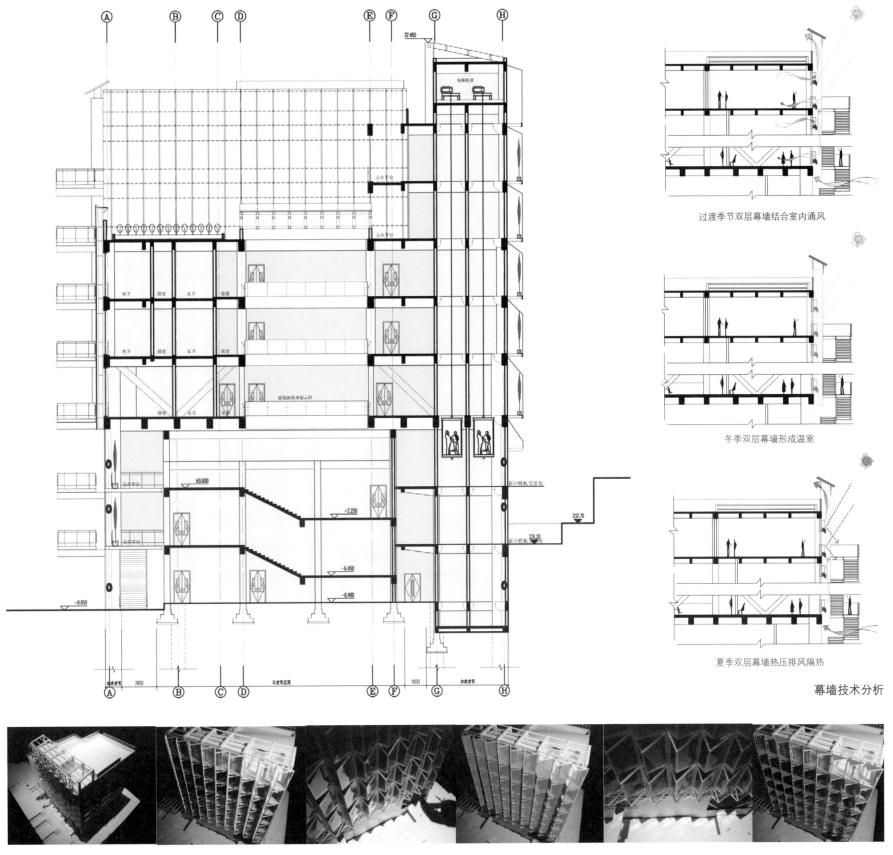

过渡季节双层幕墙结合室内通风

冬季双层幕墙形成温室

夏季双层幕墙热压排风隔热

幕墙技术分析

·黄色部分为可开启窗扇，开启时形成通风槽，结合中庭对建筑进行通风   ·蓝色部分为不可开启窗扇，内部有垂直绿化进行遮阳   ·红色部分为遮阳百叶

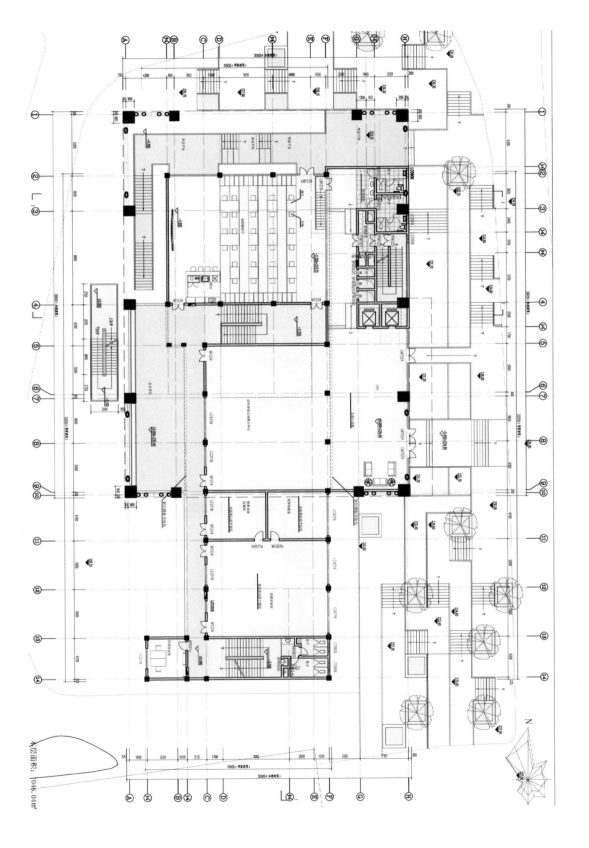

一层平面图

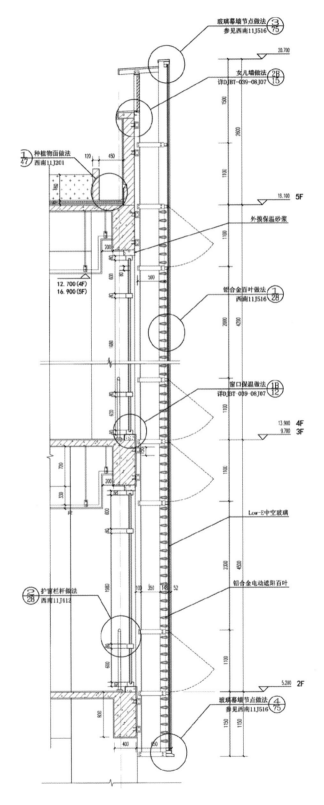

外挂玻璃幕墙详图

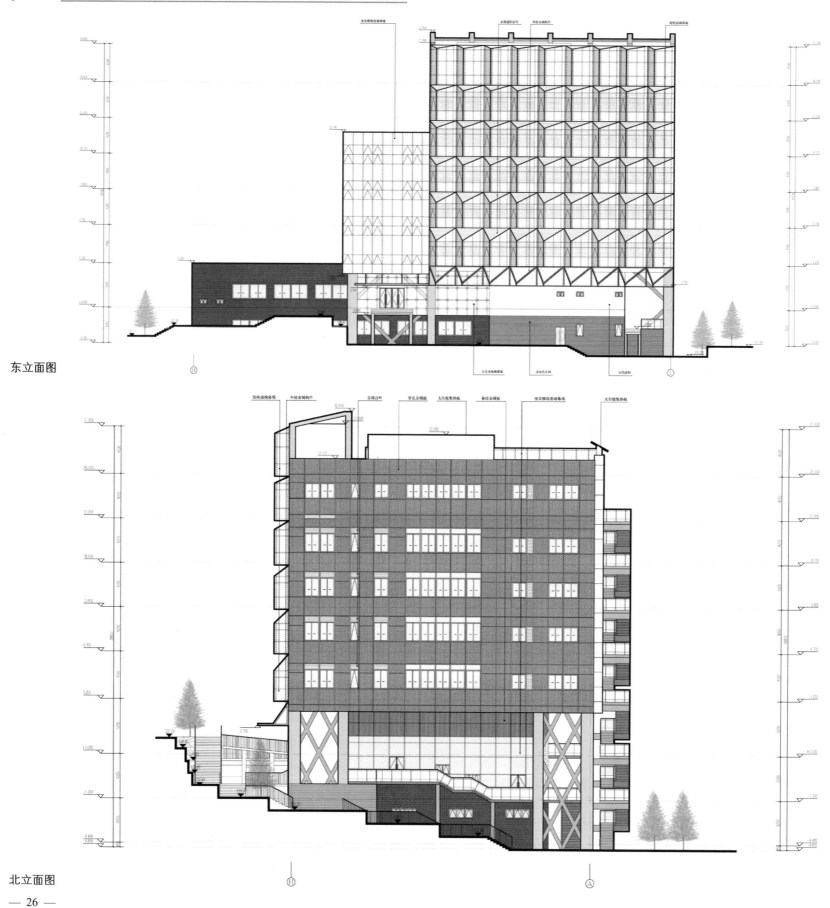

东立面图

北立面图

1. 结构方案选型

（1）概述

本项目建设场地上原有一座实验楼建筑，本着保留并利用原始建筑的原则，加之原始建筑所在场地处于一个建筑密集区，场地内可用的新建用地面积太小，不利于另行加建新建筑。经过对原有建筑所处环境以及场地的分析评估，最终该项目采用竖向加层方案进行改扩建。

（2）结构方案类型

1）直接加建方案

保留原结构的柱网，直接竖向升高柱网，加层扩建，来满足功能要求。核心问题在于底层建筑是否能承受新建建筑的荷载以及建成后新旧建筑整体抗震承载力是否满足要求。因此，加建前必须对原始建筑进行加固。

对旧建筑进行加固设计的方法：首先，必须对结构构件进行外观检查和无损检测（必要时进行钻芯等有破坏检测），以确定外观质量、混凝土强度、碳化深度、保护层厚度等指标，然后按检测结果进行验算，得出结构构件的现有承载力（必要时进行试验确定）；其次，对新建建筑结构进行建模、计算分析和构件设计，得到新结构构件的承载力要求；最后，将新建建筑与原有建筑相对应部分的构件的承载力进行比较，根据相关规范进行加固设计，对原有建筑的结构构件进行加固补强，以满足新建筑的相关要求。

2）悬挂结构

悬挂结构，即为将楼面系统的荷载通过吊杆传递到悬挂在竖直承重柱或核心筒上的水平桁架上，再由桁架传递到柱或核心筒直至基础的结构。

本项目中，可使用悬挂结构，在原有建筑两侧架立格构柱，从而使新建建筑完全跨越原有建筑。新建建筑荷载通过吊杆和斜杆传向格构柱，既可以保留原有建筑又可以使新建建筑满足建筑的功能要求。

3）巨型框架结构

巨型框架结构即部分采用大尺寸的梁柱构件组成的框架结构，框架部分设计可分为主框架与次框架，主框架是一种大型的跨层框架，承受若干个楼层次框架传来的荷载，次框架截面可做得很小，有利于楼面的合理利用。在巨型框架结构中，可以采用厚板转换、巨型梁转换和桁架转换等不同的转换方式。选用适当转换结构的巨型框架结构体系可以使新建建筑和原有建筑脱开，使用巨型框架支承新建建筑。

（3）方案比选

对于加固方案，现有的设计条件无法完成对原有建筑结构的现状检测，同时，原有设计图纸丢失，完成新建建筑结构计算后无法对原有建筑进行加固设计，因此该方案在本项目中不可行。

悬挂结构体系虽然可以很好地解决该建筑扩建方案中新建筑跨过原有建筑，保留底部原有空间的问题，但是悬挂结构体系设计复杂，造价高昂，设计难度远超本科生的专业能力，故放弃悬挂结构方案。

巨型框架结构中，采用巨型梁作为转换构件时，梁截面太大，影响建筑使用功能；厚板转换极为不经济，还将导致建筑竖向严重不规则；而桁架转换层结构的梁截面大大减小，需要调整建筑功能布置以适应层间桁架斜杆布置。

综上，本次设计采用了巨型框架结构并设置了桁架转换层，新建建筑的荷载主要由巨型柱和桁架承担。为了加强新建筑底层框架柱的侧向刚度，在新建筑角部设置斜撑，满足抗震的相关要求。

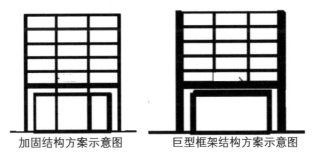

加固结构方案示意图　　巨型框架结构方案示意图

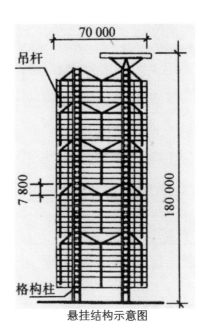

悬挂结构示意图

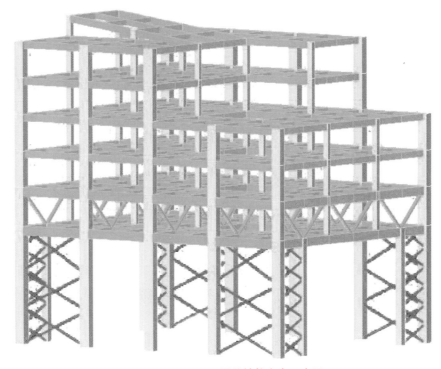

最终结构方案示意图

2. 中水系统

中水系统是指将各类建筑或建筑小区使用后的排水，经处理达到中水水质要求后，回用于厕所便器冲洗、绿化、洗车、清扫等各用水点的一整套工程设施。它包括中水原水系统、中水处理系统及中水给水系统。

本建筑需对生活污水及实验室废水进行处理，综合分析活性污泥法与生物膜法处理污水的优缺点后，采用了生物膜法处理建筑内污废水。

3. 中水贮存设备对平面空间的要求

（1）设置位置

贮存设备主要指中水贮存水池以及原水调节池，均位于室外地下中水处理间内（详见下图）。

（2）各部分容积与尺寸（由计算得出，以本案为例）

中水贮存池尺寸为 $L \times B \times H$=3.0m×2.3m×3m，池壁厚 300mm，池底厚 400mm。

中水原水调节池有效容积为 20.42m³，有效水深为 2.33m，总容积为 20.7m³。

原水调节池尺寸为 $L \times B \times H$=3.5m×2.5m×3m，池壁厚 300mm，池底厚 400mm。

（3）注意事项

中水贮水池采用钢筋混凝土现浇，与中水处理间墙壁一起浇筑，水池底部填土夯实。

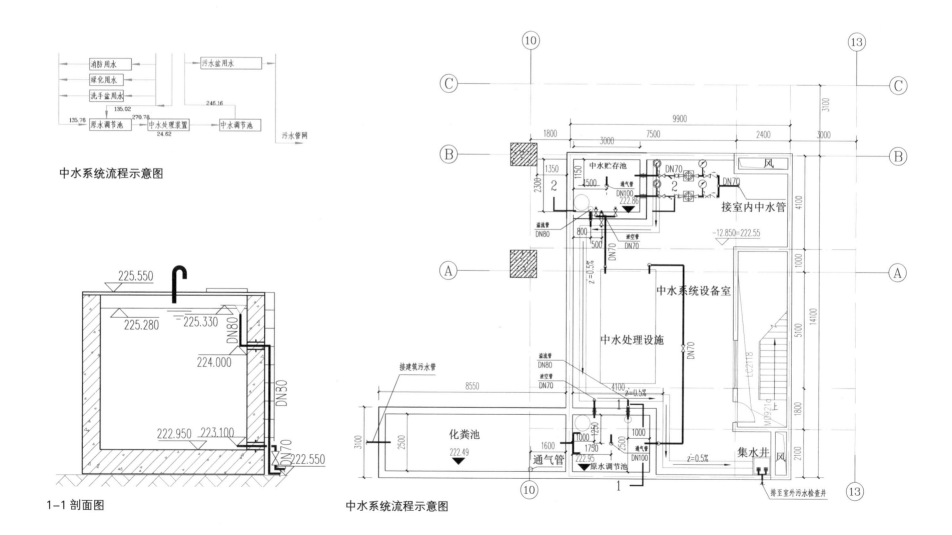

中水系统流程示意图

1-1 剖面图

中水系统流程示意图

4. 生活热水系统及自动节能控制设计

为了满足绿色建筑节能设计与综合实训的要求，热源采用太阳能与风冷热泵的复合式系统，充分利用可再生能源，减少建筑能耗。太阳能与风冷热泵复合式热水系统主要由太阳能集热板、风冷热泵热水机组、循环水泵、贮热水箱、供热水箱以及水管管网组成。

本次设计的空调冷热源系统主要是传统冷机 + 土壤源地源热泵复合式系统，为了使全年空调供暖期地埋管换热器向大地释放和吸收的热量尽量平衡，从而维持系统长期稳定、高效地运行，因此需要对该系统进行合理的全年节能运行控制设计。

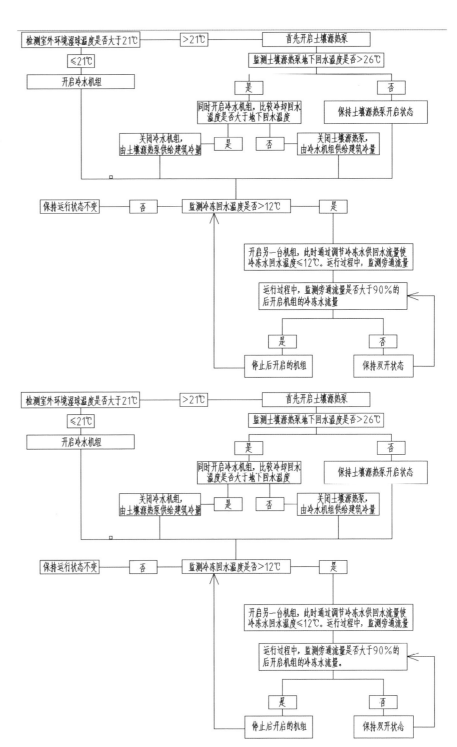

夏季传统冷机 + 地源热泵复合式系统运行方案

5. 电气平面图设计

照明设计是满足人们生产生活要求的重要设计内容。应依据各个房间的功能、性质以及节能照度要求进行设计。

《建筑照明设计标准》GB 50034-2013 规定：工作场所通常应设置一般照明；同一场所内的不同区域有不同照度要求时，应采用分区一般照明；对于部分作业面照度要求较高，只采用一般照明不合理的场所，宜采用混合照明；在一个工作场所内不应只采用局部照明。

6. 照明方式和种类

在满足照度与距高比要求的基础上，应该根据房间尺寸以及工作的性质，确定照明的方式。对于不同类型的房间或场所，确定其照明方式。

该建筑的照明设计中，距高比 λ 取值为 1.3 ~ 1.5，而照明方式选择一般照明。在设计的过程中，根据所确定的照度、距高比以及照明方式去选择功率密度，从而进一步确定照明平面图的布置与控制方式，并满足《建筑照明设计标准》GB 50034-2013 的要求。

7. 照明设计

本工程选用 36W 三基色双管荧光灯，在计算出房间所需安装的灯具数量后，根据均匀分布，布线方便、美观的要求布置灯具，并满足《民用建筑电气设计规范》JGJ 16-2008 的规定：照明系统中的每一单相分支回路电流不宜超过 16A，光源数量不宜超过 25 个。平面布置图详见设计图纸。

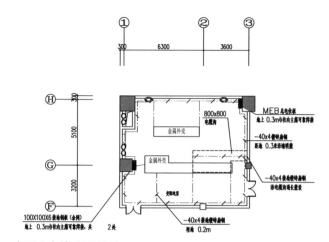

变配电室接地平面图

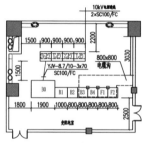

变配电室平面布置图

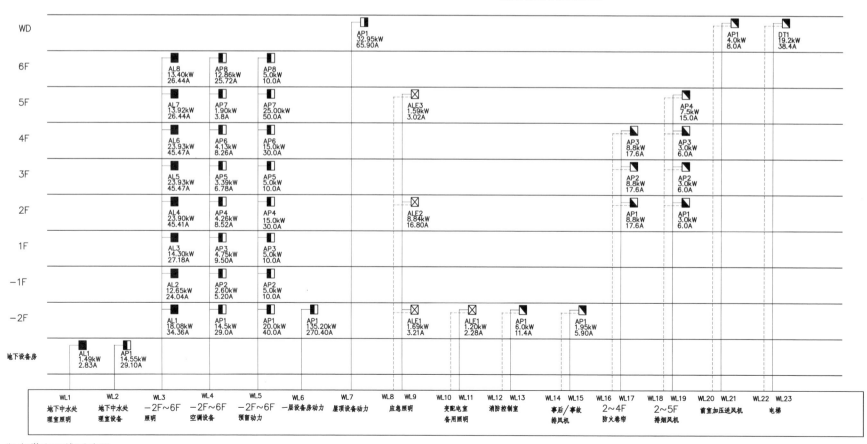

竖向供电干线系统图

The Multi-professional Graduate Design
of the Architecture Department

跨界 · 融合

201**4**

课题一:
崇州市人民医院外科住院综合楼设计

《住院综合楼1》

《住院综合楼2》

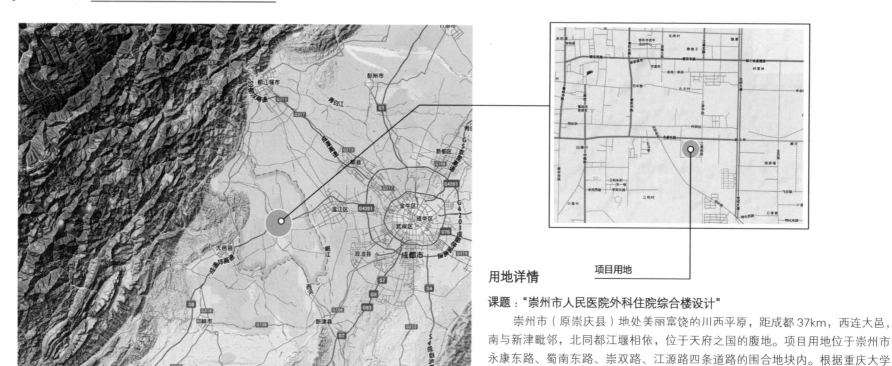

用地详情

课题："崇州市人民医院外科住院综合楼设计"

　　崇州市（原崇庆县）地处美丽富饶的川西平原，距成都 37km，西连大邑，南与新津毗邻，北同都江堰相依，位于天府之国的腹地。项目用地位于崇州市永康东路、蜀南东路、崇双路、江源路四条道路的围合地块内。根据重庆大学学部联合毕业设计要求，用地为崇州市妇幼保健院原有场地，拟建医院包括医技部分、手术中心、住院病房、学术厅及附属行政办公等功能用房。

专业协同

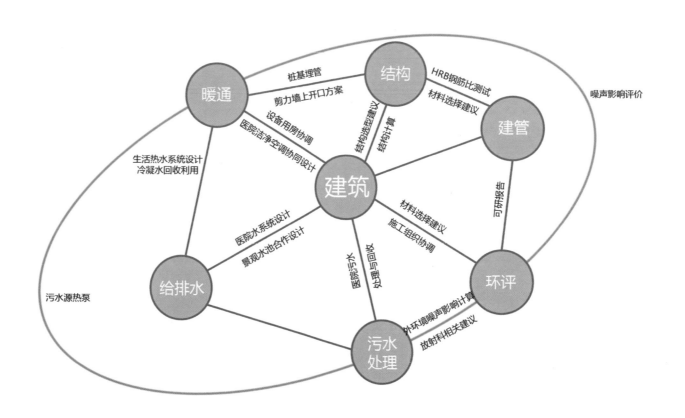

外科住院综合楼

崇州市人民医院

2014·成都

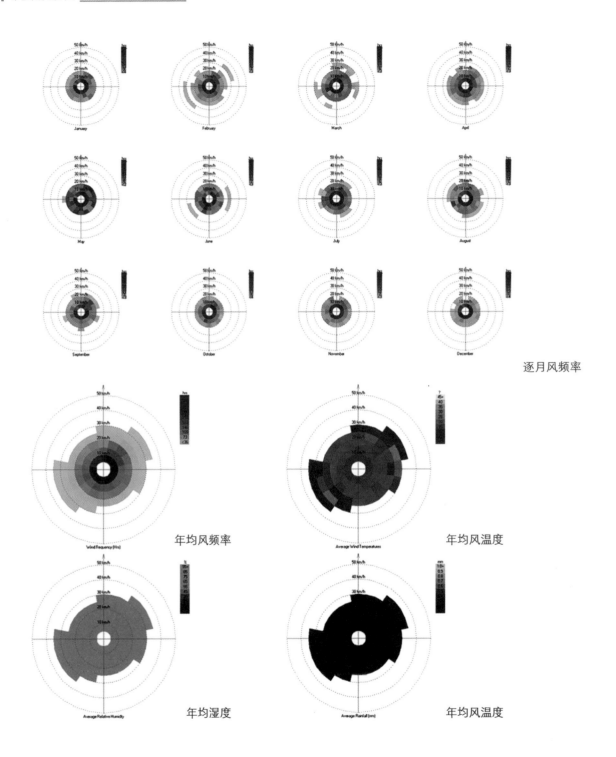

逐月风频率

年均风频率　　　　　　　　年均风温度

年均湿度　　　　　　　　年均风温度

　　崇州属四川盆地亚热带湿润季风气候，四级分明，春秋短，冬夏长，雨量充沛，日照偏少，无霜期较长。年平均气温15.9℃，最热月7月平均气温为25℃，最冷月1月平均气温为5.4℃，温差为19.7℃。年平均日照时数为1161.5小时，年平均降雨量为1012.4mm，雨日和雨量均为夏多冬少，春季为176.1mm，夏季为588.0mm，秋季为218.4mm，冬季为29.9mm。风向频率以静风最多，占全年37%；其次是北风，占9%。年平均风速为1.3m/s。平均霜日19天，平均无霜期为285天。年平均雪日3天，且雪量较小。主要灾害性天气为连续性阴雨、洪涝、干旱、大风、冰雹、寒潮、霜冻等。

医院外科住院综合楼项目成本控制方案（节选）

1. 设计阶段成本控制前言

工程设计需要全面规划工程项目实施的具体过程，是工程建设的灵魂，是处理技术与经济关系的关键环节，是计划与控制工程成本的重点阶段。工程设计是否合理，对控制建设工程成本具有重要意义。

2. 设计阶段主要环节的成本管控目标及管控要点

（1）编制设计任务书

1）目标

作为开发建设目标与规划设计工作方向的主要信息传递手段，设计任务书应全面准确地反映策划结论的主要信息点，以使设计师能更好地理解设计任务，使设计成果同样体现系统性、超前性、可行性和应变性的要求，更符合相关要求，减少施工过程中的变更。

2）管控要点

①设计参数的确定；②确定合理的任务书编制时间和设计工期，以保证设计质量；③重视地质勘察报告，尽可能地确保其准确性；④应明确设计标准和项目总投资；⑤建立完善的设计任务书审批流程，使各方参与人员对设计任务书有清晰的认识；⑥充分征求医院代表关于医院设计的要求。

（2）设计招标、评选

1）目标

设计招标为了选择出合理、经济的设计方案，完成设计投标文件的收集后，组织有关人员对投标方案进行评比、选择、优化，以降低工程成本。

2）管控要点

①工程设计严格按"先勘察、后设计、再施工"的流程开展。②资格预审选择有能力或有潜力入围的单位。③方案竞标的主要设计人员应在设计领域具有较高的知名度。方案设计单位的数量原则上不少于3家，以方便方案比选。④招标答疑应由设计部组织，成本管理部、工程部联合参加。⑤严格落实设计单位交纳投标保证金或出具具有法律效力的保证书。⑥方案评选应综合考虑设计构思的超前性、建筑平面布置的合理性以及建筑风格等。

（3）价值工程运用

1）目标

对方案进行价值分析，努力降低成本水平，提升工程价值。

2）管控要点

①信息资料收集要全面、真实；②明确对项目的功能要求；③找出方案中价值提高最大化、量大面广、成本高、结构复杂、维修费用高的对象，并进行功能分析；④尽量针对可改进的对象提出多种优化方案，进行多方案比选；⑤通过价值系数进行方案比选，选择在满足同样功能的条件下，技术经济合理的设计。

（4）方案设计图纸审查

1）目标

加强方案设计阶段的审核工作，保证其符合策划案的基本精神，提高方案设计质量，为业主提供满意的设计产品，为施工图设计提供符合质量要求的设计方案。

2）管控要点

①设计方案完成前（方案移交前），设计人应首先进行自校；②由设计部指定人员对设计人员提供的方案设计图纸进行校对；③设计方案在正式出图（或文本）前，由方案负责人进行审核；④图纸评审要点。

（5）跟踪评审

1）目标

加强设计质量检查、监督，控制设计单位的设计符合规范并满足本公司要求，减少后期的设计变更费用，增强事前控制的力度。

2）管控要点

①设计研发部门及时掌握设计进度和设计方向，并督促设计单位及时提交设计方案；②设计研发部门及时跟踪掌握设计动态，避免设计偏离重心，造成返工现象；③评审设计成果与有关法规是否符合，评价工艺限制性及造价；④与设计单位的沟通交流中做好详细的过程记录，便于项目完结后统计分析，也便于对设计单位的考核管理。

（6）扩初设计的图纸审查

1）目标

保证其与策划案的产品定位以及各项指标相符。

2）管控要点

①审查方式；②设计部必须组织项目成本、工程进行会议评审，形成统一意见后，参会部门签字确认；③时间要求；④处罚标准；⑤审核要点。

（7）限额设计

1）目标

限额设计通过层层分解，实现了对投资限额的控制和管理，同时也是为了对设计规模、设计标准、工程数量与概预算指标等各方面进行控制，最终实现各专业在保证达到实用功能的前提下，按分配的投资限额进行设计，严格控制不合理变更，保证总投资限额不被突破。

2）管控要点

①设计方案的优选；②目标成本的制定；③限额设计的控制；④严控设计质量；⑤推广和实施设计监理。

（8）设计变更管理

1）目标

防止不合理的变更，导致后期投资费用超过限定的总投资额。

2）管控要点

①设计变更信息的分类收集和甄别；②设计变更的审批，特别是客户需求变更的审批；③设计变更及设计图纸的修改和发放；④设计变更实施的控制；⑤设计变更定期的汇总和分析，并形成案例。

（9）设计交底、会审

1）目标

设计交底与图纸会审是保证工程质量的重要环节与前提，也是保证工程顺利施工的主要步骤。监理和各有关单位应当充分重视。

2）管控要点

①设计交底的内容应全面、清晰；②图纸会审工作能减少因施工图纸设计深度不够而引起的错误施工，使项目成本得到更好的控制。

（10）合同管理

1）目标

在于做好合同签订及履行的规划和预见工作，确保按计划有序地安排合同的签订及履行工作，避免出现遗漏或无序状况。

2）管控要点

①合同文本的拟订；②合同的审批；③合同的履行；④合同纠纷的处理；⑤合同的变更。

（11）施工图设计的图纸审查

1）目标

对施工图的审核，应侧重于检查使用功能和质量要求以及图纸设计深度及经济指标是否得到满足。

2）管控要点

①重点审查施工图的技术可行性，施工图与扩初图有无大的偏离、建造成本控制是否在限额指标内并提供必要的造价咨询；②如果对原来的扩初设计进行了较大的变更或突破了策划案中的建造成本限额，由项目策划中心组织有关部门进行综合经济评价。

（12）编制设计概算

1）目标

设计阶段成本概算是下一阶段成本控制的重要依据，是衡量设计方案技术经济和理性选择最佳设计方案的依据，是考核建设项目投资效果的依据。

2）管控要点

①完善设计阶段的管理流程，严格控制三级概算；②选取合适的工程概算的编制方法；③严控三超现象，保证在限额设计内；④深化设计深度，确保概算质量。

住院综合楼 1

——崇州市人民医院外科住院综合楼设计

项目简介

    建筑整体功能分区明确，利用洁净分区和大、中、小三种手术室合理划分防火分区，建筑内部有着良好的通风采光和充足的南向公共活动空间。设计中积极考虑了绿建技术的应用，用活动百叶的方式，调节光照、隔绝噪声，同时丰富了立面效果。

团队构成

建筑 ——————— 陈遥 骆玉洁 王玉婕

土木 ——————— 祝茜 黄博杰

给水排水 ————— 魏璐

暖通 & 电气 —— 吴钟雷 孟凡琛

环境 ——————— 张树青 张玉

建管 ——————— 陈腾腾 冯雯

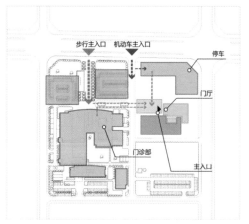

项目与崇州市人民医院现有建筑作为一个整体设计，沿用原有的步行主入口及车行主入口。对建筑进行功能分区，并据此进行流线组织，尽量避免各功能的流线交叉。

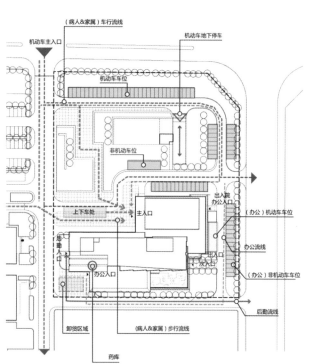

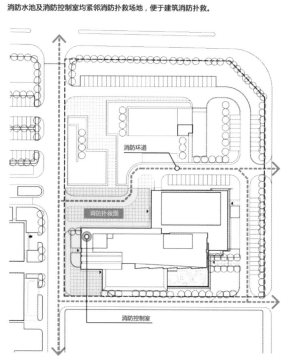

总图功能分区&流线组织

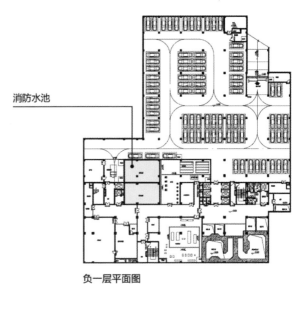

消防水池

负一层平面图

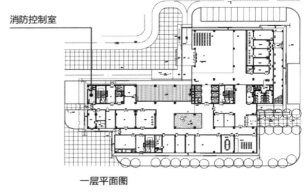

消防控制室

一层平面图

消防设施

1F

出入院办公
住院药房
行政办公
辅助用房

残疾人坡道
主入口
救护车
绿色通道（电梯）
出入办公
后勤入口
出口
次入口
办公入口
残疾人坡道

2F

多功能厅
医疗办公
病房
辅助用房
卫生通过

护士站
护士站

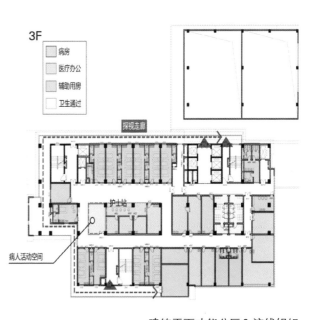

3F

病房
医疗办公
辅助用房
卫生通过

探视走廊
护士站
病人活动空间

建筑平面功能分区＆流线组织

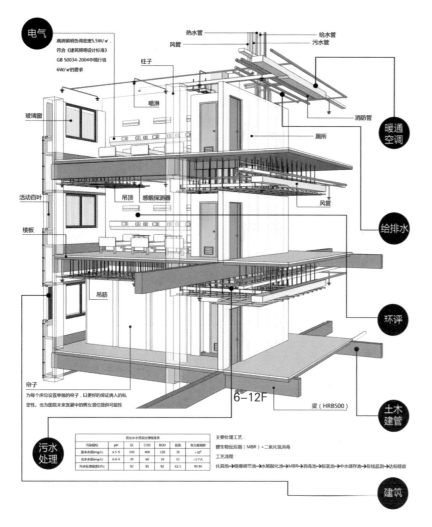

各专业协调剖面

4F

5F

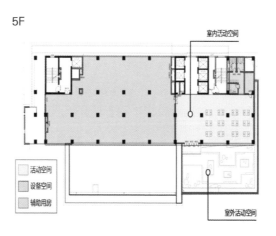

6F—12F

建筑平面功能分区&流线组织

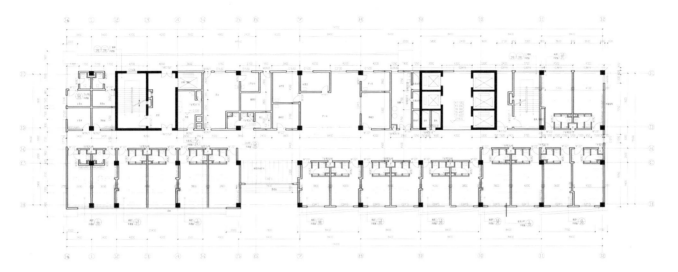

标准层平面图

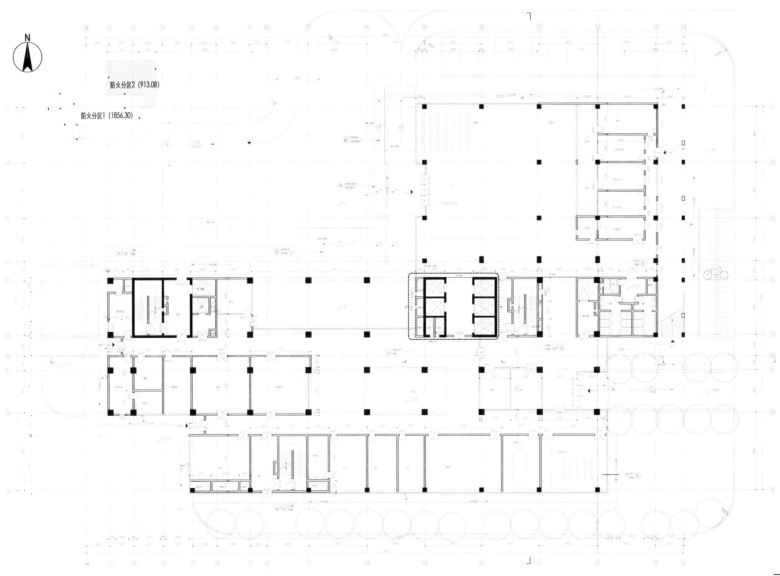

防火分区2 (913.08)

防火分区1 (1856.30)

一层平面图

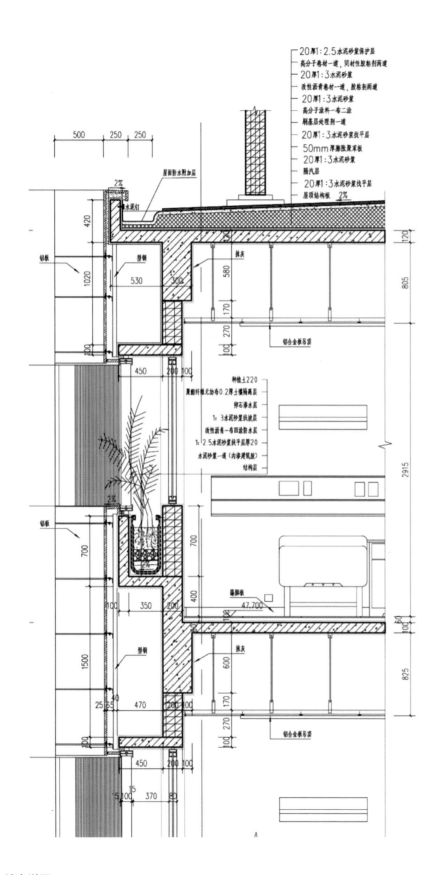

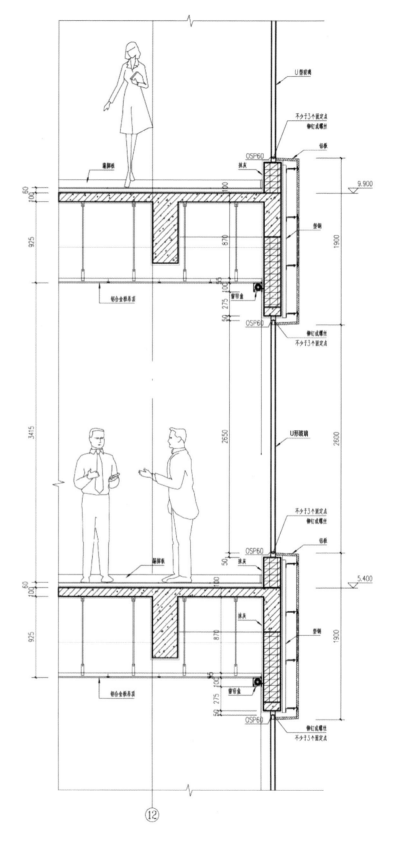

墙身详图

墙身详图

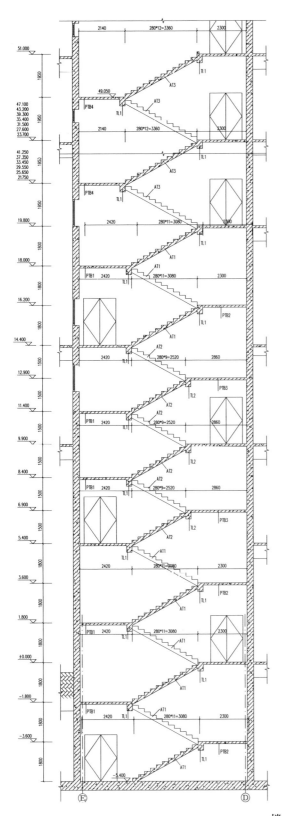

楼梯剖面图

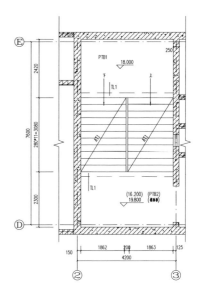

S1 楼梯五层大样图   S1 楼梯六至十三层大样图

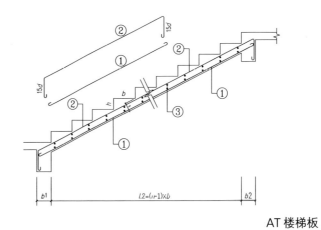

AT 楼梯板

楼梯板配筋表

梯板编号	b1	L2=(n−1)×b	b2	H=n×h	t	①	②	③
AT1	200	11×280=3080	200	12×150=1800	150	Φ10@100	Φ8@200	Φ8@200
AT2	200	12×280=3360	200	13×150=1950	150	Φ8@100	Φ8@200	Φ8@200
AT3	200	9×280=2520	200	10×150=1500	120	Φ12@120	Φ10@200	Φ8@200

RHL/RJL：热水回水立管
WL：污水立管
JL：给水立管
YL：雨水立管
HL：自动喷水给水立管
XHL：消火栓立管

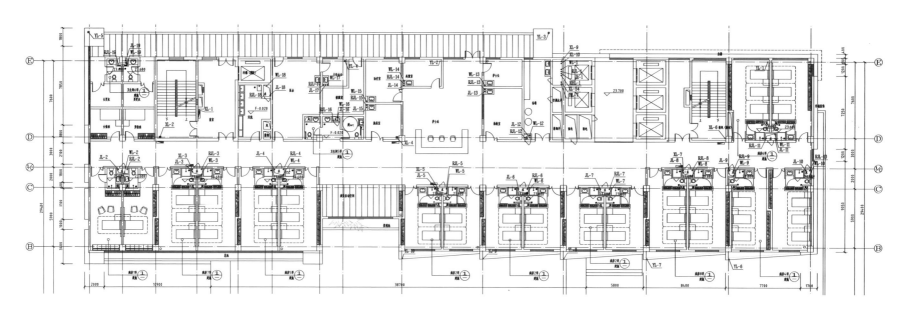

七至十一层（标准层）给水排水及消防平面图

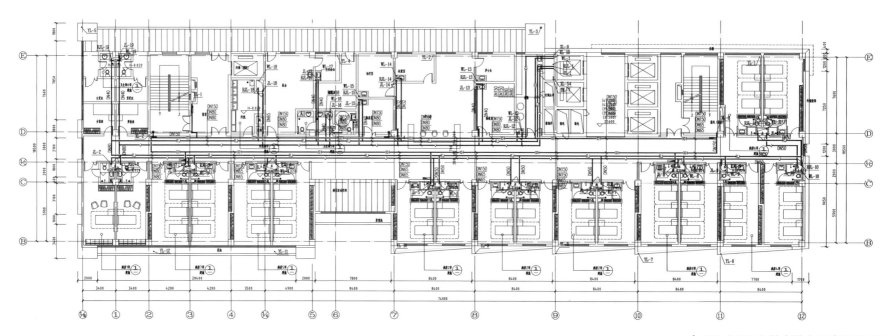

十二层（顶层）给水排水及消防平面图

1. 冷热源机房的布置

冷热源机房布置时需注意以下几点：

（1）水泵和分、集水器均可安装在冷热源机房内。冷水机组的四周均应按样本要求留足间距。

（2）水泵宜集中布置，以便管理和排水。

（3）机组和水泵基础四周应有排水沟，将凝结水、渗漏水排至地漏或集水坑。

（4）分、集水器一般设于下部，中心安装标高为 0.9m 左右，以便于操作阀门。如机房面积紧张，也可吊装，但需设置电动阀。

（5）机房高度应有预先考虑：在机组的顶部和梁下之间应考虑送、排风管（或

排烟管）和多层水管的布置高度。机组与其上方管道、烟道或电缆桥架的净距不小于1m。

（6）机房主要通道的宽度不小于1.5m。

（7）机组与墙之间的净距离不小于1m，与配电柜的距离不小于1.5m。

（8）机组与机组或其他设备之间的净距不小于1.2m，最小应满足0.8m。

（9）机组前部留有不小于蒸发器、冷凝器或低温发生器长度的拔管间距。

（10）在本次工程制冷机房的实际布置中，由于空间的限制，以上的间距要求并未完全满足。为节省空间，主机四个方向都只保证了两个方向1.5 m 的检修空间，其余两侧只保证了 800mm 的通道间距；水泵距墙也仅保留了通道间距。

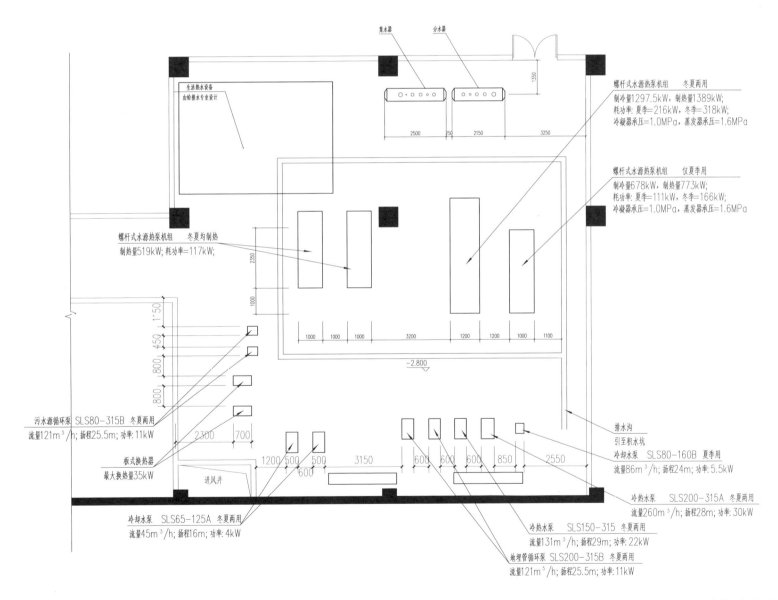

冷热源机房平面布置图

2.弱电系统设计

（1）候诊呼叫信号系统

根据《医疗建筑电气设计规范》JGJ 312-2013 的规定，二级及以上医院应设置候诊呼叫信号系统。根据医院功能，需要在候诊室、检验室、放射科发药处、出入院手续办理处、门诊手术、注射室等场所，设置候诊呼叫信号装置。

（2）护理呼叫信号系统

根据《医疗建筑电气设计规范》JGJ 312-2013 的规定，二级及以上医院应设置护理呼叫信号系统，系统应由主机、对讲分机、卫生间紧急呼叫按钮、病房门灯和显示屏等组成。呼叫信号系统应按护理单元设置，各护理单元的呼叫主机设在本护理单元的护士站，系统设备应便于操作。

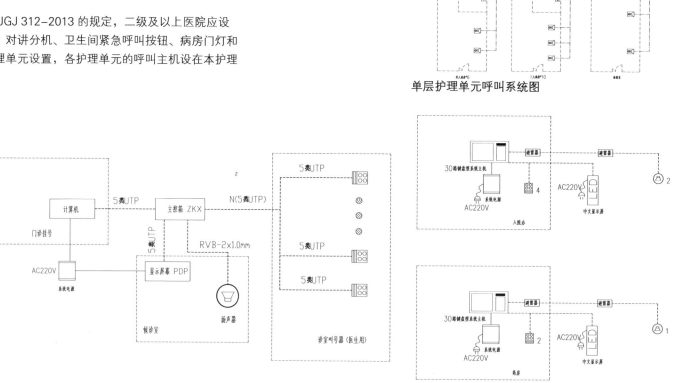

单层护理单元呼叫系统图

医用叫号系统图

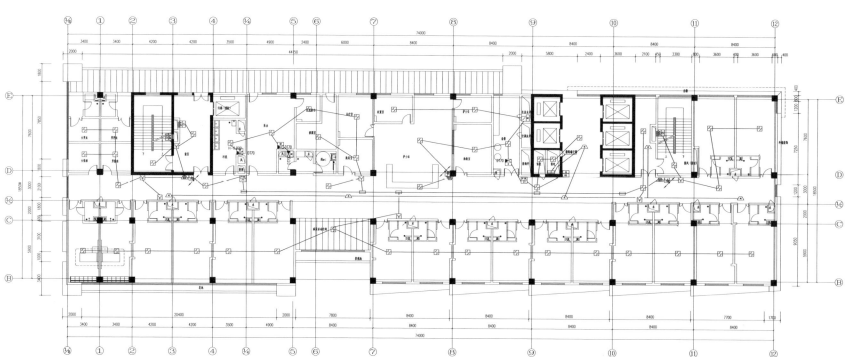

标准层火灾自动报警平面图

住院综合楼 2

——崇州市人民医院外科住院综合楼设计

项目简介

    崇州市是毗邻省会的二线城市，在都市化浪潮的席卷下沦为卫星城，但仍负担着主城额外的功能分流，面对超出预期的医疗荷载，城市需要构建一体化的医疗住院系统。

    本设计旨在实现高层建筑高度统一的竖向特征与医疗建筑的多样化水平功能的有机协调，以最小的建筑占地换取北向便捷的交通流线与南向舒适的室外活动场所，同时依据当地气候条件采用适宜的技术手段，结合建筑体量布局，确保全比例的病房日照设计，结合种植立面打造新型绿色医疗建筑。

团队构成

建筑 ——— 苟旻 胡昕 杨健 —————————

土木 ——— 余志给 郭一帆 —————————

给水排水 —— 赵晓琴 —————————

暖通 & 电气 — 熊杰 聂立昊 —————————

环境 ——— 邢晖 赵尚燨 —————————

建管 ——— 张艺红 杨肖霞 —————————

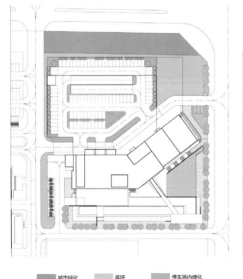

城市绿化　草坪　停车场内绿化

总图绿化

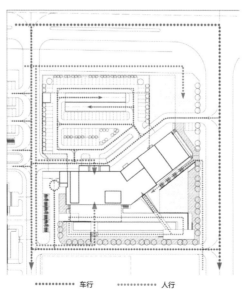

车行　人行

总图交通

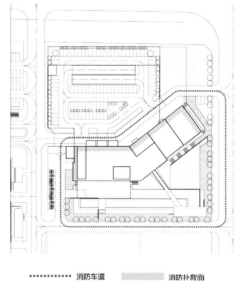

消防车道　消防扑救面

总图消防

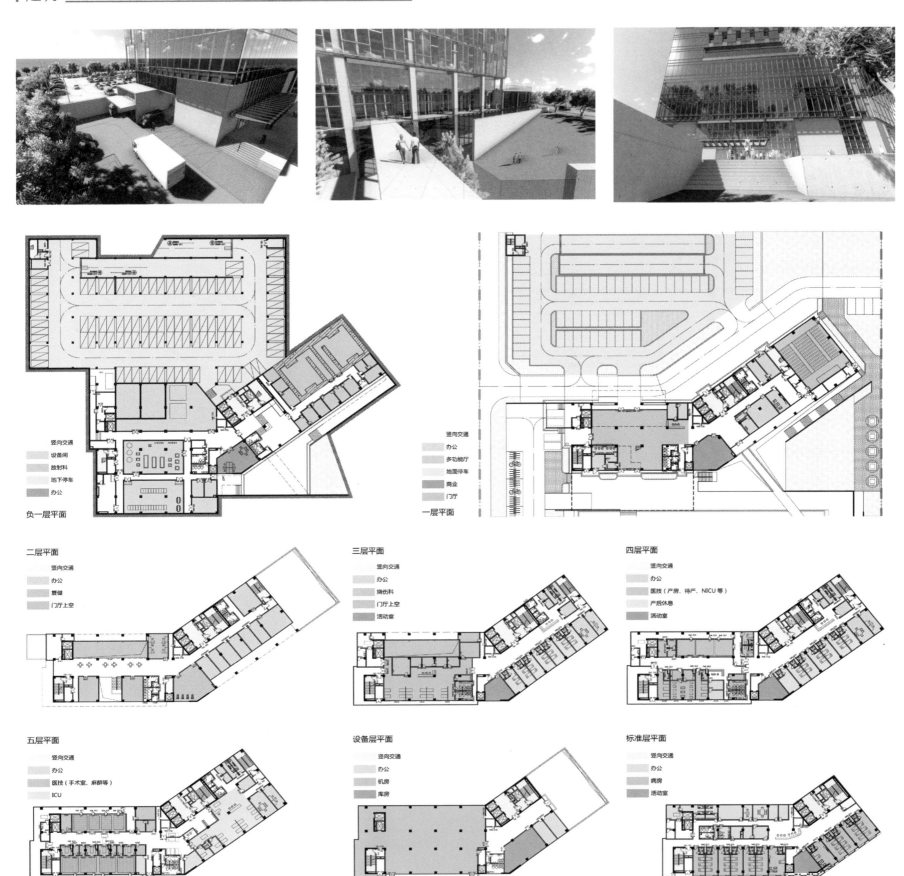

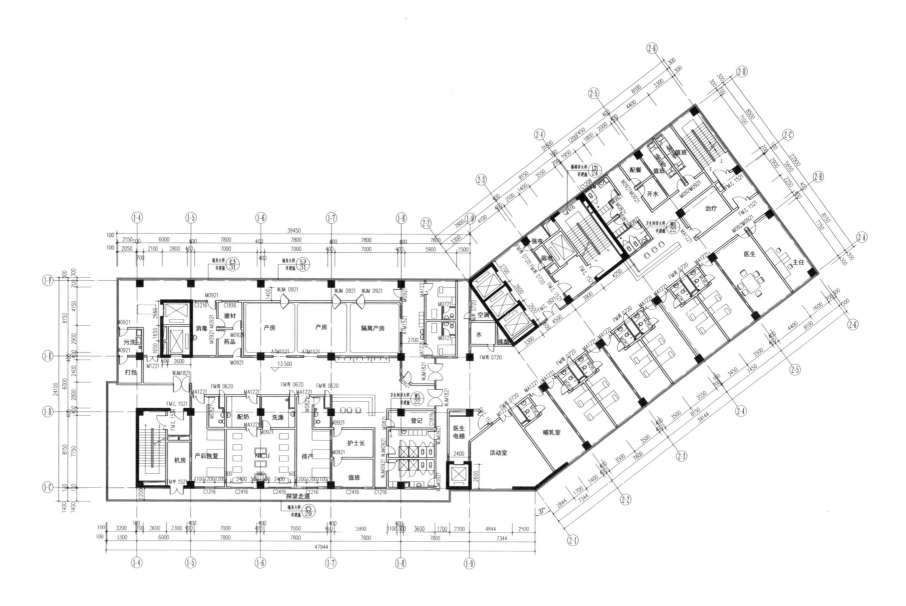

产房层平面图

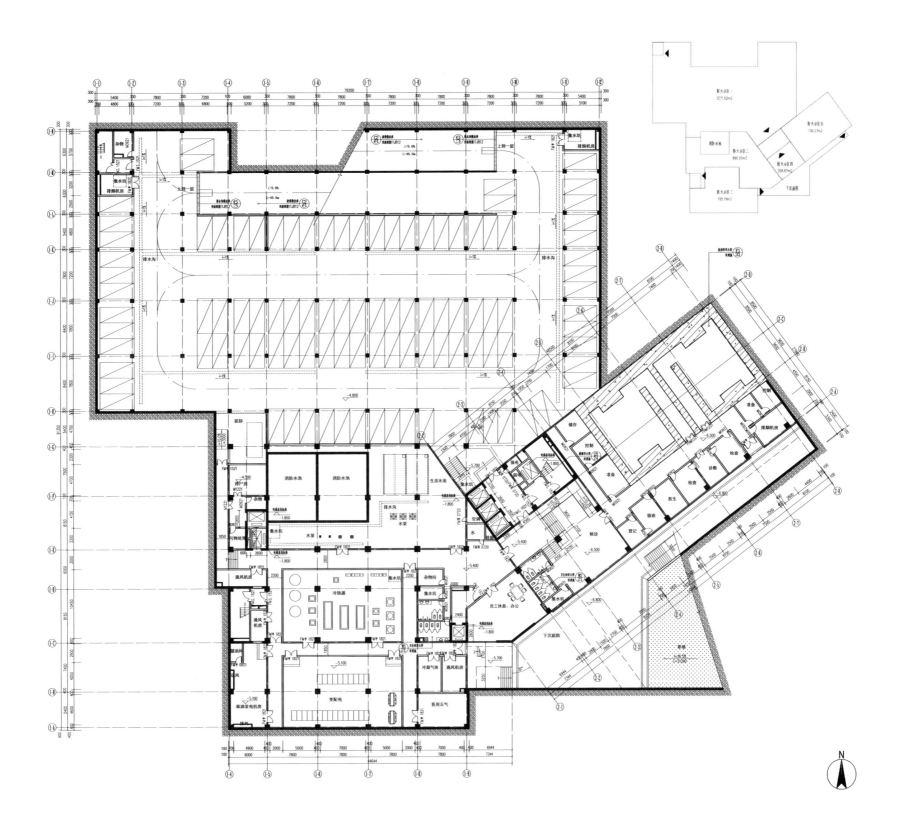

负一层平面图

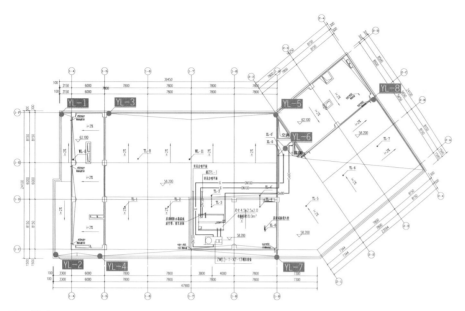

屋面排水平面图

1.雨水排水系统设计

本设计采用雨水内排水系统，雨水量的大小是设计雨水排水系统的依据，其值与当地暴雨强度、汇水面积以及屋面径流系数有关——设计前期即应将当地屋面汇水面积最大值提供给建筑专业，初步划分屋面汇水区域，确定屋面找坡方向。

给水排水专业根据建筑专业划分的屋面雨水的汇水区域，布置雨水立管，确定、协调雨水立管位置。根据屋面的汇水区域，雨水汇水面积应按地面、屋面水平投影面积计算，高出屋面侧墙应附加其最大受雨面正投影的一半作为有效汇水面积计算，根据雨水汇水面积，查规范，选择立管管径即可。

本设计中主要考虑建筑屋面的雨水排除，高层建筑屋面雨水排水宜按重力流设计。

（1）雨水排水系统的组成

由 87 型雨水斗、雨水管道、室外雨水管道等组成。

（2）注意事项

建筑屋面各汇水范围内，雨排立管不宜少于 2 根。

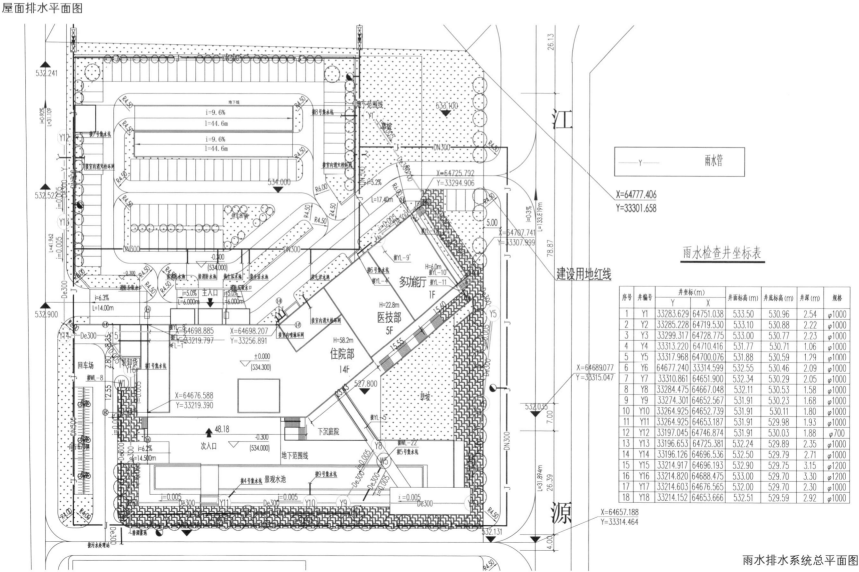

雨水检查井坐标表

序号	井编号	井坐标(m) Y	X	井面标高(m)	井底标高(m)	井罩(m)	规格
1	Y1	33283.629	64751.038	533.50	530.96	2.54	φ1000
2	Y2	33285.228	64719.530	533.10	530.88	2.22	φ1000
3	Y3	33299.317	64728.775	533.00	530.77	2.23	φ1000
4	Y4	33313.220	64710.416	531.77	530.71	1.06	φ1000
5	Y5	33317.968	64700.076	531.88	530.59	1.29	φ1000
6	Y6	64677.240	33314.599	532.55	530.46	2.09	φ1000
7	Y7	33310.861	64651.900	532.34	530.29	2.05	φ1000
8	Y8	33284.475	64667.048	532.11	530.53	1.58	φ1000
9	Y9	33274.301	64652.567	531.91	530.23	1.68	φ1000
10	Y10	33264.925	64652.739	531.91	530.11	1.80	φ1000
11	Y11	33264.925	64653.187	531.91	529.98	1.93	φ1000
12	Y12	33197.045	64746.874	531.91	530.03	1.88	φ700
13	Y13	33196.653	64725.381	532.24	529.89	2.35	φ1000
14	Y14	33196.126	64696.536	532.50	529.79	2.71	φ1000
15	Y15	33214.917	64696.193	532.90	529.75	3.15	φ1200
16	Y16	33214.820	64688.475	533.00	529.70	3.30	φ1200
17	Y17	33214.603	64676.565	532.00	529.70	2.30	φ1000
18	Y18	33214.152	64653.666	532.51	529.59	2.92	φ1000

雨水排水系统总平面图

2.各通风系统设计

（1）地下车库通风系统

地下汽车库，宜设置独立的送风排风系统；具备自然进风条件时，可采用自然进风、机械排风的方式。车库分为左、右两个系统进行机械排风，利用车库入口进行自然补风。风口布置时应尽量保证气流分布均匀，减少通风死角。

（2）设备房通风系统设计

设备房通风设计包括平时通风、事故排风和事故后通风。

（3）放射科等带辐射房间通风系统设计

为了防止对非射线区域的污染，隔墙均采用 1.5~2.5 m 的混凝土厚墙，并在放疗机房内增设挡墙，形成迂回走道，防止对非射线区域的危害。

（4）开水、配餐通风系统设计

开水配餐需要设计排风系统来消除大量余热、余湿对其他功能区的影响，并防止食物味道传入其他区域。

（5）卫生间通风系统设计

《民用建筑供暖通风与空气调节设计规范》GB 50736-2012 规定：公共卫生间应设置机械通风系统，通风量需按照换气次数进行计算。

（6）内区房间通风系统设计

内区房间无自然通风条件时，需要设置排风系统。

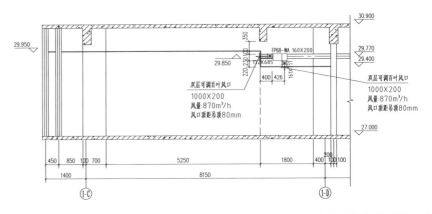

病房风机盘管侧送风图

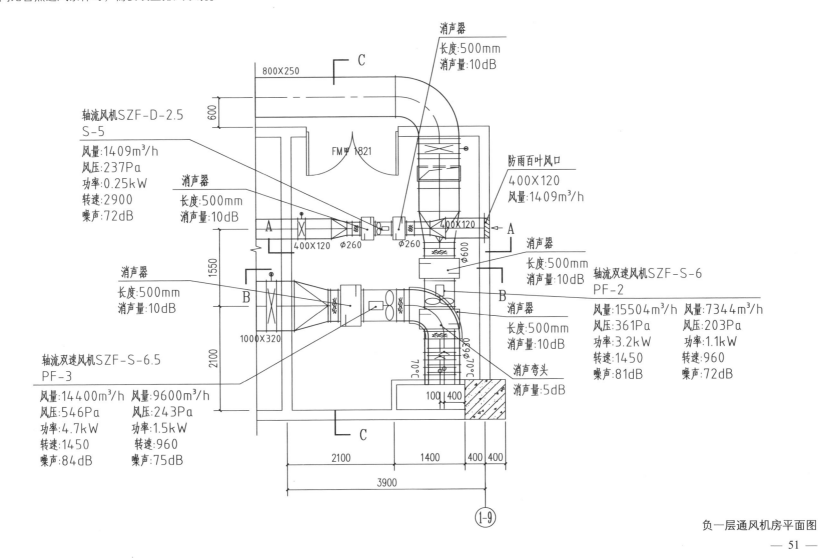

负一层通风机房平面图

3. 视频监控系统

《医疗建筑电气设计规范》JGJ 312 –2013 中规定：一级以上医院宜设置视频安防监控系统。需在如下部位设置摄像机：

1）医疗建筑室外园区公共活动场所及出入口；

2）建筑各出入口、走道、电梯厅及轿厢等公共场所；

3）发药处、抢救室、病案室、血库、重要及贵重药品库、放射污染区、配餐处、财务室、收费处、信息机房等。

《民用建筑电气设计规范》JGJ 16–2008 中对于视频安防监控系统设计的规定：

1）视频安防监控系统宜由前端摄像设备、传输部件、控制设备、显示记录设备四个主要部分组成；

2）系统设计应满足监控区域有效覆盖、合理布局、图像清晰、控制有效的基本要求。

4. 护理呼叫信号系统

二级及以上医院应设置护理呼叫信号系统，护理呼叫信号系统的功能应该经济适用。护理呼叫信号系统一般设置在病房、输液处，也称医护对讲系统。护理呼叫信号系统是实现患者与医护人员之间沟通的工具，通常具有双向呼叫、双向对讲、紧急呼叫优先等功能。

护理呼叫信号系统应由主机、对讲分机、卫生间紧急呼叫按钮（拉线报警器）、病房门灯和显示屏组成。护理呼叫信号系统应按护理单元设置，各护理单元的呼叫主机应设置在本护理单元的护士站。

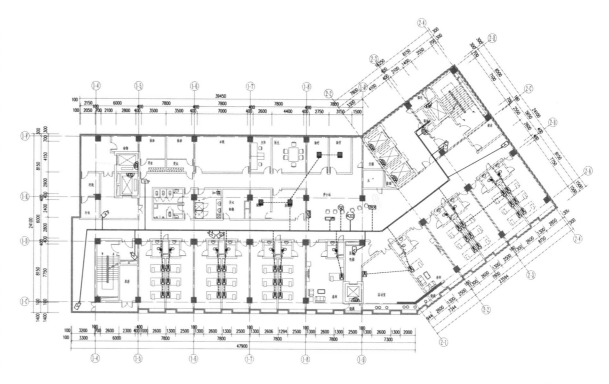

标准层弱电平面图

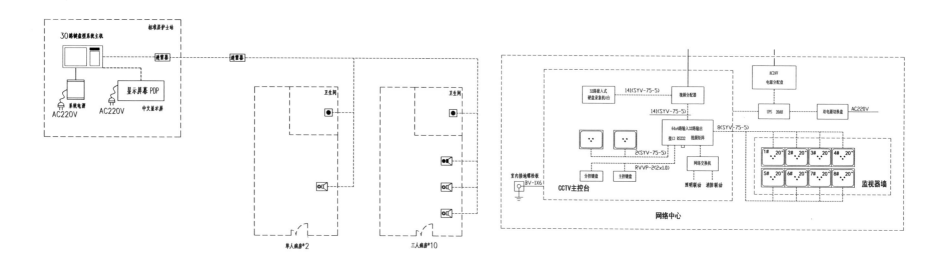

医用呼叫系统   闭路监视系统图

The Multi-professional Graduate Design
of the Architecture Department

跨界·融合

2015

课题一:
重庆大学虎溪校区实验科技楼设计

《实验科技楼 1》

《实验科技楼 2》

课题二:
重庆医科大学外科住院综合楼设计

《住院综合楼 1》

《住院综合楼 2》

用地详情

课题一：重庆大学虎溪校区实验科技楼设计

　　基地位于重庆大学虎溪校区校园东北侧，与校区东门和教学区相邻。项目拟为虎溪校区的重庆大学理学部提供现代的综合教学、科研及人文交流空间，包含理学部教学、科研、办公、博物馆、档案馆、国际学术交流中心等功能的建筑群体，以及含教学实验中心、会议研讨室、资料图书室、管理办公室等的实验科技楼。

课题一现场照片

课题二：重庆医科大学外科住院综合楼设计

　　重庆医科大学附属大学城医院位于重庆市沙坪坝区虎溪镇大学城内西北面，医院用地西面、北面紧靠重庆医科大学校区，东邻虎溪路，南望重庆师范大学校区。整个用地呈较为规则的梯形，东西宽249～294m，南北长270～293m。场地地面高程为282.80～309.88m，地形高差27.08m。

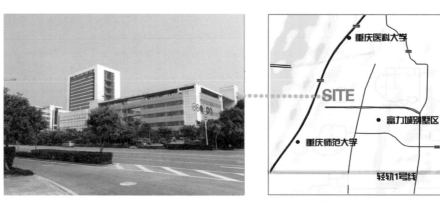

课题二现场照片

专业协同

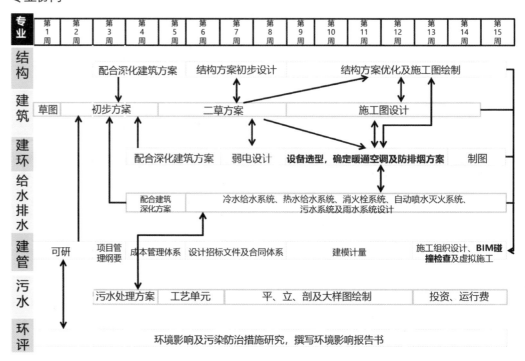

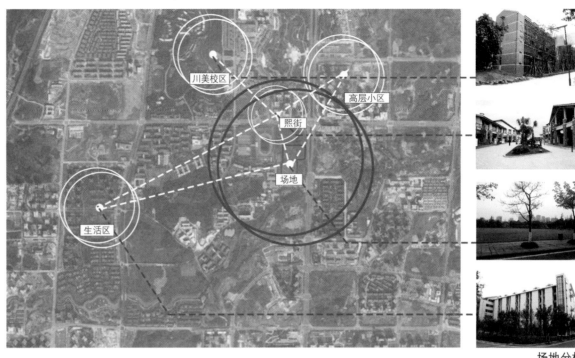

场地分析

场地肌理

道路关系

绿地关系

水体关系

功能分区

人群密度

高度分布

动静分区

车行流线

人行流线

自行车流线

交通节点

活动区域

有坡路段

公共空间

区域规划

015·重庆

重庆大学 教亮奚交叉 实验科技楼

实验科技楼项目可行性研究报告（节选）

1. 项目建设背景

目前，经济全球化和知识经济大背景下，经济竞争和科技竞争越来越激烈，最终是对于教育的竞争、人才资源的竞争。建设创新型国家、提高国家核心竞争力已经成为高等教育所面临的历史任务，提升大学生的创新素质具有深刻的时代特征和战略意义。

2001 年 8 月教育部印发《关于加强高等学校本科教学工作提高教学质量的若干意见》的通知（教高[2001]4 号）表示："实践教学对于提高学生的综合素质、培养学生的创新精神与实践能力具有特殊作用。高等学校要重视本科教学的实验环节……要根据科技进步的要求，注重更新实验教学内容，提倡实验教学与科研课题相结合，创造条件使学生较早地参与科学研究和创新活动。"

重庆大学作为一所具有工科优势的综合性大学，有着十分庞大的实践性教学需求，也有必要使学生在整个学习生涯中多参与实践性教学，丰富其学生生活，提高其综合实践创新能力。

2. 项目建设的必要性

（1）重庆大学本科教学需要

重庆大学虎溪校区于 2004 年动工修建，到 2010 年基本建成，虎溪校区学生数量约为 20000 人，本科生占绝大多数，对教学楼、实验楼需求量较大。

截至 2014 年 6 月，重庆大学虎溪校区实验楼包括第一实验楼、第二实验楼、工程培训中心三个实验教学中心。虽然重庆大学拥有国家级、省部级重点实验室多个，但是位于重庆大学城的虎溪校区的综合实验性教学楼远远不能满足虎溪校区学生的实验需求。

（2）缓解教研用房紧张的局面，为学校发展提供保障

随着学校规模的不断扩大，重庆大学校园用地已日趋紧张。重庆大学虎溪校区在校学生人数约为 20000 人左右，按照原建设部、原国家计委、原国家教委 1992 年颁布的《普通高等学校建筑规划面积指标》，学校实验用房面积缺口为 65600 ㎡。新实验科技楼建设项目将缓解学校实验用房面积不足的问题，为学校办学规模的进一步扩大及学校的学科建设提供必要的保障和硬件基础。

（3）有利于提高虎溪校区科研水平，提升核心竞争力

重庆大学理学部现有数学与统计学院、物理学院、化学化工学院、生物工程学院、生命科学学院、创新药物研究中心、现代物理中心、分析测试中心等五个学院、三个中心。虎溪校区目前没有专门针对理学部的实验用房，以上实验科研基地分散在学校的不同校区、不同性质的建筑中，无论硬件环境还是软件配套都无法满足科研工作的需要。

本实验科技楼项目的建设将为理学部在虎溪校区提供一个相对集中、联系紧密、各自独立的研究工作空间，有助于提高学校学科建设及科研水平，提升学校的核心竞争力，为学校建成品牌院系、特色专业奠定物质基础。

（4）有利于改善实验教学条件，提高教学质量

重庆大学在其"十二五"发展规划中明确指出："……结合专业特点和人才培养要求，分类制定实践教学标准，提升实验教学水平。加强实验室、实习实训基地、实践教学共享平台建设……"实验室和实训基地的建设是培养具有创新精神的高素质应用人才的重要手段，也将为教师从事科研活动提供必要的场所。

重庆大学理学部需要在教学过程中大量地引入实验教学模式，以丰富教学手段，增强学生的认知程度，培养动手能力、实践能力，因此，相关专业实验室的建设显得尤为重要。新建实验科技楼有利于加强本科一、二年级学生对本专业的认识，培养其实践创新能力，也为教师的教学提供了便利。

（5）重庆大学以及大学城长期规划的需要

重庆市是我国西南地区重要的工业城市，由于长期的计划经济限制，使重庆的高等教育发展缓慢。为改变这一情况，重庆市开始全力实施"科教兴渝""人才强市"的发展战略，建设重庆大学城就是其重要组成部分，这一建设的实现必将为重庆市的经济增长提供巨大的科技和人才支持，从而在根本上增强重庆市的城市竞争力。

根据《重庆市普通高等学校新区布局规划》，到 2020 年，全市在校研究生会在现有基础上增加 200%。重庆大学在大学城的发展能够起到很大的促进和带头作用，加速重庆大学城的完善和成熟。

就重庆大学本身而言，随着招生规模的不断扩大，重庆大学在沙坪坝区的三个老校区在设施、环境以及功能上渐渐不能满足重庆大学所有师生的教学和生活要求。所以，不排除重庆大学未来会将本科教学全部移至虎溪校区的可能，对虎溪校区的综合配套设施的要求也会更高。

综上，重庆大学实验科技楼的建设旨在为重庆大学理学部提供现代的综合教学科研及人文交流空间，从长远来说也是为重庆大学虎溪校区未来规划奠定基础。

3. 服务对象分析

（1）服务对象分析

重庆大学实验科技楼整个基地的建筑综合体群为集理学部学科（教学科研）、办公、博物馆、档案馆、国际学术交流中心等为一体的建筑群体，其中实验科技楼含教学实验中心、会议研讨室、图书资料室、管理办公室等。主要为理学部五个学院师生服务，人数在 4600 人左右。

（2）服务功能需求分析

1）面向教职工的服务功能需求

①科学研究需求：国家于 2013 年制定了《中西部高等教育振兴计划（2012-2020 年）》，提出加强中西部高校国家级科研平台培育和建设，新建一批体现中西部区域学科集群优势和特色的教育部重点实验室、工程研究中心和学科创新引智基地。所以，新建实验科技楼需满足教师及学生科研的需求，设立相应的科研实验室，为教师及学生提供完善的科研设施和器材，鼓励科技创新。

②学术交流需求：为了满足各高校教师之间的交流以及教师与学生之间的学术指导，有必要设立专门的学术交流室。

③教学指导需求：《关于加强高等学校本科教学工作提高教学质量的若干意见》指出："高等学校的根本任务是培养人才，教学工作始终是学校的中心工作。"作为理学部的综合实验科技教学中心，新建的实验科技楼应包括生物、化学、物理、数学以及生命科学实验室，各实验室需按照其功能特点进行相应的布置和安排，做到功能分布合理和空间利用均衡。

2）面向学生的服务功能需求

①学生实验训练需求：新实验科技楼应秉承受众广、质量高、开放的原则进行设立，提倡精英教学，让更多的同学拥有动手实践的机会。同时，实验室器材的配置应该尽量满足先进性要求，让学生了解最前沿的科学设备，获得最真实、可靠的实验实践结果。

②学生社交活动交流：实践教学应该充分锻炼学生的团队合作以及共同解决问题的能力。学生除却实验及实践的空间，还应该拥有交流讨论、方案评定、休息娱乐的空间。所以，新建的实验科技楼需要配备一部分会议讨论室，供学生进行小组活动以及小组交流的需要。

③学生指导需求：为了提高学生的教学质量以及科研兴趣，建议设立专门的指导中心，安排相应的老师进行定期的指导，为学生答疑解惑，促进学生与老师之间的互动，加强双方的联系。

实验科技楼 1

——重庆大学虎溪校区实验科技楼设计

项目简介

该项目为多层建筑，地上 5 层，地下 1 层，总高度为 23.4m，主要功能包括实验教学中心（含创新药物研究实验中心、基础化学实验教学中心、物理实验教学中心、教学实验教学中心），科学研究用房（含科学研究工作室、图书资料室），学术报告厅，管理办公和其他功能等。

在建筑单体的设计上着重于两个要点：

空间灵活性：科学研究水平的不断提高，科学与生产的紧密联系，使得科研建筑的空间可变性越来越受到重视。

环境开放性：引入休闲空间、成果展示空间等，创造具有开放性的社会化"科研场所"。

团队构成

建筑 ———— 赵岩 岳阳 陈博宁

土木 ———— 陈炫江 陈彬彬

给水排水 — 宋志衡

暖通 & 电气 — 胡超

绿建 ———— 陈莹

建管 ———— 刘畅畅 熊帅

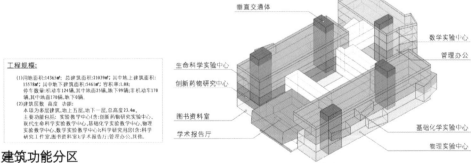

工程规模：

(1)用地面积:14365m²; 总建筑面积:21039m²; 其中地上建筑面积:15578m²; 其中地下建筑面积:5461m²; 容积率:1.08; 停车数量:机动车124辆,其中地面25辆,地下99辆;非机动车170辆,其中地面170辆,地下0辆。

(2)建筑层数、高度、功能:

本项目为多层建筑,地上五层,地下一层,总高度23.4m。主要功能科系:实验教学中心(含:创新药物研究中心、现代生命科学实验教学中心、基础化学实验教学中心、物理实验教学中心、数学实验教学中心)和科学研究用房(含:科学研究工作室)图书资料室)及学术报告厅;管理办公,其他。

建筑功能分区

垂直交通体
数学实验中心
管理办公
生命科学实验中心
创新药物研究中心
图书资料室
基础化学实验中心
学术报告厅
物理实验中心

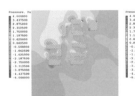
1.5m高度建筑群整体压差

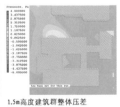
1.5m高度建筑群整体压差

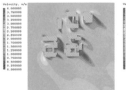
1.5m高度整体风速云图

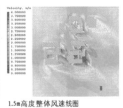
1.5m高度整体风速线图

从风速线图来看，目标建筑周围自然风线条流畅，基本没有紊乱的线条和漩涡。在附楼主体建筑右下角出现少部分死风区、低速漩涡，合理的绿化景观设置可以对此有所改善。

总体来说，供暖供冷季节的通风合理，风速大小（平均0.6m/s）适宜，变化较小，达到规范中供暖供冷季节风场的目标要求。

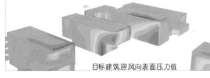
目标建筑迎风向表面压力值

风环境模拟：供暖供冷季节风场分析

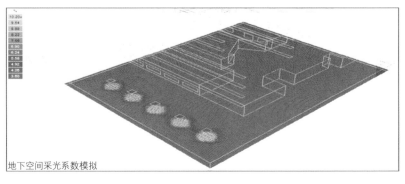

一层主要功能房间模拟总情况

地下空间采光系数模拟

采光模拟结果分析

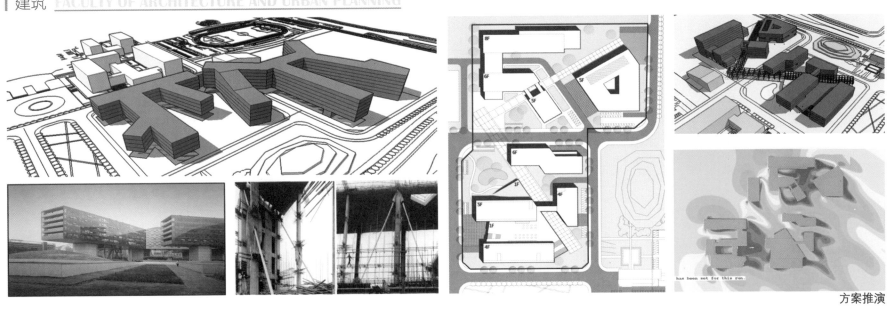

方案推演

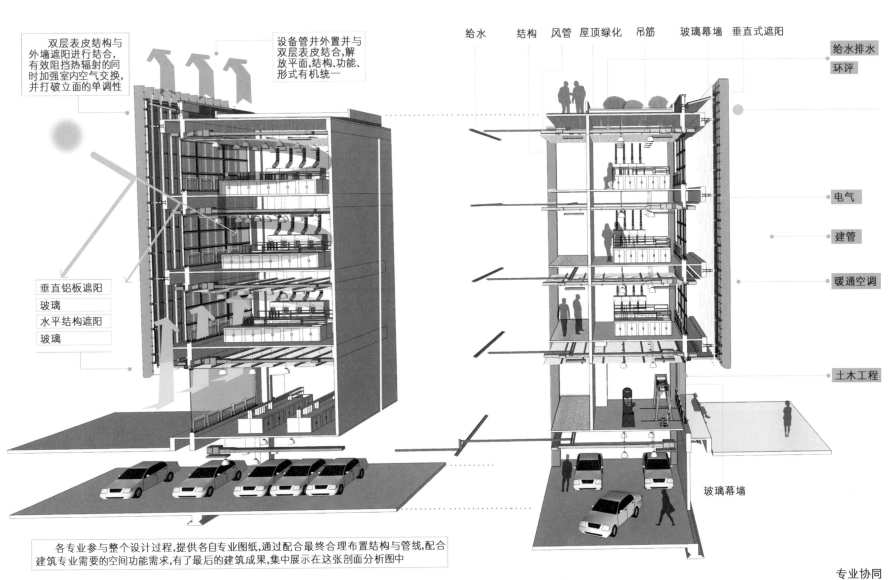

双层表皮结构与外墙遮阳进行结合,有效阻挡热辐射的同时加强室内空气交换,并打破立面的单调性

设备管井外置并与双层表皮结合,解放平面、结构、功能、形式有机统一

垂直铝板遮阳
玻璃
水平结构遮阳
玻璃

给水　结构　风管　屋顶绿化　吊筋　玻璃幕墙　垂直式遮阳

给水排水

环评

电气

建管

暖通空调

土木工程

玻璃幕墙

各专业参与整个设计过程,提供各自专业图纸,通过配合最终合理布置结构与管线,配合建筑专业需要的空间功能需求,有了最后的建筑成果,集中展示在这张剖面分析图中

专业协同

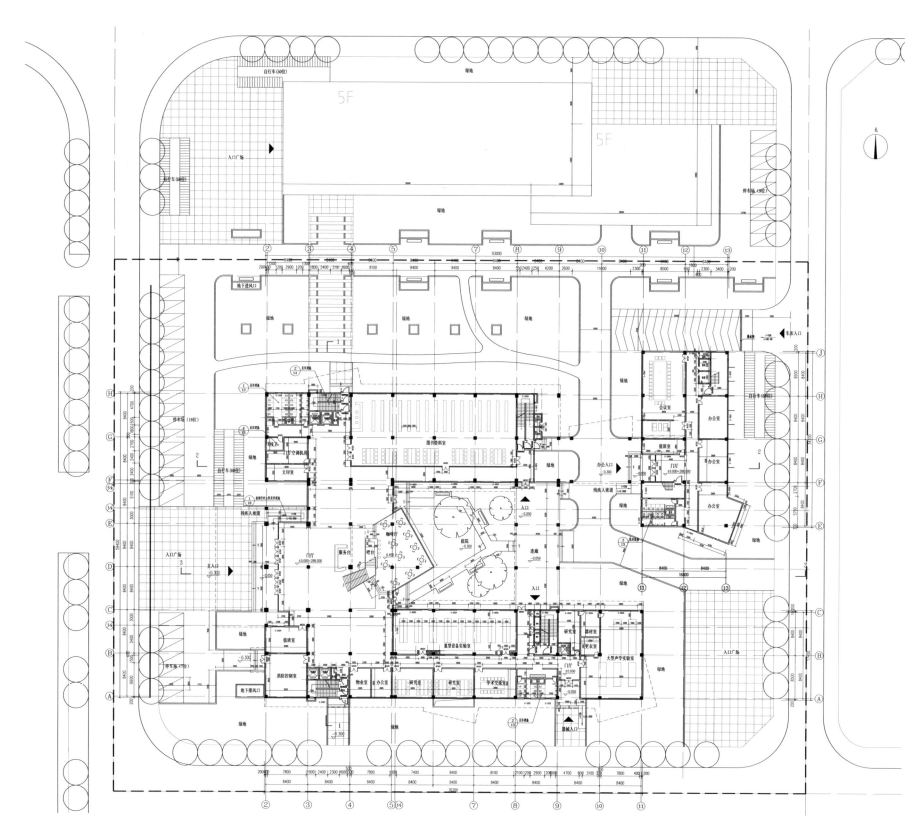

一层平面图

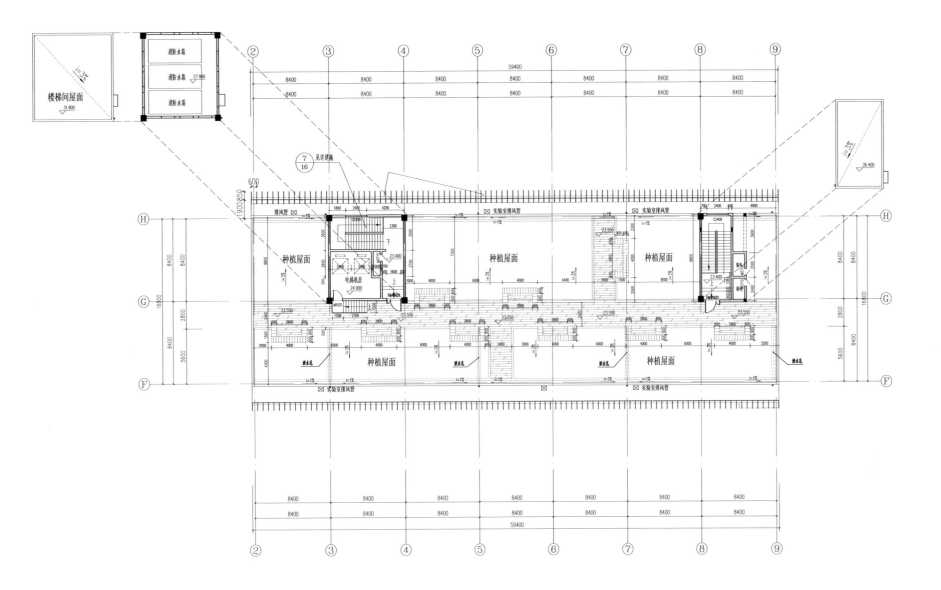

屋顶平面图

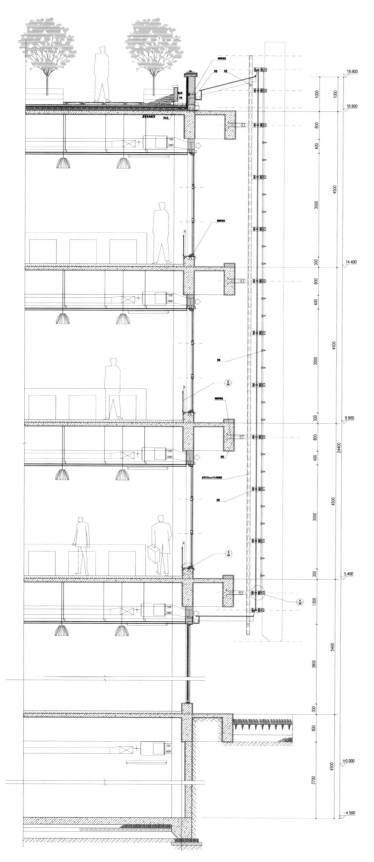

墙身详图

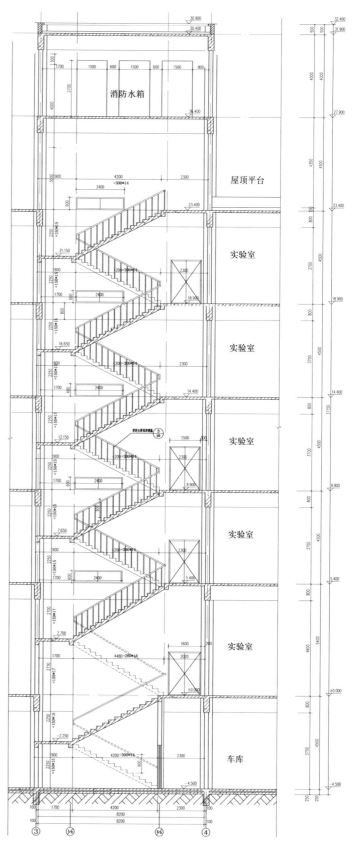

楼梯间剖面详图

前期结构方案比选

方案一：增设结构构件，但结构布置复杂，空间效果较差

方案二：增设"V"形支撑构件，但空间效果差，不利于入口形象展示

方案三：单向密肋折梁出挑，充分保证建筑空间效果

1. 悬挑结构

本方案中位于一层主入口正上方的学术报告厅有着约10m的出挑和较大的层高，是建筑入口重要的造型要素。同时，由于功能需要，二层楼板要有一定的结构起坡，这都为结构设计带来了困难。

较大的悬挑跨度、较大的悬挑荷载往往会带来较大尺寸的结构构件，经过同结构专业的沟通以及多方案的比选，综合考虑了建筑空间效果、结构体系的合理性，最终选用了单向密肋折梁的结构布置方式，将主梁尺寸控制为600mm×1600mm，次梁尺寸控制为300mm×1200mm，保证了建筑方案效果的实现。

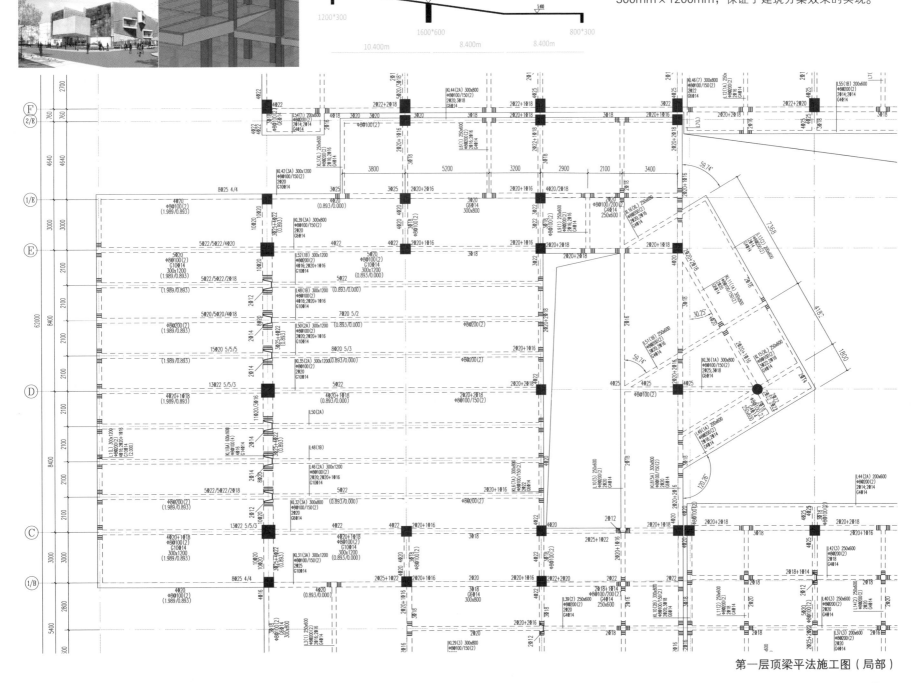

第一层顶梁平法施工图（局部）

2. 排水系统设计（污、废水）

基于本次绿色建筑设计的节水要求，生活废水需要经过处理，回收利用，故需要采取污、废水分流的排水体系。由于本工程是实验科技楼，里面的实验污、废水收集到污水处理间，然后将其统一处理后排出，实验室、卫生间的洗手盆废水，经过专门的废水管道收集到中水设备房，经过一体化处理设备处理后回收利用。生活污水由生活污水管道收集，排入化粪池，经过化粪池处理后排入校区污水管网。

3. 排水系统设计流程

（1）室内排水管道水力计算

（2）室外排水管道水力计算

（3）集水坑设计计算（包含数目以及尺寸）及潜污泵选型

本设计共设置 10 个集水坑，以 2 号集水坑为例（消防泵房排水）：集水坑尺寸为 2000mm×1500mm×2800mm；选用水泵型号为 JYWQ80-50-10-1600-3，流量为 50 m³/h，扬程为 10m，水泵安装尺寸为 270mm×325mm×680mm，一用一备；电机功率为 3kW。

（4）隔油池选型

确定隔油池容积与混凝土型号。

（5）化粪池选型

经计算，本设计化粪池有效容积为 98.7m³，选择型号 13-100A01 的化粪池。

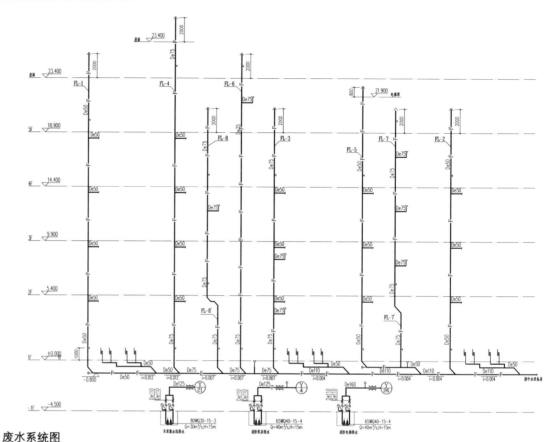

废水系统图

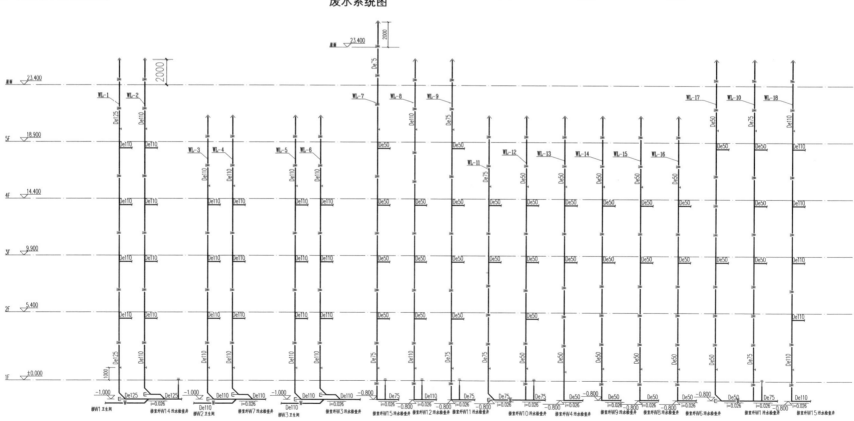

污水系统图

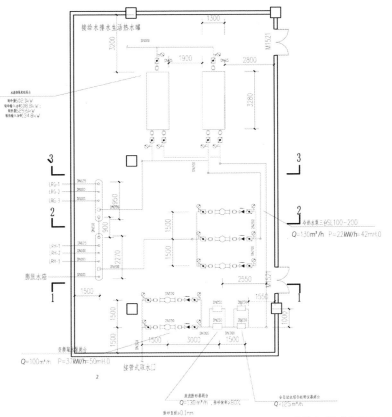

冷热源机房平面布置图

4.冷热源设备系统设计

（1）冷热源主机选型

（2）冷冻水系统

    1）冷冻水泵流量的确定。

    2）冷冻水泵扬程的确定。

    3）冷冻水泵的选型。

（3）膨胀水箱的选择

（4）分集水器设计

    1）分集水器尺寸计算。

    2）分集水器尺寸确定。

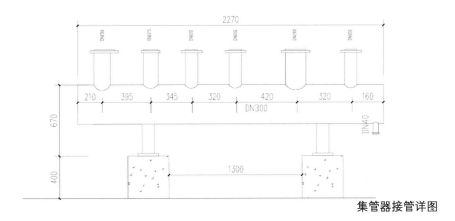

集管器接管详图

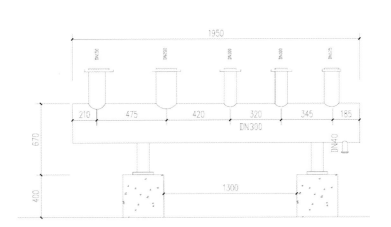

分管器接管详图

冷热源机房剖面图

5. 火灾自动报警及消防联控制系统设计

根据《火灾自动报警系统设计规范》GB 50116-2013，火灾自动报警系统的保护对象应根据其使用性质、火灾危险性、疏散和扑救难度等分为特级、一级和二级。

本工程为重庆市虎溪校区实验综合楼，建筑高度23.4m，属于二级保护对象，采用总体保护方式，即主要场所、部位设置探测器，仅在少数危险性不大的场所不设探测器。

（1）报警区域和探测的划分

报警区域应根据防火分区或楼层划分，一个报警区域宜由一个或同层相邻几个防火分区组成。因此，本工程以楼层进行划分，每个楼层为一个报警区域。为保障消防报警安全可靠，应限制每台区域消防报警控制器所连接的火灾探测器、手动火灾报警按钮和模块等设备的总数和地址总数，不应超过3200个，故根据报警区域面积，设置若干台区域消防报警控制器，负责各自的区域消防报警。

本设计将地下车库、水源热泵房、消防水泵房、热水机房、发电机房、走道、楼梯间各划分为一个探测区域。楼梯间单独划分为一个探测区域，每2～3层划分为一个探测区域并设置一个火灾探测器。

（2）火灾探测器的设置与选择

依据《火灾自动报警系统设计规范》GB 50116-2013，在地下车库、设备机房、走道、楼梯间等部位设置火灾探测器。

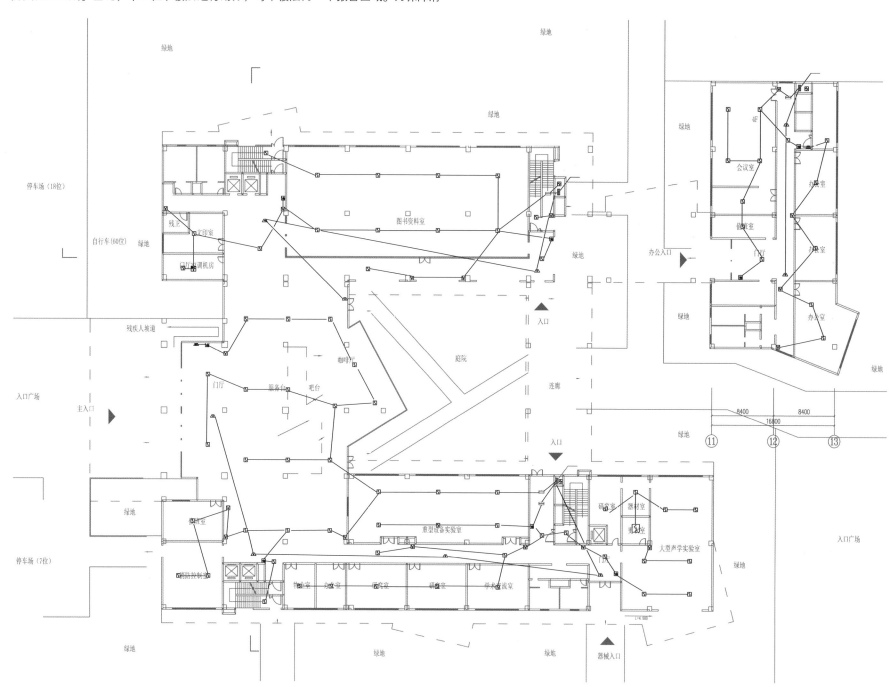

一层自动报警平面图

实验科技楼 2

——重庆大学虎溪校区实验科技楼设计

项目简介

在整体规划中，设计考虑到各个功能体的链接，将原有建筑功能和设计功能结合，同时考虑通风等物理条件，结合场地本身的人员穿越流线，完成总平面图设计。

在实验楼建筑单体的设计中，绿色建筑概念贯穿始终。方案在满足功能的同时进行优化，同时平衡各个专业的需要。

在场地的设计中，方案考虑了各种行为模式（人行、车行、自行车）的差异，设计了不同的穿越和停留方式，同时配合景观设计，激活场地，使其富有生命力。景观和场地一体化设计，使建筑、场地和景观有机地结合在一起。

团队构成

建筑 —————— 王坤 董红稳 曾德馨

土木 —————— 胡健翔 李玖璠

给水排水 ——— 汪顺帆

电气 & 暖通 — 胡亦明

绿建 —————— 陈秋昊

环境 —————— 王攀峤

建管 —————— 谢芳芸 卫薇

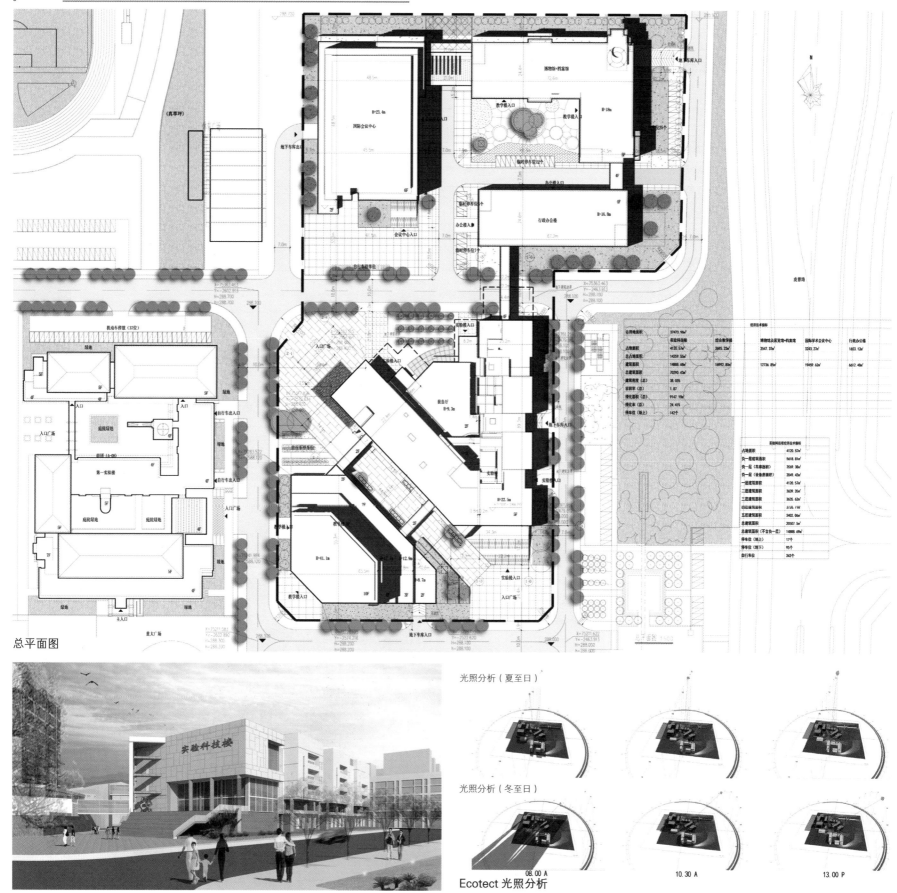

总平面图

光照分析（夏至日）

光照分析（冬至日）

Ecotect 光照分析

08.00 A   10.30 A   13.00 P

水循环

节地技术　节能技术　节水技术　节材技术　环境保护

雨水利用

雨水直接回收
灰色经过处理回收

地表水蒸发
源溪
地下
蓄池　处理池
试验台废水（简单处理）　洗手池废水（简单处理）
厕所污水（排走）
试验台废水（排走）

屋顶

生物实验室

药学实验室

化学实验室

数学实验室

物理实验室

车库与设备间

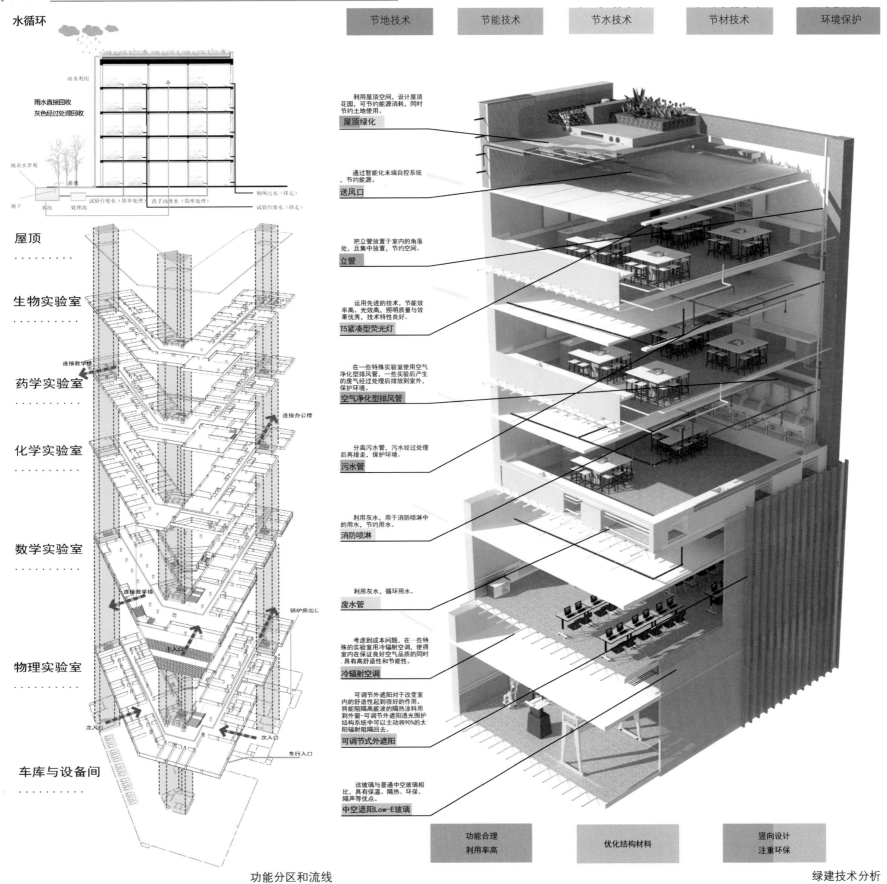

利用屋顶空间，设计屋顶花园，可节约能源消耗，同时节约土地使用。
屋顶绿化

通过智能化末端自控系统，节约能源。
送风口

把立管放置在室内的角落处，且集中放置，节约空间。
立管

运用先进的技术，节能效率高、光效高，照明质量与效果优秀，技术特性良好。
T5紧凑型荧光灯

在一些特殊实验室使用空气净化型排风管，一些实验后产生的废气经过处理后排放到室外，保护环境。
空气净化型排风管

分离污水管，污水经过处理后再排走，保护环境。
污水管

利用灰水，用于消防喷淋中的用水，节约用水。
消防喷淋

利用灰水，循环用水。
废水管

考虑到成本问题，在一些特殊的实验室用冷辐射空调，使得室内在保证良好空气品质的同时，具有高舒适性和节能性。
冷辐射空调

可调节外遮阳对于改变室内的舒适性起到很好的作用。将能阻隔高能波的隔热涂料用到外窗。可调节外遮阳透光围护结构系统中可以主动将90%的太阳辐射阻隔回去。
可调节式外遮阳

该玻璃与普通中空玻璃相比，具有保温、隔热、环保、隔声等优点。
中空遮阳Low-E玻璃

功能合理
利用率高

优化结构材料

竖向设计
注重环保

功能分区和流线　　　　　　　　　　　　　　　　　　绿建技术分析

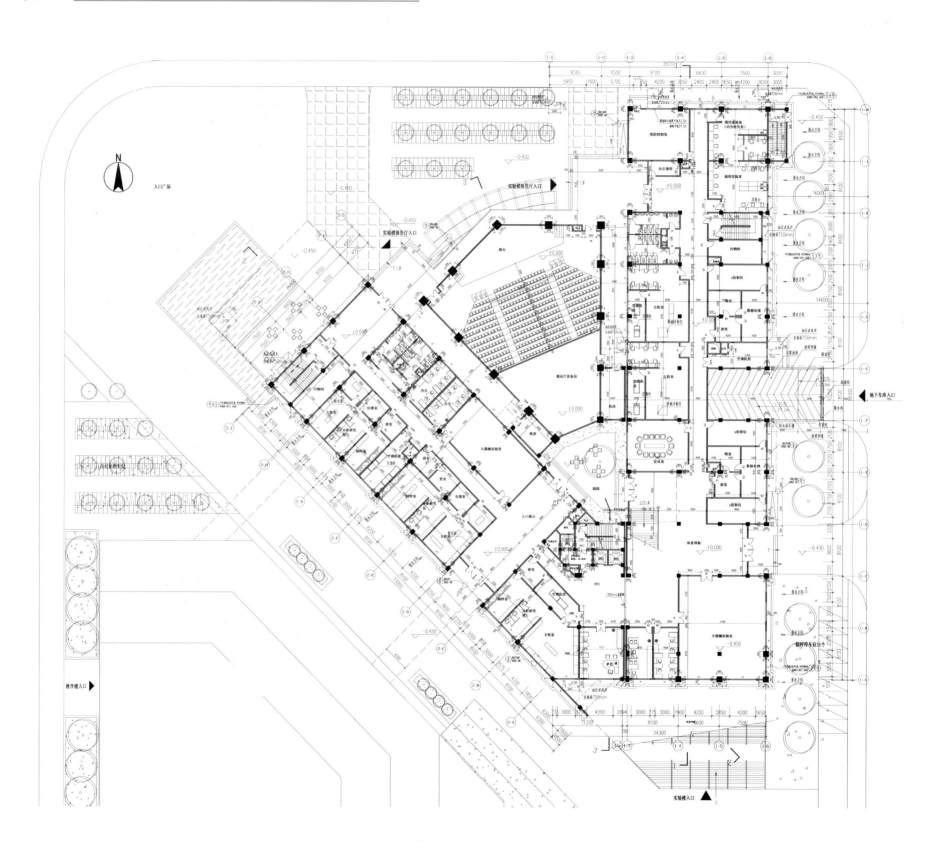

一层平面图

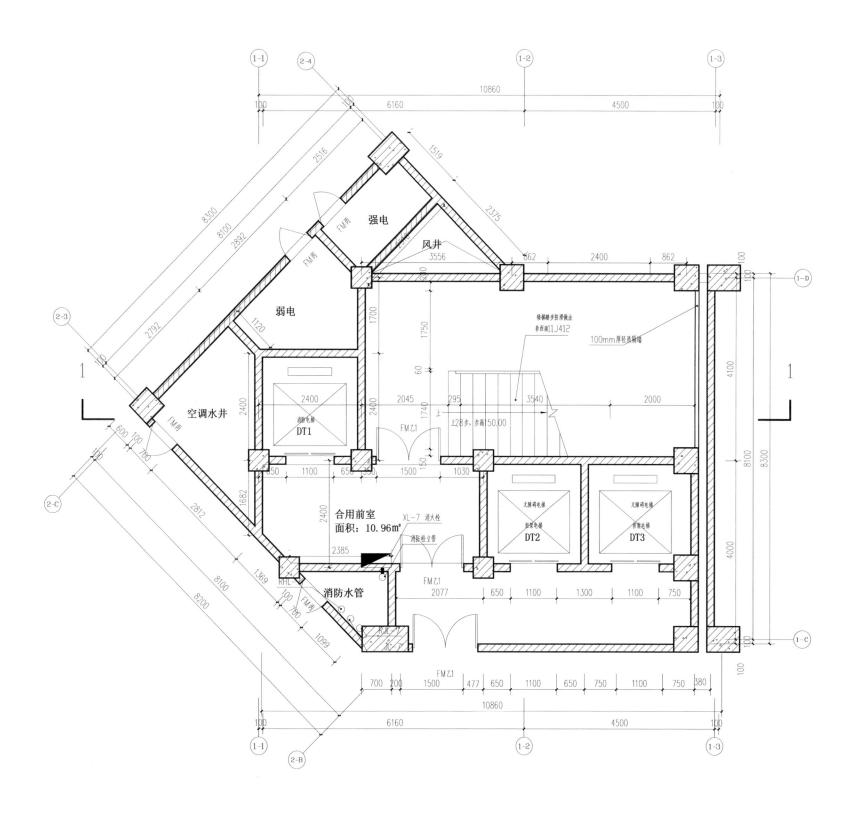

核心筒大样图

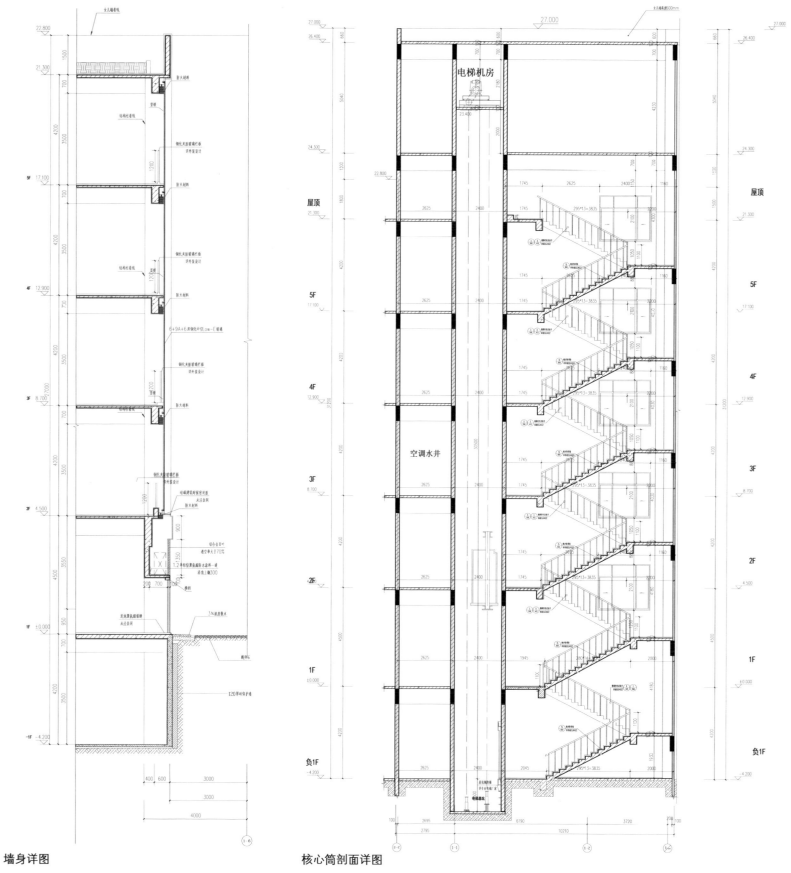

墙身详图   核心筒剖面详图

1. 变形缝的设置

变形缝可分为伸缩缝、沉降缝、防震缝三种。其中防震缝是为使建筑物较规则，以期有利于结构抗震而设置的缝，基础可不断开。它的设置目的是将大型建筑物分隔为较小的部分，形成相对独立的防震单元，避免因地震造成建筑物整体震动不协调，而产生破坏。

根据《建筑抗震设计规范》GB 50011-2010 中6.1.4 规定：框架结构房屋的防震缝宽度，当高度不超过15m 时，不应小于100mm；高度超过15m 时，根据抗震设防烈度6度、7度、8度和9度分别每增加高度5m、4m、3m 和2m，宜加宽20mm。

柱定位图

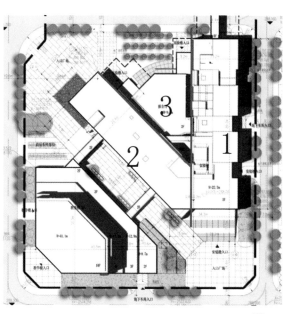

2.冷水系统方案比选

给水方式主要有直接给水方式和二次加压的给水方式，设计前期根据建筑高度估算给水系统所需压力，当室外管网压力可满足所需压力时，可采用直接给水方式，否则应采用二次加压的给水方式，本建筑经比选后采用直接给水的方式。

3.冷水系统设计流程

1）用水量计算：

根据功能确定使用人数、用水定额以及小时变化系数。

2）根据设计秒流量计算公式计算室内给水管网水力（包含给水立管以及室外管网部分）（如下表）。

3）校核市政水压是否满足要求，即校核最不利点水压，同时计算需减压配水点的水压。

4）根据水力计算结果确定设计管径。

立管 JL-1 水力计算表

管段	用水器具数				管段计算秒流量(L/s)	管段设计秒流量 qd (L/s)	管径 DN(mm)	流速 v (m/s)	每米管长沿程水头损失 i (kPa/m)	管段长度 L (m)	管段沿程水头损失 hy=iL(kPa)	管段沿程水头损失累计 Σ
	洗手盆 (0.10L/s, 50%)	淋浴器 (0.10L/s, 100%)	蓄洗槽 (0.14L/s, 80%)	化验池 (0.20L/s, 30%)								
1-2	1				0.05	0.100	15	0.57	0.341	0.75	0.26	0.26
2-3	2				0.1	0.100	15	0.57	0.341	3.64	1.24	1.50
3-4	2		1		0.212	0.212	20	0.67	0.338	2.56	0.86	2.36
4-5	4		1		0.312	0.312	20	0.99	0.690	6.70	4.62	4.62
5-6	8		2		0.624	0.624	32	0.78	0.252	4.20	1.06	8.05
6-7	12		3		0.936	0.936	32	1.16	0.534	4.20	2.24	10.29
7-8	16		4		1.248	1.248	40	0.99	0.307	4.50	1.38	11.67
8-B	20		5		1.56	1.560	50	0.79	0.156	6.70	1.05	12.72

1 号楼冷水系统图

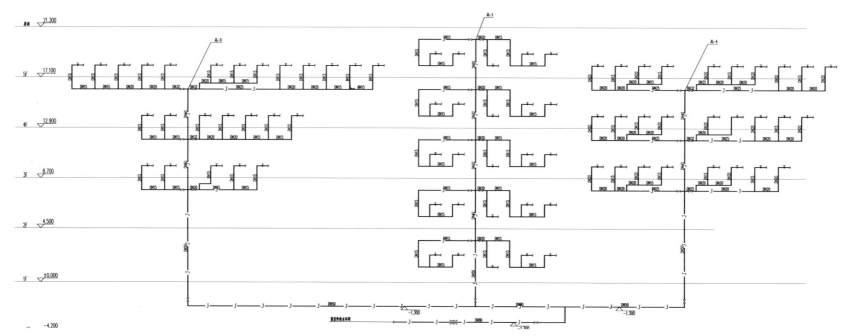

2 号楼冷水系统图

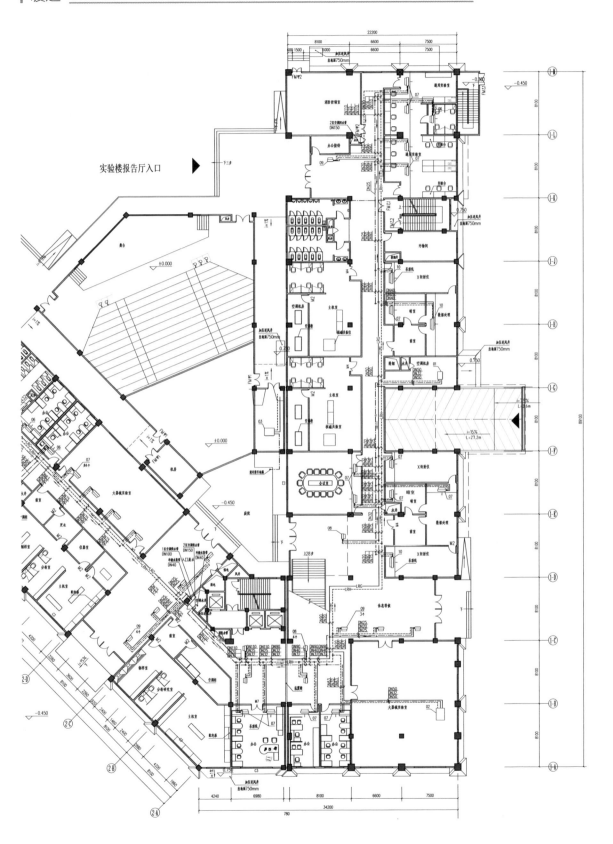

实验楼报告厅入口

一层水系统设计

4. 空调水系统综述

空调水系统分为空调冷冻水系统、冷却水系统和凝结水系统。

5. 空调水系统形式选择

空调水系统包括空调冷热水系统、空调冷却水系统和空调凝结水系统，根据配管形式、水泵设置、调节方式等的不同，可以设计成各种不同的系统类型。

考虑到建筑特点，建筑平面呈 V 形，对于左右两个区，两端各设一根供水或回水管实现近似同程布置，且节省了管材。

本设计采用闭式系统，采用竖直异程和水平同程布置，不平衡处通过设置调节阀平衡阻力。

结合本工程实际情况，本设计空调冷热水采用闭式两管制空调水系统。冷热水管合用，冷热水泵不合用。由于热负荷比冷负荷小，所以在水力计算中根据冷负荷进行选管，冬季时校核水管及水泵能否达到要求。对于单、复式泵而言，考虑到复式泵系统复杂、投资高，使用功能不存在重大区别，同时，经估算各环路阻力相差不大，还是选用常规的单式泵，在供、回水管之间设压差旁通阀，来适应负荷的变化。在空调末端设备处需安装电动二通阀，在空调冷水供、回水总管上设置压差旁通阀。

6. 负荷分级

电力负荷根据对供电可靠性的要求及中断供电在政治、经济上所造成的损失或影响的程度，分为一级负荷、二级负荷及三级负荷。

本工程是多层建筑，其主要负荷分级详见《民用建筑电气设计规范》JGJ 16-2008 附表。

7. 负荷计算

一般情况下需要系数法用于初步设计及施工图设计阶段的负荷计算。而单位面积功率法和单位指标法用于方案设计阶段的电力负荷估算。

8. 动力负荷与预留动力负荷

动力负荷包括空气处理机、新风机、冷热源机组及空调水泵。根据实际情况对实验室预留动力负荷。详见负荷计算表。

动力负荷表

层数	名称	台数	设备功率 kW	总负荷 kW
地下室	土壤源热泵机组	1	82.4	82.4
	制冷机组	1	27	27
	冷冻水泵	1	10.5	10.5
	冷却水泵	1	1.1	1.1
	土壤源水泵	2	11	22
	水源热泵	1	26	26
	水源热泵冷冻水泵	1	0.75	0.75
	水源热泵冷却水泵	1	1.1	1.1
	新风机组 KX-6 4	1	1.5	1.5
	新风机组 KX-8 4	1	2.2	2.2
	制冷机房通风机 PF-4	1	0.55	0.55
	制冷机房送风机 SF-4	1	0.55	0.55
	消防水泵（给水排水）	1	7.7	7.7
B2	组合式热回收空气处理机	1	1.85	1.85
	空气处理机 KD-4 8	1	1.10	1.1
	空气处理机 KD-2 8	1	0.55	0.55
	新风机组 KX-1.5 4	1	0.32	0.32
B1	空气处理机 KD-7 8	1	1.6	1.6
	空气处理机 KD-5 6	1	1.1	1.1
1F	空气处理机 KD-9 4	1	2.2	2.2
2F	空气处理机 KD-4 8	1	1.10	1.1
	新风机组 KX-1.5 4	1	0.32	0.32
4F	热回收新风机组 CHU-D200	1	0.92	0.92
5F	温湿度独立控制新风机组 HVF-03	1	9.2	9.2
	热回收新风机组 CHU-D200	1	0.92	0.92
6F	热回收新风机组 CHU-D200	2	0.92	1.84
7F	新风机组 KX-1.5 4	1	0.32	0.32
	热回收新风机组 CHU-D200	1	0.92	0.92
屋顶	冷却塔	1	0.55	0.55
	风冷热泵机组	1	10.5	10.5
	风冷热泵水泵	1	0.55	0.55
	风冷热泵热水机组	1	4.4	4.4
	风冷热泵热水水泵	2	0.55	1.1
	卫生间排风机	1	22	22

各层预留动力负荷

层数	预留动力负荷（kW）	层数	预留动力负荷（kW）
地下室	10	5F	5
B1	5	6F	5
B2	2	7F	5
4F	20	屋顶	5

重庆医科大学

调研成果 PRE-RESEARCH

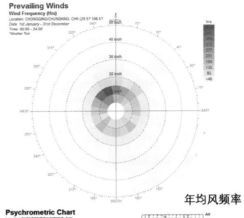

年均风频率

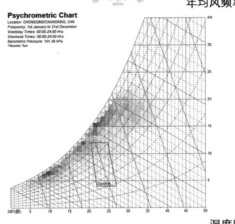

湿度图

区位分析

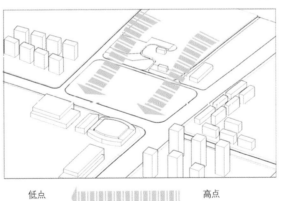

低点 高点

高差趋势

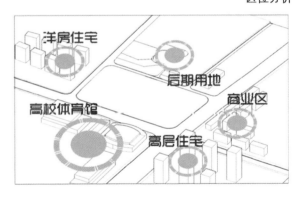

洋房住宅

后期用地

商业区

高校体育馆

高层住宅

周边业态

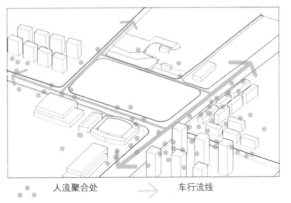

人流聚合处 → 车行流线

人流导向

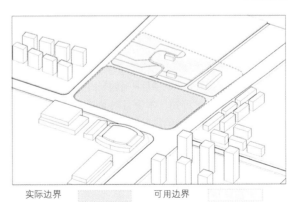

实际边界　　可用边界

边界控制

医院外科住院综合楼项目可行性研究报告（节选）

1. 项目风险分析

（1）技术风险分析

本项目本着高起点、高标准、高技术的要求进行设计。就硬件系统而言，由于医院系统复杂、技术含量高，对设备选型、安装、调试、维护具有较高的要求，以目前国内大型综合医院的设计、建造、运行经验来看，本项目技术风险不大。

（2）市场风险

随着国外医疗机构逐步进入我国，其他医院的医疗技术也在同步提高，规模不断扩大。因此，本项目建成后将会面临同行业的竞争，使病员分流，存在一定的市场风险。可通过提高技术、服务水平，创造良好的诊疗环境，加强宣传推广，树立品牌形象等，尽量降低市场风险。

（3）政策风险

随着医疗体制的改革，医院也将逐步进入市场，原有的各项优惠政策将逐步减少，甚至取消。因此，在政策方面存在一定的风险。可通过在经营过程中改善服务水平，树立良好形象等，增强自身竞争力及适应性，以降低政策风险。

（4）管理风险

良好的经营管理是项目获得预期经济效益的保证。管理不善可能导致经营成本增加、收入降低、效益下降，投资者不能获得预期回报，产生经营管理风险。可通过加强管理者素质，采用有经验、有责任心的管理者，降低管理风险。

（5）融资风险

资金保障是项目建设的基础。本项目建设资金投入较大，资金来源主要为政府财政资金，自筹资金比例较小，因此融资风险较小。

2. 敏感性分析

假设项目投资、成本、收入几个因素分别在 -20%～+20% 范围内变动，敏感性分析表明，项目对经营收入（包括门诊量和价格因素）变化较为敏感，对成本和投资的敏感性次之。当收入为 -20%，或成本、投资分别为 +20% 时，项目的财务指标仍可以接受，表明项目具有较好的抗风险能力。

由表1及图1可知，本项目对总成本和总收入比较敏感，但仍具有一定的抗风险能力，其财务内部收益率高于行业基准收益率，投资回收期低于行业基准回收期，因此本项目在财务上讲是可行的。由还款计划表可知，本项目贷款偿还期为 2.86 年，具有很强的偿债能力和一定的抗风险能力。

3. 社会效益评价

（1）社会评价方法的选择及基本因素的识别

本项目社会评价拟采用快速社会评价法，并以定性分析为主。根据对项目的初步评估，本项目的基本利益主体有三个，即业主、各级政府（组织）、当地民众。

（2）项目对社会的影响分析

本项目的实施，有利于完善城市功能，提升重庆大学城的形象，促进大学城经济社会又快又好发展；有利于大学城医疗卫生做大做强；有利于医疗卫生资源的合理配置，减少浪费，提高效率；有利于三级医疗预防保健网的进一步完善，提升服务功能，改善就医环境；有利于带动局部区域快速发展，可满足 200 万人口（常住人口和外来人口之和，并适度超前）的医疗卫生需求，切实解决"看病难、看病贵"的问题；有利于工业区招商引资，带动大学城社会和经济快速发展。

（3）互适性分析

医疗卫生基础设施的建设是一个庞大的系统工程，其成功运行必然离不开社会支持系统的强力保障，特别是政府的大力支持、通力协助和当地群众的支持。本互适性分析将主要针对政府及当地群众对本项目的态度。

1）政府的态度：重庆市人民政府相关部门同意本项目的建设：① 重庆市发展和改革委员会同意本项目建设立项的批复；② 重庆市规划部门同意本项目定点的相关批复；③ 重庆市国土部门同意本项目用地的相关批复。

2）当地群众的态度：造福于桑梓，取信于民众，是本项目组织者在策划、设计、建设以至于以后的运营和管理中都高度重视的问题。项目实施使大学城及周边地区在医疗、保健、康复、预防等各方面的条件都得到显著改善，满足广大人民群众的就医需求，改善其生活水平和生活质量。因此，项目一开始就得到了当地群众的欢迎。

上述分析表明，重庆医科大学外科住院综合楼项目的建设得到了市各级政府和当地群众的大力支持。

（4）社会风险分析

由于项目的实施得到了人民政府的倾力支持，同时项目的实施又能使当地民众切实受益，加之工程建设立项报告已获批复，可立即启动，因此，重庆医科大学外科住院综合楼项目的建设无社会系统风险。

（5）社会评价结论

综上所述，重庆医科大学外科住院综合楼项目的建设有利于实现医疗设施现代化，有利于加快卫生事业的发展，市各级领导对该项目非常重视，给予了极大的支持。项目的实施将提高崇州市诊疗技术水平，完善医院硬件设施，为大学城社会和经济快速发展注入新的活力。

项目的实施无社会系统风险，社会评价可行。

| 单因素财务敏感性分析表 | | | | | | | | 表1 |

变动因素	评价指标 / 变动率	静态投资回收期	变动率	动态投资回收期	变动率	IRR	变动率	NPV	变动率
投资	20%	7.65	7.75%	10.41	12.91%	17.42%	-12.68%	7687.24	-16.24%
	15%	7.51	5.77%	10.12	9.76%	17.86%	-10.48%	8059.97	-12.18%
	10%	7.38	3.94%	9.81	6.40%	18.36%	-7.97%	8432.69	-8.12%
	5%	7.24	1.97%	9.51	3.15%	19.29%	-3.31%	8805.42	-4.06%
	0	7.1	0.00%	9.22	0.00%	19.95%	0.00%	9178.15	0.00%
	-5%	6.97	1.83%	8.93	3.15%	20.68%	-3.66%	9550.88	-4.06%
	-10%	6.83	3.80%	8.67	5.97%	21.50%	-7.77%	9923.6	-8.12%
	-15%	6.69	5.77%	8.4	8.89%	22.18%	-11.18%	10296.33	-12.18%
	-20%	6.55	7.75%	8.13	11.82%	22.94%	-17.31%	10669.06	-16.24%
收入	20%	5.29	25.49%	6.03	34.60%	32.87%	-64.76%	23168.85	-152.43%
	15%	5.59	21.27%	6.51	29.39%	29.78%	-49.27%	19671.18	-114.33%
	10%	5.97	15.92%	7.13	22.67%	26.62%	-33.43%	16173.5	-76.22%
	5%	6.46	9.01%	7.97	13.56%	23.35%	-17.04%	13675.83	-49.00%
	0	7.1	0.00%	9.22	0.00%	19.95%	0.00%	9178.15	0.00%
	-5%	8.8	23.94%	11.17	21.15%	16.60%	-16.79%	5680.47	-38.11%
	-10%	9.33	31.41%	14.88	61.39%	12.59%	-98.63%	2182.8	-76.22%
	-15%	11.43	60.99%	>20	-	-	-	-1314.8	-114.33%
	-20%	-	-	-	-	-	-	-	-
成本	20%	11.15	57.04%	>20	-	-	-	-1212.72	-113.21%
	15%	9.77	37.61%	16.42	78.09%	11.61%	-41.80%	1385	-84.91%
	10%	9.03	27.18%	15.32	66.16%	14.49%	-27.37%	3982.72	-56.61%
	5%	7.77	9.44%	10.64	15.40%	17.26%	-13.48%	6580.43	-28.30%
	0	7.1	0.00%	9.22	0.00%	19.95%	0.00%	9178.15	0.00%
	-5%	6.57	7.46%	8.2	22.63%	22.63%	-28.30%	11775.87	-28.30%
	-10%	6.14	13.52%	7.43	19.41%	25.25%	-26.57%	14373.58	-56.61%
	-15%	5.78	18.59%	6.83	25.92%	27.88%	-39.75%	16971.3	-84.91%
	-20%	5.48	22.82%	6.35	31.13%	30.50%	-52.88%	19569.01	-113.21%

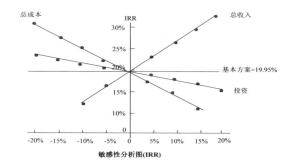

敏感性分析图（IRR）

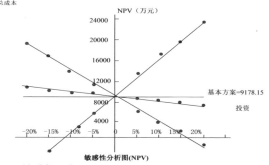

敏感性分析图（NPV）

图1 敏感性分析图

住院综合楼 1

——重庆医科大学外科住院综合楼设计

项目简介

　　本次设计以医院为设计对象，以医疗工艺流程为设计核心，通过三角形的护理单元平面进行功能流线的组合，并充分考虑医技部分与护理单元部分的有机结合，解决复杂医技部分的空间流线问题。设计中充分利用原始场地，保留了场地地形，在满足就医车行、人行流线的基础上增设花园等景观设施。此外，充分考虑绿色建筑技术，并通过建筑垂直绿化等措施，呈现一个有机呼吸的医院建筑形象。

团队构成

建筑————— 张程远 董永鹏 张小东 —————

土木————— 卢煦 熊吴越 —————

给水排水 ——— 秦镕聪

暖通 & 电气 — 曾上 王精勤

环境————— 刘琪

环境————— 代坤珏

建管————— 杨琛 谭家娟

总平面图

技术经济指标（通用）						技术经济指标（医院整体）		技术经济指标（住院部）	
总用地面积	46072.76m²	建筑层数	14F	地下车位数	100个	总建筑面积（医院整体）	62537.48m²	总建筑面积（住院部）	31143.57m²
容积率	1.36	建筑总高度	62.8m	地上车位数	119个	地下建筑面积（医院整体）	10587.02m²	地下建筑面积（住院部）	7395.11m²
绿地率	31.4%	建筑密度	27.7%	总车位数	219个	记容建筑面积	51950.46m²	记容建筑面积	23748.46m²
设计床位数	385个	最大床位数	465个			建筑占地面积	12761.94m²	建筑占地面积	2687.72m²

地源热泵
土壤源热泵

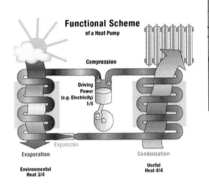

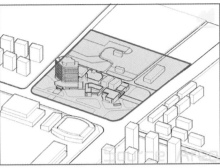

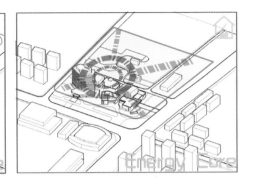

地源热泵技术是利用地下的土壤、地表水、地下水温相对稳定的特性，通过消耗电能，冬天，把低位热源中的热量转移到需要供热或加温的地方；夏天，将室内的余热转移到低位热源中，达到降温或制冷的目的

场地本身面积广阔，具有潜力。在重庆地区，大地土壤温度基本维持在18～20℃左右，在地下10m处年温度波动小于1℃，有利于地源热泵空调系统工作能效比提高

以整体区域考虑，使全地形地热源得以利用，通过700口地下热源并收集本地热源
冬天，把低位热源中的热量转移到需要供热或加温的地方
夏天，将室内的余热转移到低位热源中，达到降温或制冷的目的

生态湿地

节水措施

Convey surface water to enhance irrigation and reduce surface runoff
将地表水导向花园绿地，减少地表水径流

Low flow fixture and rain water capture system, reduce notable water use
低流量雨水收集固定装置系统，减少对自来水的使用

雨水利用：景观补水，并结合生态水池（或雨水花园）的设置，将雨水调蓄和景观相结合

生态水池是模仿自然环境中的池塘、洼地、湿地，不但能增加大地的雨水涵养能力，也具有景观欣赏的价值。发展节水型社会，就要杜绝耗费大量的水形成完全人工的水景

Greenroofs reduce stormwater runoff while providing pleasant exterior microclimate
绿化屋顶和阳台减少了雨水径流，并提供了宜人的微气候

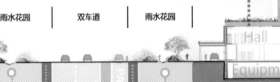

绿建系统分析

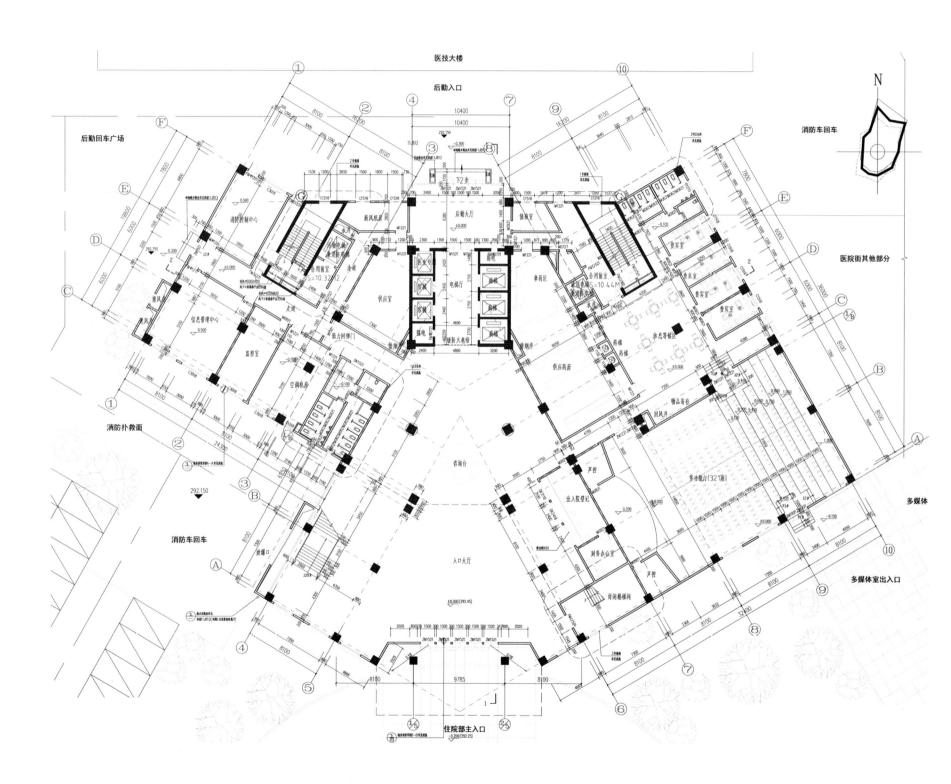

一层平面图

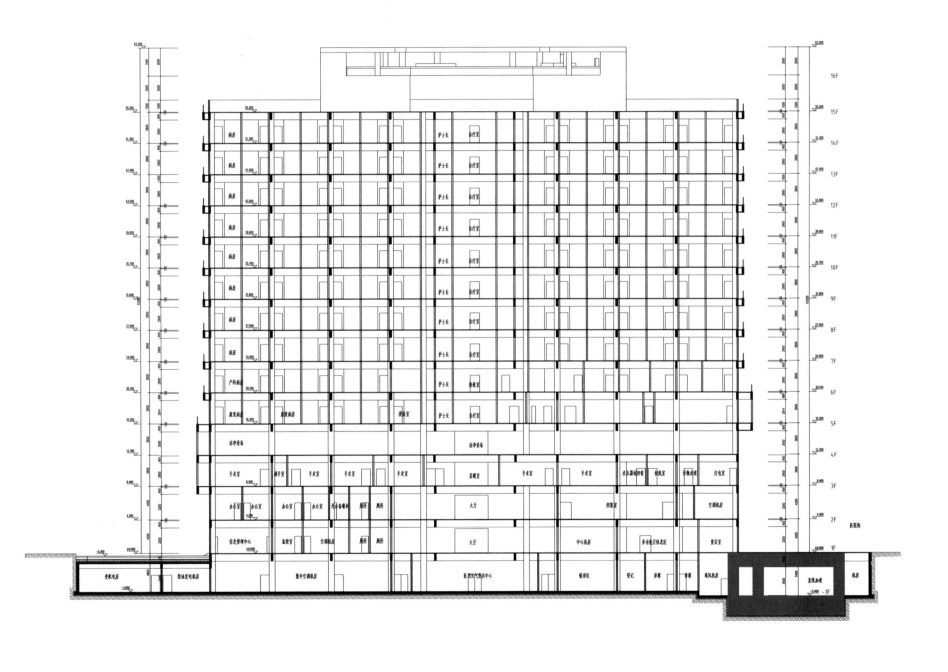

1-1 剖面图

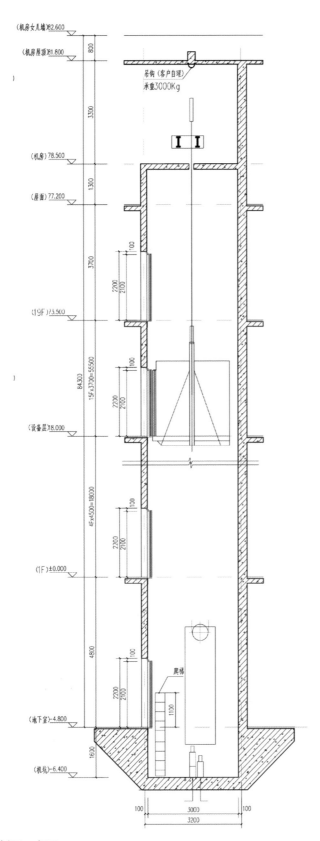

医梯剖面示意图

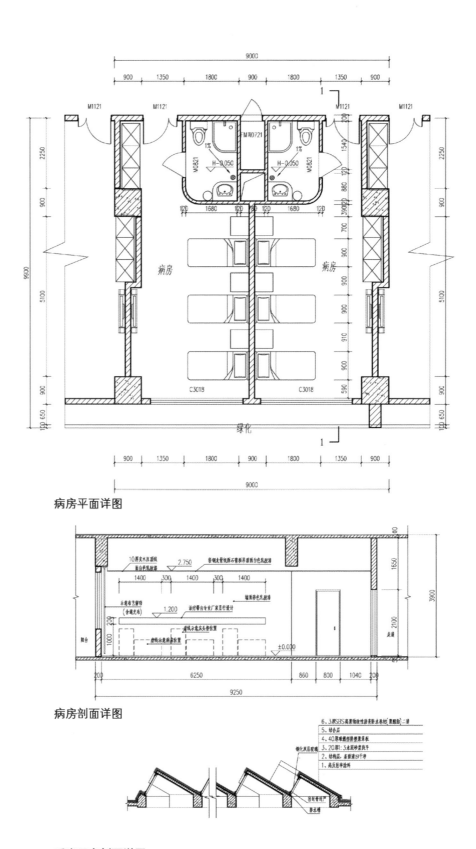

病房平面详图

病房剖面详图

采光天窗剖面详图

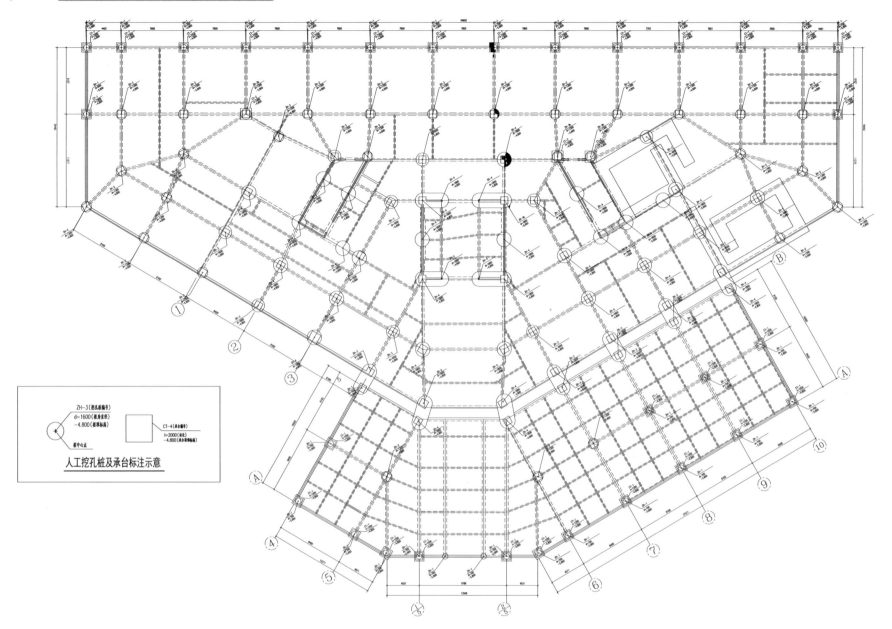

人工挖孔桩及承台标注示意

1. 地勘报告分析与基础选型

（1）地形地貌和地质构造

拟建场地属剥蚀丘陵地貌，原始地为向东缓倾的宽缓冲沟及冲沟两侧的斜坡，南北高，中间低，西高东低。仅原始冲沟局部地段被回填成填土平台，与环境地面间形成填土边坡，高3～5m，现状稳定。场地其他地段基本为原始地貌，一般坡度为10°～30°，现状稳定。

拟建场地构造上处于北碚向斜西翼，岩层单斜产出。场区内及附近无断层通过，场区岩体总体上较完整，多为层状结构。场区及周围未见崩塌、滑坡、泥石流、岩溶、地下采空区等不良地质作用。

（2）地层岩性

拟建场地部分地段覆盖有厚薄不均的第四系素填土，厚薄不均的残坡积粉质黏土伏于素填土下或直接出露。钻探揭露的场地下伏基岩为侏罗系中统沙溪庙组泥岩、砂岩。

素填土层主要分布于场区中部、东部，粒径及性质变化较大；粉质黏土分布于场地斜坡山脊处和中部原始冲沟地段；泥岩层分布于整个场区，岩质软硬不均且分布无规律，为场地主要岩性；砂岩分布于场地大部分地段，为场地次要岩性。

（3）水文地质条件

场区可能的地下水类型主要为松散土体孔隙水和基岩裂隙水。原始地形为宽缓冲沟、斜坡，场地内较松散的填土分布范围小，下伏地层为弱透水的残坡积粉质黏土、较完整的砂泥岩体。地形特点及地层结构不利于大量地下水存储。

（4）基础选型设计

拟建场地及周边无崩塌、滑坡、泥石流、断层、岩溶、地面沉降等不良地质作用，基础形式为人工挖孔嵌岩桩，基础选用中风化基岩作拟建物基础持力层。中等风化带泥岩饱和单轴抗压强度标准值 frk=7.6MPa，承载力特征值为3040kPa；中等风化带泥岩（极软）饱和单轴抗压强度标准值 frk=3.2MPa，承载力特征值为1280kPa；中等风化带砂岩饱和单轴抗压强度标准值 frk=20.3MPa，承载力特征值为8120kPa。

2. 冷水系统方案比选

给水方式主要有直接给水方式和二次加压的给水方式，设计前期根据建筑高度估算给水系统所需压力，当室外管网压力可满足所需压力时，可采用直接给水方式，否则应采用二次加压的给水方式。

本建筑经比选后采用低区直接给水、高区二次加压给水相结合的方式。

3. 冷水系统设计流程

1）划分竖向分区

本建筑 1F~3F 为低区，由市政直接给水，5F~14F 为高区，采用上行下给式供水。

2）根据分区分别计算用水量

3）根据设计秒流量计算公式计算室内给水管网水力（包含给水立管以及室外管网部分）

4）水箱设置高度计算

5）增压泵选择计算

6）校核市政水压是否满足要求

校核最不利点水压，同时计算需减压配水点的水压。

7）根据水力计算结果确定设计管径

8）水池水箱容积计算

9）生活水泵选择

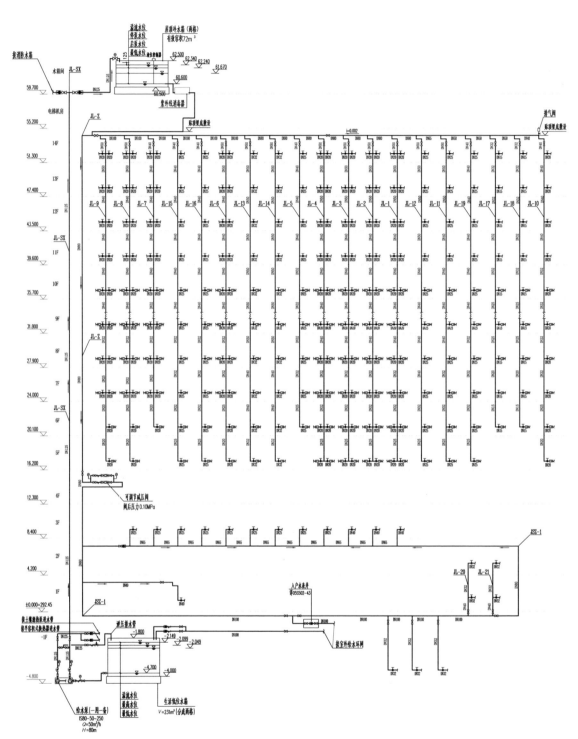

冷水系统图

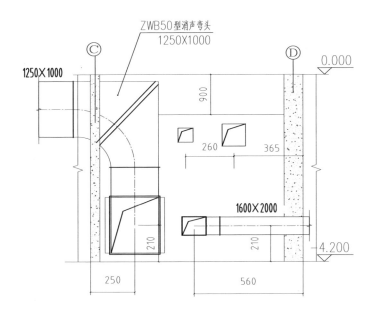

车库排烟机房剖面图

4.防烟分区划分

防烟分区划分的一般原则：根据《高层民用建筑设计防火规范》GB 50045-2014 的规定，设置排烟设施的通道、净高不超过 6m 的房间，应采用挡烟垂壁、隔墙或从顶棚下凸出的不小于 500mm 的梁或不燃物体来划分防烟分区。

根据《汽车库、停车库、停车场设计防火规范》GB 50067-1997 的规定，面积超过 2000 ㎡的地下汽车库应设置机械排烟系统。机械排烟系统可与人防、卫生等排气、通风系统合用。设有机械排烟系统的汽车库，其每个防烟分区的建筑面积不宜超过 2000 ㎡，且防烟分区不应跨越防火分区。每个防烟分区应设置排烟口，排烟口宜设在顶棚或靠近顶棚的墙面上；排烟口距该防烟分区内最远点的水平距离不应超过 30m。

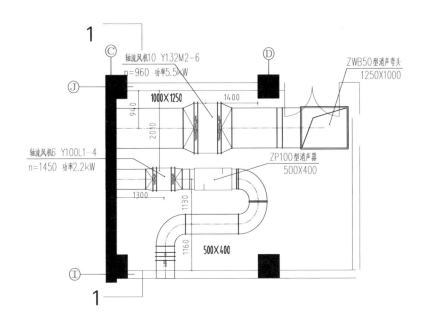

车库排烟机房剖面图

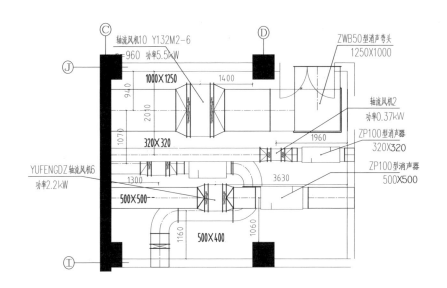

车库排烟机房平面图

5. 强电系统设计

（1）照明系统

主要包括光源、灯具、开关的选择，照度计算、一般照明及应急照明设计等内容。首先进行照度计算，选出各个房间需要的灯具数量，同时进行应急照明设计，确定各个供电回路及相应的配电箱。

（2）插座和动力系统

主要包括插座的选择及与用户配电箱和楼层配电箱的连接，动力设备配电设计。

（3）低压配电系统

主要包括负荷等级的划分及相应的供电要求，负荷计算以及配电方式等，并用需要系数法进行负荷计算，确定各个系统照明负荷的容量、计算电流，以此选择出断路器、导线。针对不同级别的负荷及负荷大小采取了不同的配电方式，同时对动力设备进行了负荷计算，配电箱设计。

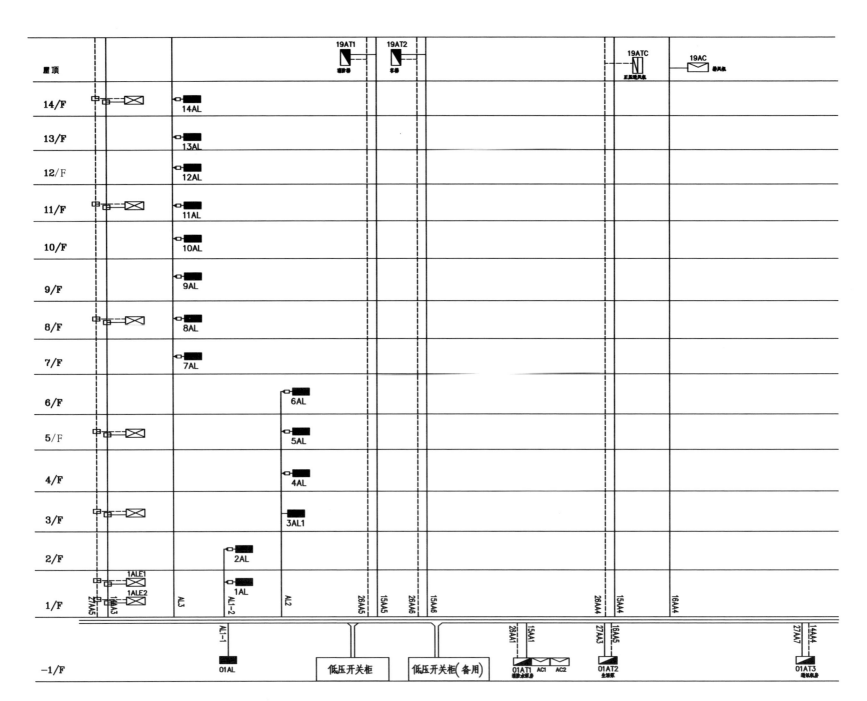

竖向配电系统图

住院综合楼 2

——重庆医科大学外科住院综合楼设计

项目简介

　　项目位于重庆市西面大学城片区，歌乐山脚下，风景优美。基地周边属区块内的繁华地段，因此，医院整体风格定位简洁大方，同时造型富有年轻的朝气。建筑设计以"连接"为概念，通过连接体的设计将医院各部分有机结合。这种结合体现在三个具体方面：①延伸医院街连接医技门诊和住院部；②通过连接体连接住院部两端病房和医辅；③连接体贯通医院原有部分和新建部分。造型设计上，通过不同材质和体量的分割，使得塔楼挺拔和轻盈，通过增加横向的屋檐出挑和竖向的落地片墙，拉长了体量的边缘线条，从另一个方向给人体量消减的视觉感受。

团队构成

建筑 ——— 陈璐 叶柳欣 李上

土木 ——— 沈诗琪 熊辩

给水排水 ——— 王颖

电气 ——— 康凯

环境 ——— 刘肖林

暖通 ——— 吴璇

建管 ——— 蒋锐 李兆睿

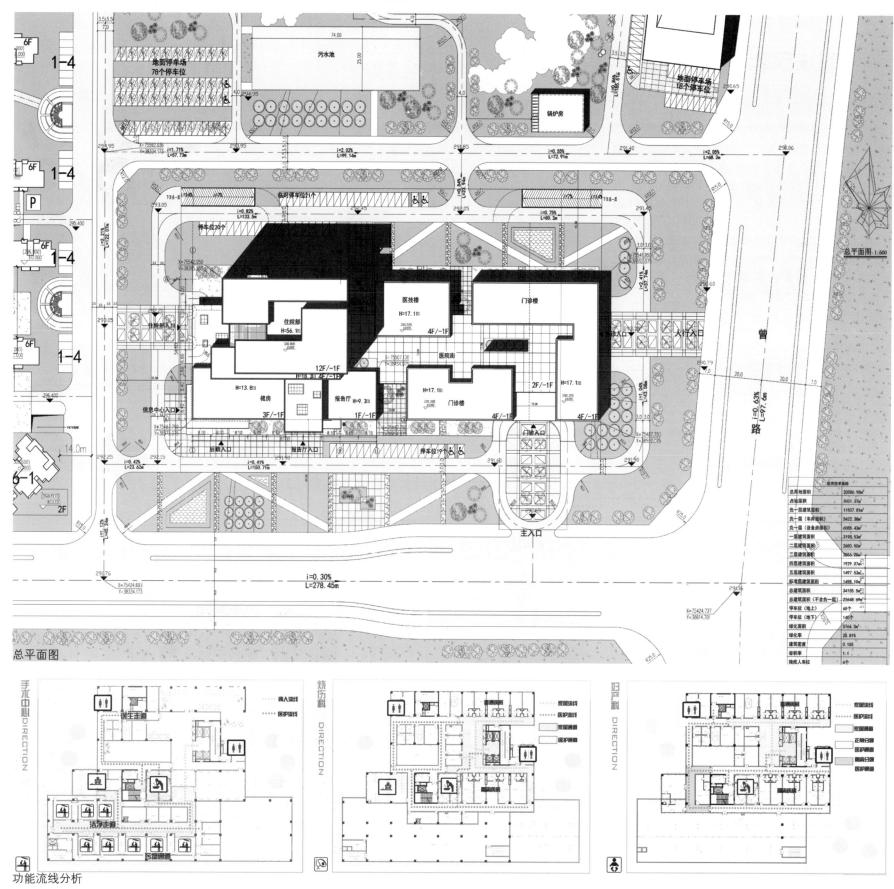

总平面图

功能流线分析

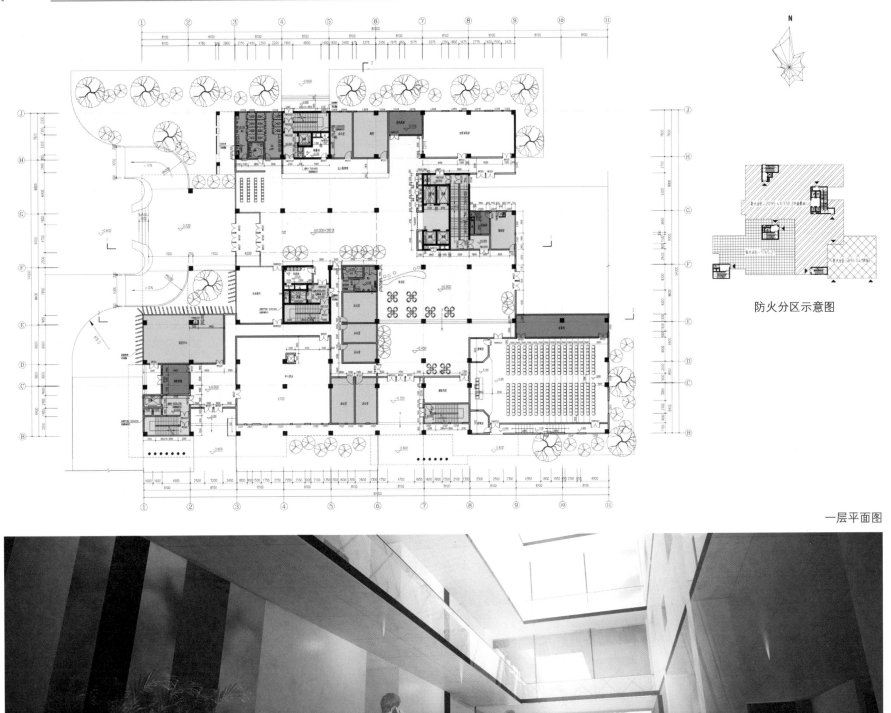

防火分区示意图

一层平面图

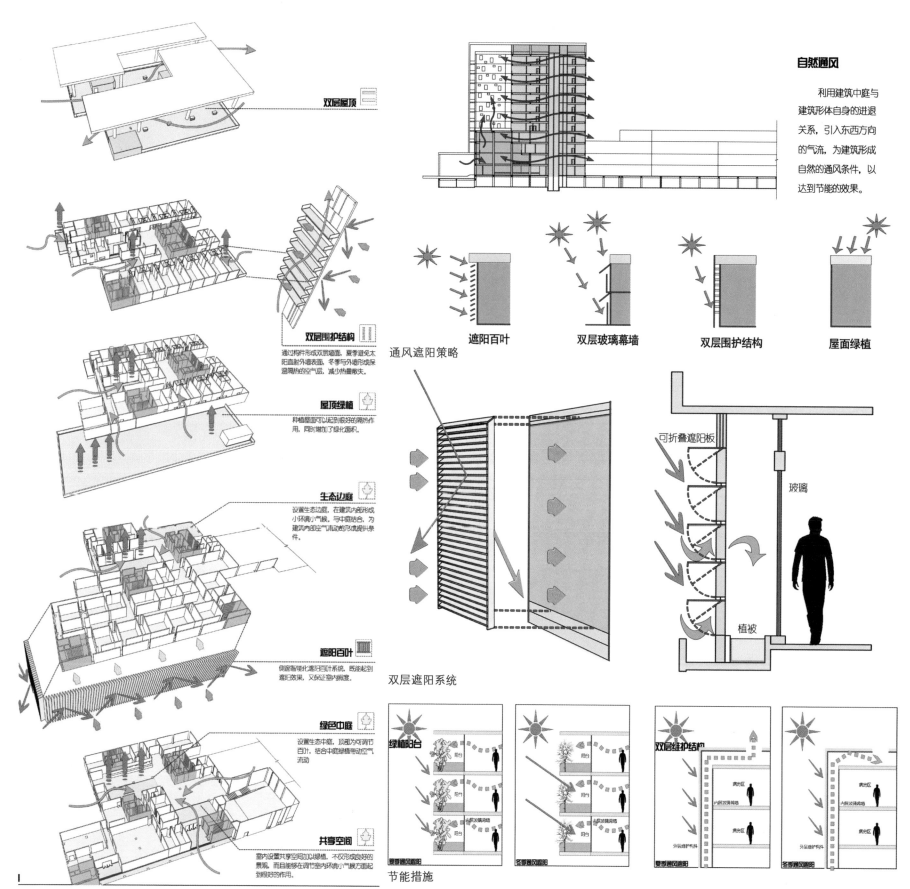

双层屋顶

双层围护结构
通过构件形成双层墙面。夏季避免太阳直射外墙表面，冬季与外墙形成保温隔热的空气层，减少热量散失。

屋顶绿植
种植屋面可以起到很好的隔热作用，同时增加了绿化面积。

生态边庭
设置生态边庭，在建筑内部形成小环境小气候，与中庭结合，为建筑内部空气流动形成提供条件。

遮阳百叶
侧窗智能化遮阳百叶系统，既能起到遮阳效果，又保证室内照度。

绿色中庭
设置生态中庭，顶部设为可调节百叶，结合中庭绿植带动空气流动。

共享空间
室内设置共享空间加以绿植，不仅形成良好的景观，而且能够在调节室内环境小气候方面起到很好的作用。

自然通风

利用建筑中庭与建筑形体自身的进退关系，引入东西方向的气流，为建筑形成自然的通风条件，以达到节能的效果。

遮阳百叶　　双层玻璃幕墙　　双层围护结构　　屋面绿植

通风遮阳策略

玻璃

可折叠遮阳板

植被

双层遮阳系统

绿植阳台　　　双层维护结构

节能措施

标准层平面图

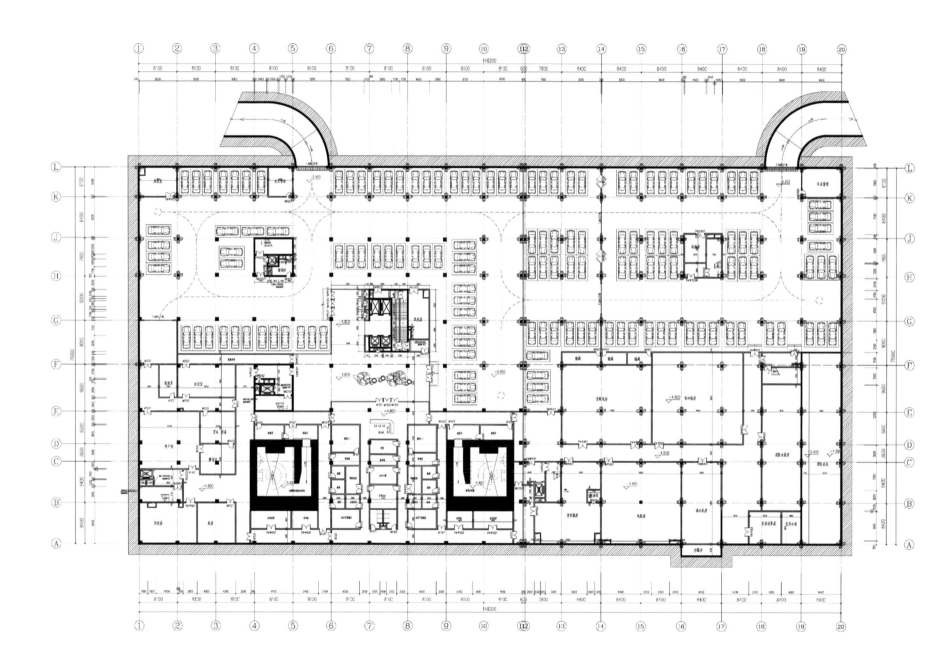

负一层平面图

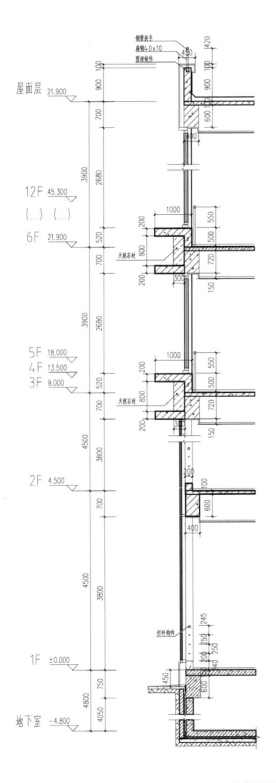

墙身详图

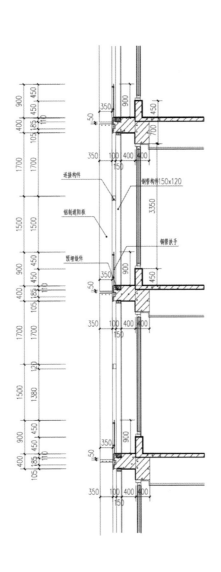

垂直遮阳板详图

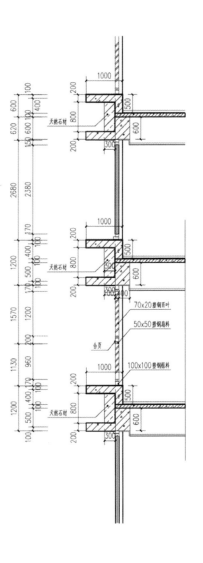

百叶剖面详图

1. 自动喷水灭火系统设计

（1）系统类型

自动喷水灭火系统根据喷头的常开、常闭形式和管网充水与否分为下列几种：湿式自动喷水灭火系统、干式自动喷水灭火系统、预作用喷水灭火系统、雨淋喷水灭火系统、水幕系统等。需结合被保护场所的气象条件，对被保护对象的保护目的以及可燃物类别、火灾燃烧特性、空间环境和喷头特性等因素来综合确定其类型。根据《自动喷水灭火系统设计规范》GB 50084-2001 中设置各类自动喷水灭火系统的原则，本设计采用湿式自动喷水灭火系统。

（2）设计参数

医院属于中危险级 I 级，地下车库属于中危险级 II 级，其设计参数见附表。1F~4F 中庭处净空高度为18m，大于 8m，设置大空间智能型主动喷水灭火系统。

民用建筑自喷给水系统设计参数表

火灾危险等级	净空高度（m）	喷水强度(L/min.m²)	作用面积（m²）
中危险级 I 级	≤8	6	160
中危险级 II 级	≤8	8	160

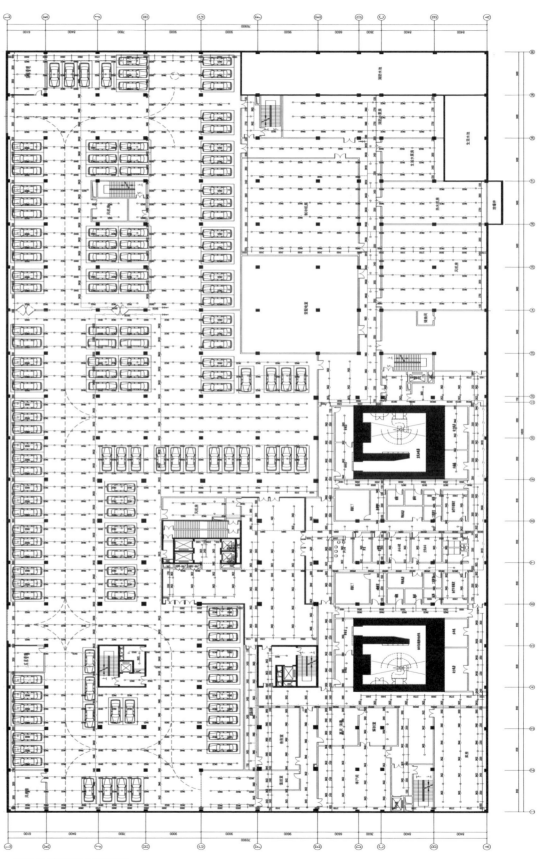

负一层自动喷淋灭火示意图

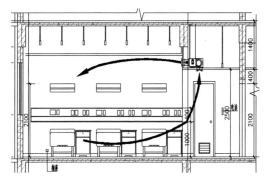

标准层三人间风机盘管气流组织示意图

2. 一次回风系统气流组织及风口选型

左为门厅的一次回风系统的布置，其中高大空间采用球形喷口侧吹，球形风口的喉口风速接近6m/s，经过校核计算，可以满足门厅的跨度要求。一层其他区域采用 220mm×220mm 散流器顶送，喉口风速为 2.6m/s，满足规范要求。风口间距控制在 3~5m，回风采用下部回风方式，并且在机房内加消声设备，降低噪声。

3. 风机盘管加独立新风系统气流组织

本次风机盘管气流组织设计都采用上送上回的形式。以标准层病房三人间为例，风机盘管布置于玄关吊顶内，出口接与风机盘管出口相同大小的风管，与新风系统共用一个风口侧吹，回风在玄关末端，并且利用厕所排风对回风形成诱导作用。整个房间内的空气流向如图所示，在满足房间跨度的前提下避免了送回风短路。

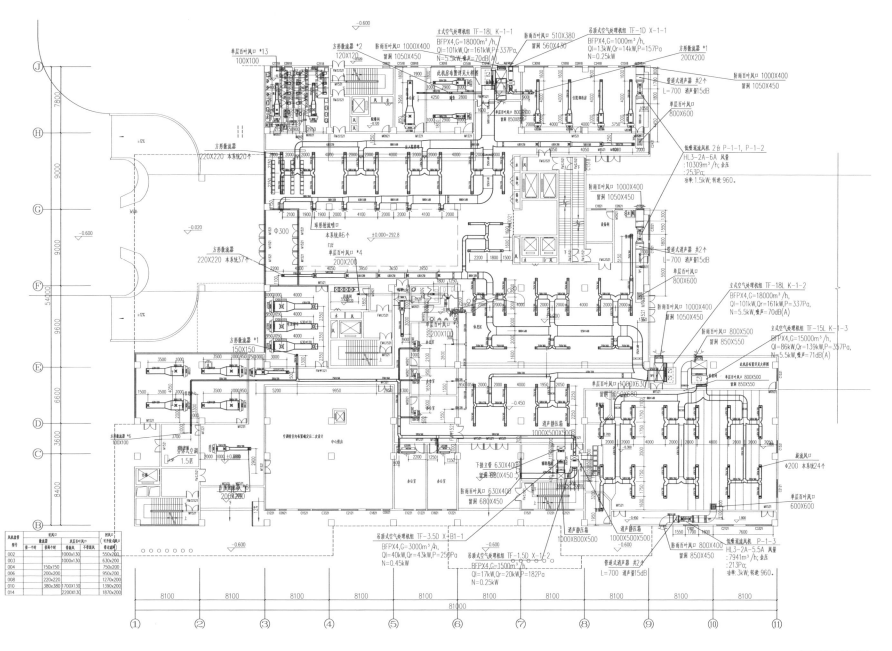

一层通风平面图

4. 弱电系统设计

（1）火灾自动报警及消防联动控制系统设计

本工程为重庆市综合住院楼，建筑高度55.1m，属于一类高层建筑，根据《火灾自动报警系统设计规范》GB 50116-2013进行设计。

（2）监视安防系统设计

根据《医疗建筑电气设计规范》JGJ 312-2013，视频安防监控系统设置监控摄像机的场所：

1）医疗建筑室外公园区公共活动场所及园区出入口；

2）建筑各出入口、走道、电梯厅及轿厢等公共场所；

3）发药处、抢救室、病案室、血库、重要及贵重药品库、放射污染区、配餐财务室、收费处、信息机房等。

本医院工程为住院综合楼，等级为二甲，所以视频监控需在建筑出入口与主要通道及部分重要房间设置。根据医院使用功能安全防范管理要求，对必须进行视频安防监控的场所、部位、通道等进行实时、有效的视频探测，高风险防护对象的视频安防监控系统应有报警复核功能。

（3）病人呼叫系统设计

候诊呼叫信号系统：根据《医疗建筑电气设计规范》JGJ 312-2013的规定，二级及以上医院应设置候诊呼叫信号系统，系统应由护士站或分诊台主机、各诊室终端、呼叫扬声器、显示屏等组成。根据医院功能，需要在候诊室、检验室、放射科发药处、出入院手续办理处、门诊手术处、注射室等场所设置候诊呼叫信号装置。

护理呼叫信号系统：根据《医疗建筑电气设计规范》JGJ 312-2013的规定，二级及以上医院应设置护理呼叫信号系统，系统应由主机、对讲分机、卫生间紧急呼叫按钮、病房门灯和显示屏等组成。呼叫信号系统应按护理单元设置，各护理单元的呼叫主机设在本护理单元的护士站，系统设备应便于操作。

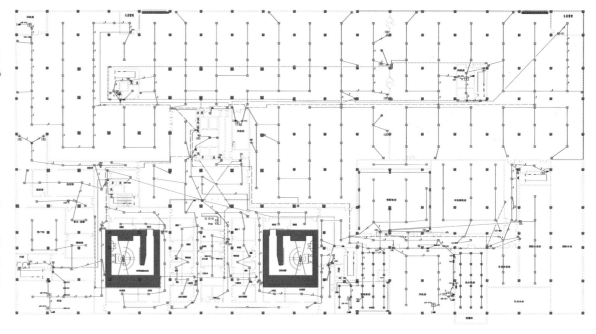

负一层火灾自动报警

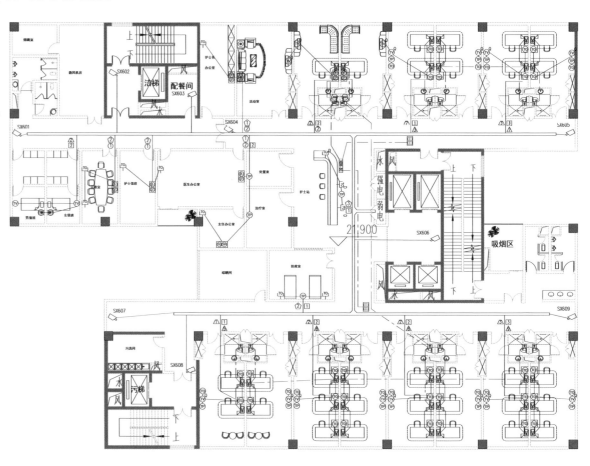

标准层呼叫及安防监控平面图

The Multi-professional Graduate Design
of the Architecture Department

跨界·融合

2016

课题一:
　　成都市兴隆湖城市酒店设计

《Green Invasion》

《忆·雅苑》

课题二:
　　重庆医科大学附属大学城医院设计

《Tri-Healing》

《住院综合楼》

用地详情

课题一：成都市兴隆湖城市酒店设计

　　兴隆湖城市酒店项目基地位于成都市天府新城，秦皇寺中央商务区以南的创新科技城，兴隆湖北坡，坐拥开阔水域，地理位置及景观视线独具优势。场地北侧邻路，南侧邻湖，与湖之间尚有骑行道，且由路到湖有 8~9m 高差，坡度连续，无陡坎。

课题一现状照片

课题二：重庆医科大学附属大学城医院设计

　　重庆医科大学附属大学城医院位于重庆市沙坪坝区大学城内西北部，医院用地西面、北面紧靠重庆医科大学校区，东邻虎溪路，南望重庆师范大学校区，北侧为小河。整个用地呈较为规则的梯形，共 13 万 ㎡。场地地面高程为 282.80 ~ 309.88m，地形高差为 27.08m。

课题二现状照片

专业协同

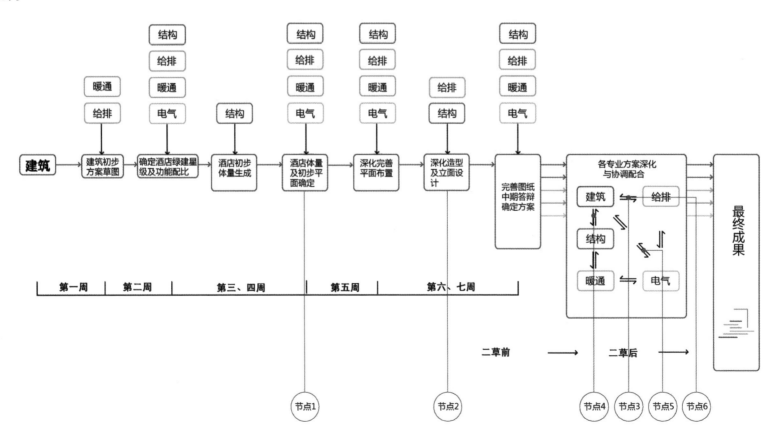

调研成果 PRE-RESEARCH

天府新区内建设用地只占40%，生态用地占据60%。天府新区将形成多中心、组团式布局，形成"一城六区"的组团城市，形成城市与自然有机融合的崭新城市形态。

兴隆湖片区位于双流县天府大道中轴线东侧，是新区"三纵一横一轨一湖"（兴隆湖生态绿地工程）重大基础设施项目所在地之一。兴隆湖作为集防洪、灌溉、生态、景观等为一体的综合性水生态治理水体，被誉为天府新区"生态之肾"。

城市关系解读

片区形态、功能规划

兴隆湖为整个科技创新研发区的空间核心，周边建筑应该处理好与湖水的关系，充分利用景观、绿化等自然资源。

片区空间结构

与天府大道相连的环湖路为场地主要的车行道，未来三条地铁线可到达场地，场地可达性高，与周边区域联系便捷。

周边交通

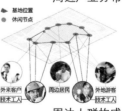

周边产业分布

周边人群构成

规划背景

规划结构

产业规划

公园湖泊规划

交通系统规划

周边行为分析

兴隆湖周边有骑行、骑马、跑步、运动、种植、舞蹈，等市民参与性强的运动，临湖建筑应有较强的公共性。

兴隆湖酒店项目施工组织设计（节选）

本工程采取以结构工程施工为先导，平面分段，立体分层，同步流水的施工方法。总的施工原则是：先地下后地上；先土建后设备；先主体后围护；先结构后装饰装修。

本工程的填充墙、门窗安装、内抹灰、楼地面、外墙抹灰、油漆、涂料等分部分项工程，进行立体交叉流水施工。安装工程施工不占用有效工期，预留、预埋工作随主体结构工程进行，安装工作在主体施工完成后再插入。室内砌筑和装饰装修，在每层土建完工后插入。在整个施工过程中，安装工程的预留、预埋、安装、调试工作应贯穿于主体、装饰、装修、收尾过程中，在时间和空间上要充分紧凑搭接，循环渐进，严格交接班制度，相互保护成品，避免交叉污染。

1. 施工顺序

本工程为框架剪力墙结构高层建筑，施工顺序如图1~图5所示。

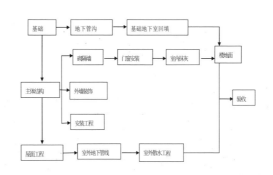

2. 施工段划分及流水施工

（1）施工段划分

垂直施工段以楼层划分，施工缝设在梁底和板面。水平施工段根据设计要求、结构形式、现场施工条件、施工可行性进行划分。根据本工程的特点，主体结构以后浇带为界，划分施工段进行流水施工，装修以楼层和轴线划分施工段。

（2）流水施工

土方工程与基础工程分为2段组织流水施工，分项工程的施工顺序：开挖土石方；机械灌注桩打桩、扎筋、浇筑混凝土；混凝土垫层支模、浇筑混凝土；承台支模、扎筋、浇筑混凝土；基础梁支模、扎筋、浇筑混凝土；回填。

主体结构工程每层划分2个施工段组织流水施工。

框剪结构工程：脚手架工程；扎柱和剪力墙钢筋；柱和剪力墙支模；梁、板支模；扎梁、板钢筋；柱、剪力墙、梁和板混凝土浇筑。

砌筑工程：构造柱支模、扎筋、砌筑；过梁支模、扎筋；楼梯支模、扎筋；构造柱、过梁、楼梯浇筑混凝土。

装饰工程分为室外装饰工程和室内装饰工程。施工原则是先粗后细，先室内后室外，先顶棚，后墙面、地面。

室外装饰：外墙面抹灰；外墙涂料；外墙干挂石材；幕墙工程。

室内装饰：顶棚抹灰；内墙抹灰；门窗安装；楼地面装饰。

具体流水详见网络计划图。

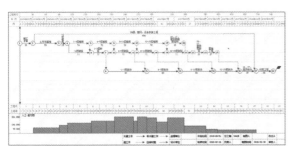

图1 总体施工网络计划图

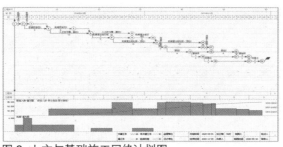

图2 土方与基础施工网络计划图

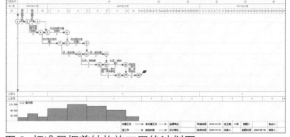

图3 标准层框剪结构施工网络计划图

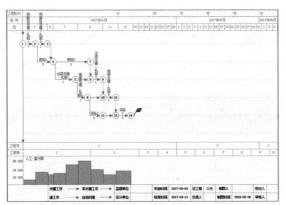

图4 标准层砌筑工程施工网络计划图

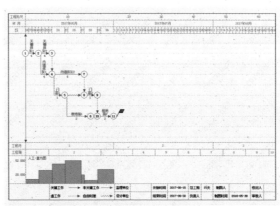

图5 标准层装饰工程施工网络计划图

Green Invasion

——成都市兴隆湖城市酒店设计

项目简介

    本设计基于市场特性、区位及交通特点以及地块特质等因素，提取出核心设计理念"绿色与公共性"，并将酒店定位为四星级商务酒店。关于绿色，本设计主要通过梯田般的绿植退台与简明的极具城市性的方盒子的戏剧性并置得以体现；关于公共性，本设计则通过底层架空以及与西侧公园融为一体的公共平台得以诠释。

团队构成

建筑 ——————— 何世林 何格 邵瑾

土木 ——————— 王正超 张杰

给水排水 —— 顾伟康

电气 ——————— 杨青

暖通 ——————— 宋静

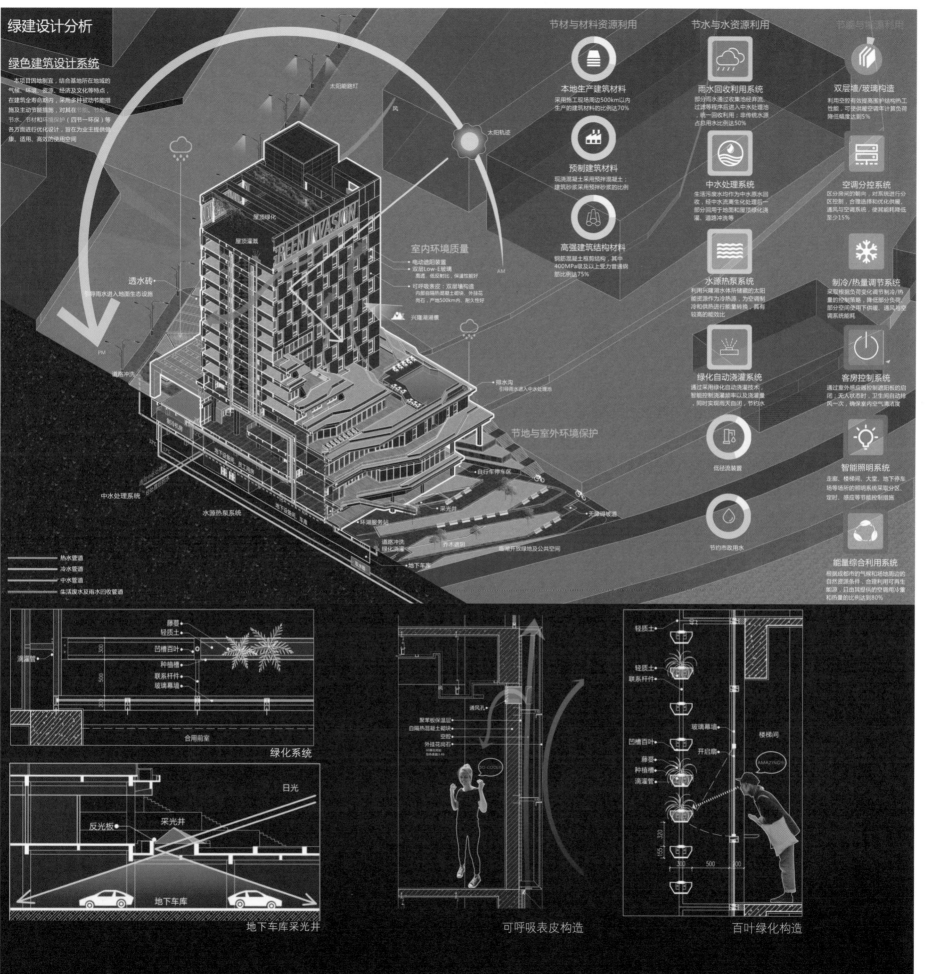

绿建设计分析

绿色建筑设计系统

本项目因地制宜，结合基地所在地域的气候、环境、资源、经济及文化等特点，在建筑全寿命期内，采用多种被动节能措施及主动节能措施，对其在节能、节水、节材和环境保护（四节一环保）等各方面进行优化设计，旨在为业主提供健康、适用、高效的使用空间

太阳能路灯
风
太阳轨迹
AM
GREEN INVASION
屋顶绿化
屋顶灌溉
兴隆湖湖景
透水砖
引得雨水进入地面生态设施
排水沟
引得雨水进入中水处理池
PM
道路冲洗
中水处理系统
水源热泵系统
自行车停车区
采光井
环湖服务站
无障碍坡道
道路冲洗
绿化浇灌
乔木遮阴
增雨开放绿地及公共空间
雨水沟
地下车库

热水管道
冷水管道
中水管道
生活废水及雨水回收管道

节材与材料资源利用

本地生产建筑材料
采用施工现场周边500km以内生产的建筑材料的比例达70%

预制建筑材料
现浇混凝土采用预拌混凝土；建筑砂浆采用预拌砂浆的比例

高强建筑结构材料
钢筋混凝土框剪结构，其中400MPa级以上受力普通钢筋比例达75%

室内环境质量
• 电动遮阳装置
• 双层Low-E玻璃
  高透、低反射比，保温性能好
• 可呼吸表皮：双层墙构造
  内部自隔热混凝土砌块、外挂花岗石，产地500km内、耐久性好

节地与室外环境保护

节水与水资源利用

雨水回收利用系统
部分雨水通过收集池经弃流、过滤等程序后进入中水处理池，统一回收利用；非传统水源占总用水比例达50%

中水处理系统
生活污废水均作为中水源水回收，经中水流离生化处理后一部分用于地面和屋顶绿化浇灌、道路冲洗等

水源热泵系统
利用兴隆湖水体所储的太阳能资源作为冷热源，为空调制冷和供热进行能量转换，拥有较高的能效比

绿化自动浇灌系统
通过采用绿化自动浇灌技术，智能控制浇灌频率及浇灌量，同时实现雨天自闭，节约水

低径流装置

节约市政用水

节能与能源利用

双层墙/玻璃构造
利用空控有效提高围护结构热工性能，可使能耗空调年计算负荷降低幅度达到5%

空调分控系统
区分房间的制冷，对系统进行分区控制，合理选择和优化供能，通过与空调系统，使其能耗降低至少15%

制冷/热量调节系统
采取根据负荷变化调节制冷/热量的控制策略，降低部分负荷，部分空间使用开供暖、通风与空调系统能耗

客房控制系统
通过室外传感器控制遮阳板的启闭，无人状态时，卫生间自动排风一次，确保室内空气清洁度

智能照明系统
车廊、楼梯间、大堂、地下停车场等场所的照明采取分区、定时、感应等节能控制措施

能量综合利用系统
根据成都市的气候和场地周边的自然资源条件，合理利用可再生能源，且由其提供的空调用冷量和热量的比例达到80%

藤蔓
轻质土
凹槽百叶
种植槽
联系杆件
玻璃幕墙
滴灌管
合用前室

绿化系统

日光
反光板
采光井
地下车库

地下车库采光井

聚苯板保温层
自隔热混凝土砌块
空腔
外挂花岗石
通风孔

SO COOL!

可呼吸表皮构造

轻质土
轻质土
联系杆件
凹槽百叶
玻璃幕墙
藤蔓
开启扇
种植槽
滴灌管
楼梯间

AMAZING!!!

百叶绿化构造

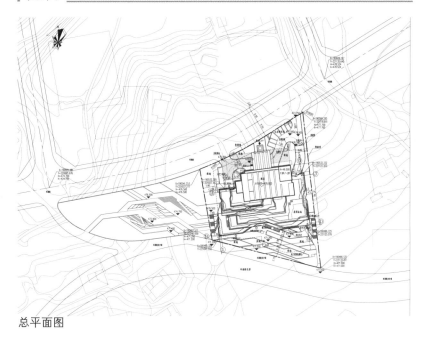

总平面图

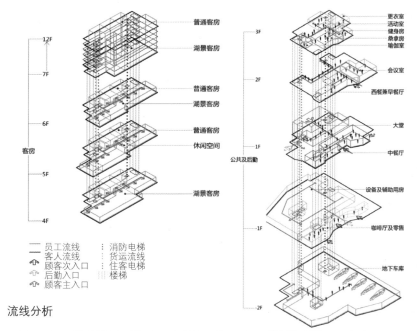

流线分析

建筑剖透视

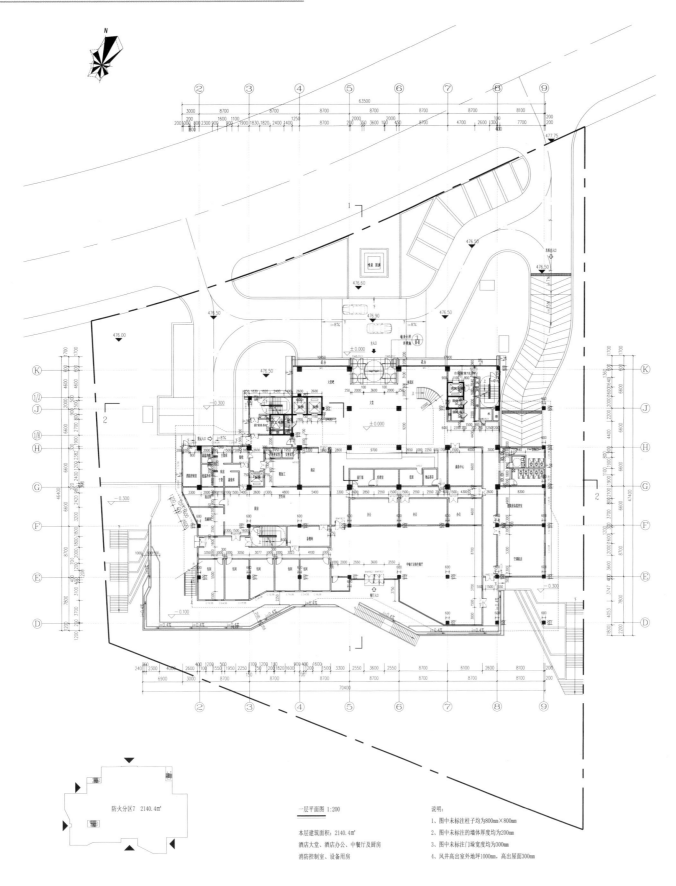

防火分区7 2140.4㎡

一层平面图 1:200

本层建筑面积：2140.4㎡
酒店大堂、酒店办公、中餐厅及厨房
酒防控制室、设备用房

说明：
1、图中未标注柱子均为800mm×800mm
2、图中未标注的墙体厚度均为200mm
3、图中未标注门洞宽度均为300mm
4、风井高出室外地坪1000mm，高出屋面300mm

一层平面图

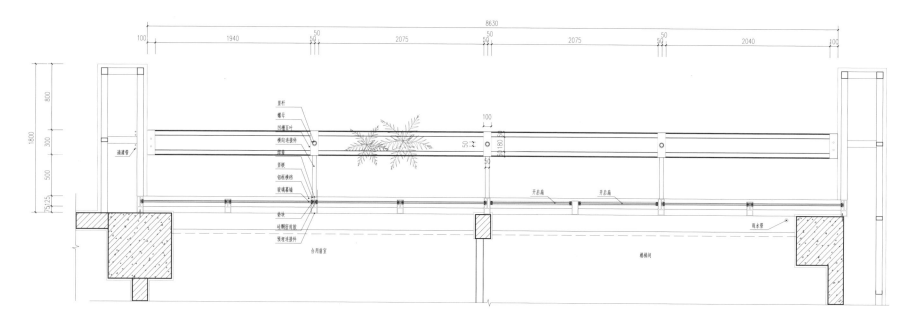

楼梯间外侧百叶详图

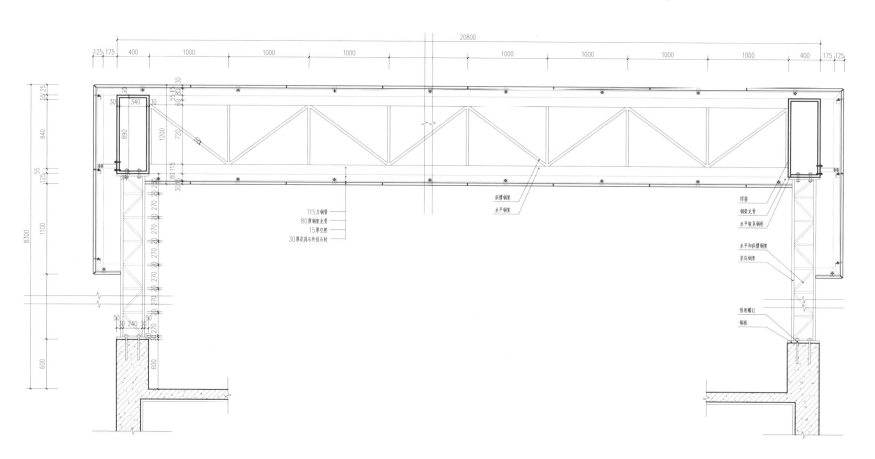

屋顶钢架详图

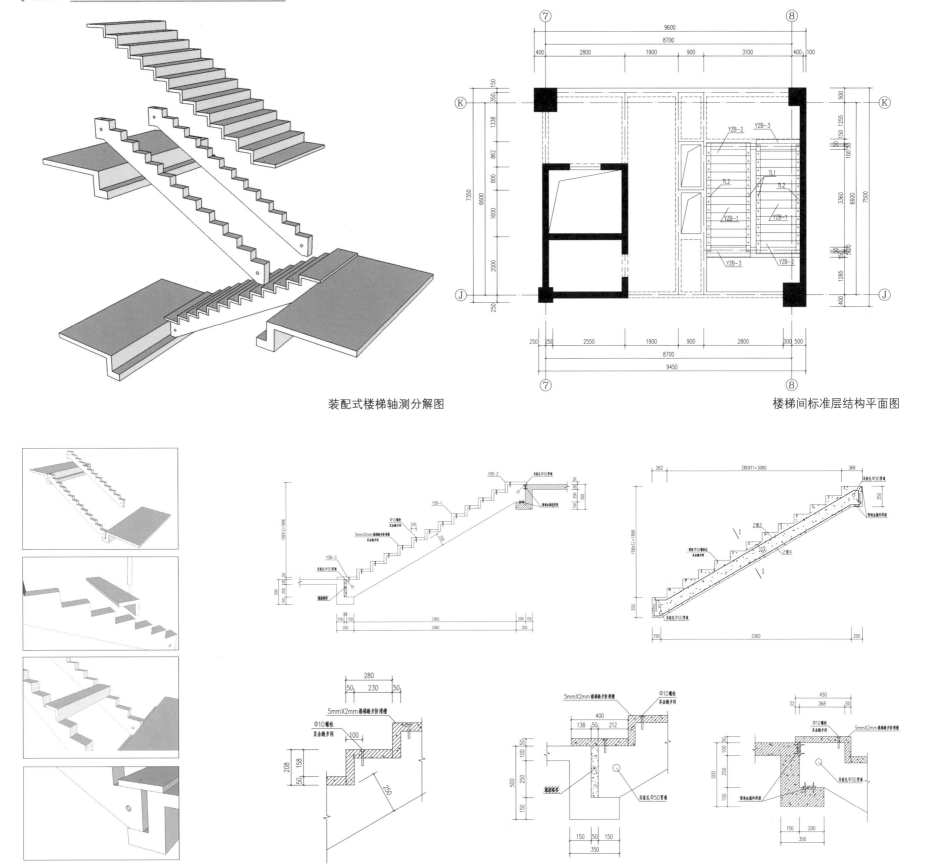

装配式楼梯轴测分解图

楼梯间标准层结构平面图

装配式楼梯局部轴测分解图

装配式楼梯节点大样图

1. 裙房退台屋面雨水解决办法

本建筑为退台造型，雨水排除方案为"塔楼屋面雨水采用内排水方式直接排出 + 退台雨水散排至雨水渠道隔层排出"。

由于 3F、5F 和 7F 要汇集侧墙的大量雨水，同时 3F 和 5F 要转输上层的雨水，所以将退台区域分为 3 个区：6F ～ 7F 雨水经渠道收集后通过 YL-8 排至 -2F 的中水用水调节池；3F ～ 5F 雨水经渠道收集后，一部分通过 YL-13 排至 -2F 的中水用水调节池，一部分通过 YL-14 排至室外雨水检查井；1F ～ 2F 雨水经渠道收集后直接散排至室外绿地。

需要解释的是，YL-5、YL-8、YL-13 的雨水经过室外雨水溢流井后再进入中水原水调节池，这样做可以保证在降雨量很大的情况下，不至于使中水处理超负荷运行，多余的雨水仍可以做到自流排出，从而达到节能的目的。

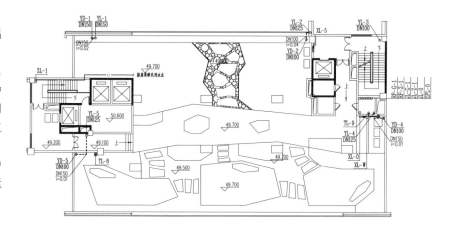

屋面雨水平面图

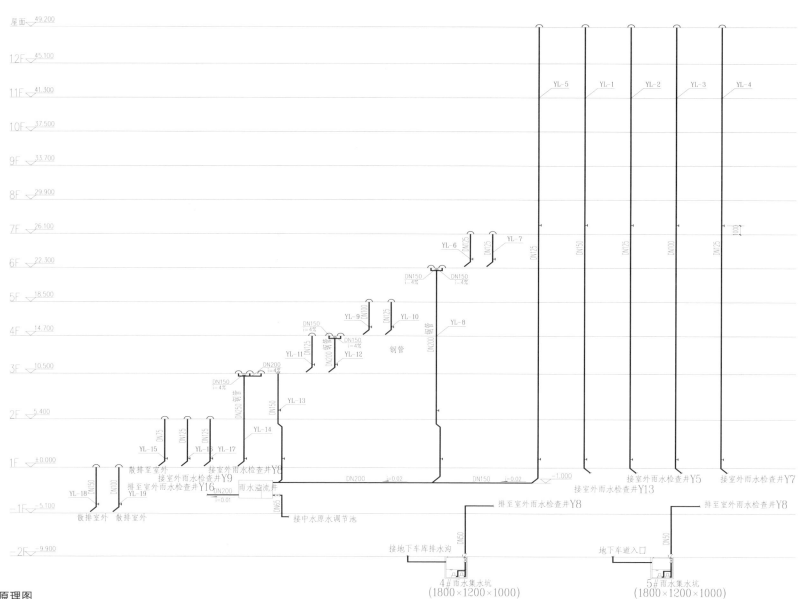

雨水系统原理图

2. 温湿度独立控制系统

本设计采用了湖水源热泵作为冷热源,采用温湿度独立控制的系统设计方法,选择干式风机盘管和溶液调湿新风机组及空气处理机组,夏季由高温水源直接向空气处理设备供水,水源热泵机组不运行,降低了夏季机组的能耗,同时提高了室内舒适度。

3. 热泵式溶液调湿热回收新风机组

热泵式溶液调湿新风机组不是普通意义上的新风机组,它是集冷/热源,全热回收段,空气加湿、除湿处理段,过滤段,风机段及自控系统为一体的新风处理设备,独立运行即可满足全年新风处理要求,包括全热回收单元、除湿单元以及再生单元。

夏季工况:在夏季,高温潮湿的室外新风在全热回收单元中和室内回风进行热交换并初步被降温除湿,然后进入除湿单元中被进一步降温、除湿到达送风状态点。除湿单元中变稀的溶液被送入再生单元进行浓缩。热泵循环的制冷量用于降低溶液温度以提高除湿能力,冷凝器的排热量用于浓缩再生溶液,能源利用效率极高。

冬季工况:在冬季,切换四通阀改变制冷剂循环方向,实现空气的加热、加湿功能,操作方便。

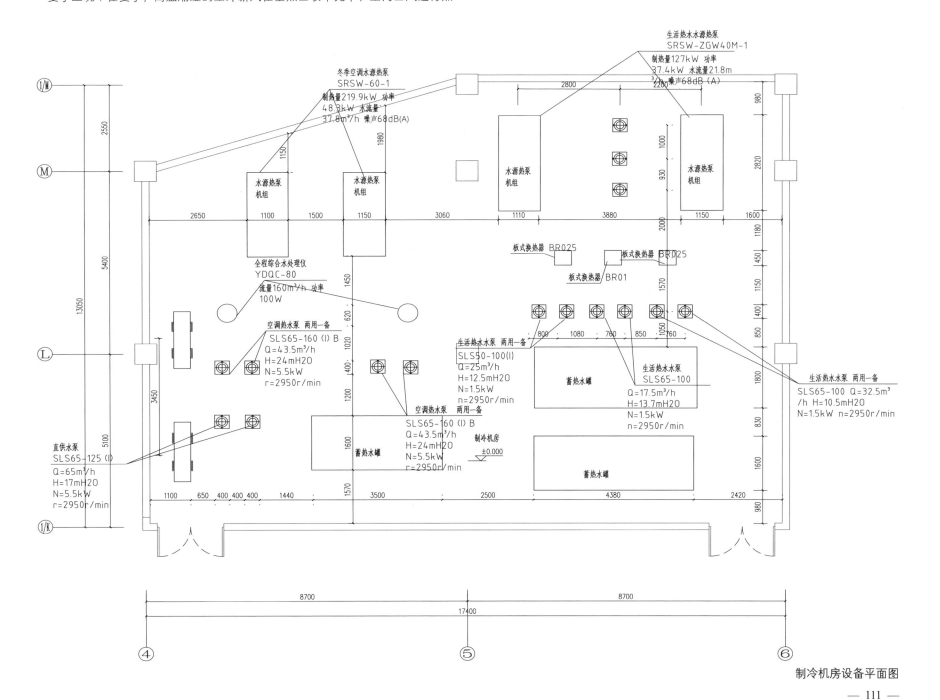

制冷机房设备平面图

4. 弱电系统——水源热泵系统监控

根据《民用建筑电气设计规范》JGJ 16-2008，本次设计的水源热泵系统所监控的内容有：

1）冷冻水供回水温度与冷冻水供水流量，系统可根据测量值进行冷负荷需求计算；

2）压差阀旁通开度，根据建筑所需冷负荷可自动调节水源热泵台数，起到节能的作用；

3）机组的运行参数：系统内各测点的压力、流量、温度等；

4）水泵的监测：水泵的运行状态、故障报警以及手自动状态；

5）蝶阀的开关控制及状态：监测电动蝶阀的状态；

6）机组保护控制：启动机组后，水流开关会监测水流状态，如故障，则自动停机。

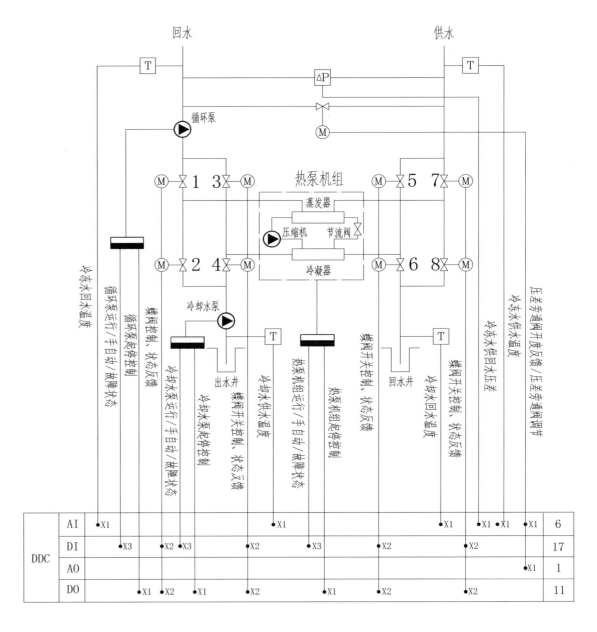

水源热泵系统监控原理图

忆·雅苑

——成都市兴隆湖城市酒店设计

项目简介

　　场地原为成都乡村，城市化进程之中发展为成都未来新的商务中心。为打造拥有地域文化特色的酒店，我们整合场地原有记忆、成都特有休闲娱乐文化气质以及未来都市核心气质，致力于打造集传统、娱乐、休闲为一体的现代都市商务酒店。设计提取了传统建筑原色，并且在空间流线组织上将大小两个院落和裙楼空间相结合，构造出了容纳不同活动的特色公共空间，整体形象完整大气，韵味十足。

团队构成

建筑 ———— 张思涵 付浩峰 龚宏

土木 ———— 刘金典 丁映榕

给水排水 ———— 肖咸丰

暖通 ———— 吴星星

电气 ———— 张印

建管 ———— 幸金定 谭琴 秦汉林

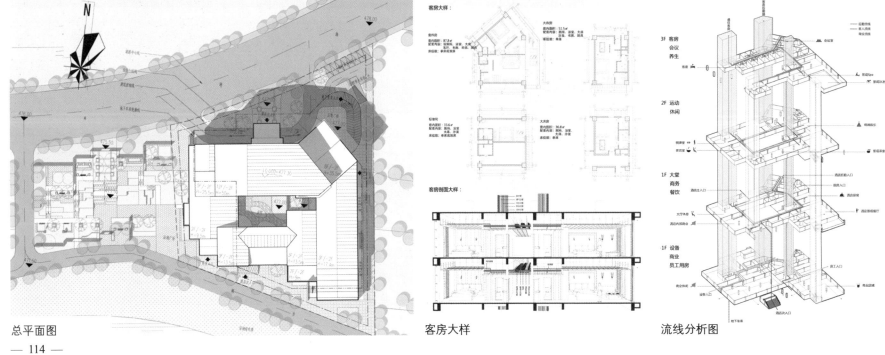

总平面图

客房大样

流线分析图

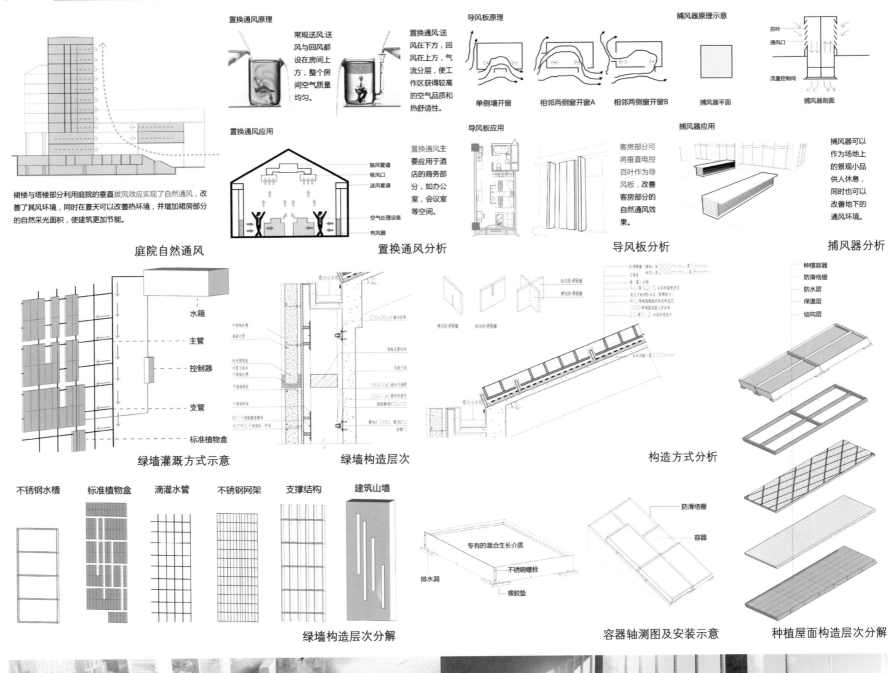

置换通风原理

常规送风:送风与回风都设在房间上方,整个房间空气质量均匀。

置换通风送风在下方,回风在上方,气流分层,使工作区获得较高的空气品质和热舒适性。

导风原理

单侧墙开窗　相邻两侧窗开窗A　相邻两侧窗开窗B

捕风器原理示意

百叶
通风口
流量控制阀

捕风器平面　捕风器剖面

裙楼与塔楼部分利用庭院的垂直拔风效应实现了自然通风,改善了其风环境,同时在夏天可以改善热环境,并增加裙房部分的自然采光面积,使建筑更加节能。

庭院自然通风

置换通风应用

抽风管道
吸风口
送风管道

空气处理设备
布风器

置换通风主要应用于酒店的商务部分,如办公室,会议室等空间。

置换通风分析

导风板应用

客房部分可将垂直电控百叶作为导风板,改善客房部分的自然通风效果。

导风板分析

捕风器应用

捕风器可以作为场地上的景观小品供人休息,同时也可以改善地下的通风环境。

捕风器分析

水箱
主管
控制器
支管
标准植物盒

绿墙灌溉方式示意

绿墙构造层次

构造方式分析

种植容器
防滑格栅
防水层
保温层
结构层

不锈钢水槽　标准植物盒　滴灌水管　不锈钢网架　支撑结构　建筑山墙

绿墙构造层次分解

专有的混合生长介质
不锈钢螺栓
排水洞
橡胶垫

防滑格栅
容器

容器轴测图及安装示意

种植屋面构造层次分解

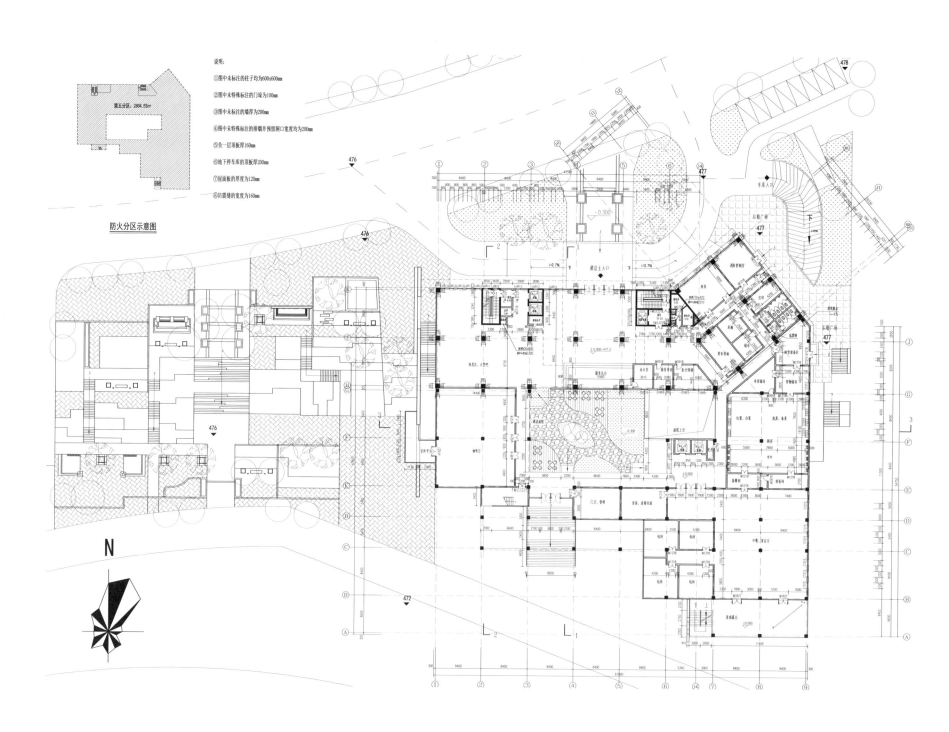

说明：
①图中未标注的柱子均为600x600mm
②图中未特殊标注的门垛为100mm
③图中未标注的墙厚为200mm
④图中未特殊标注的排烟井预留洞口宽度均为200mm
⑤负一层顶板厚160mm
⑥地下停车库的顶板厚200mm
⑦屋面板的厚度为120mm
⑧防震缝的宽度为160mm

防火分区示意图

N

一层平面图

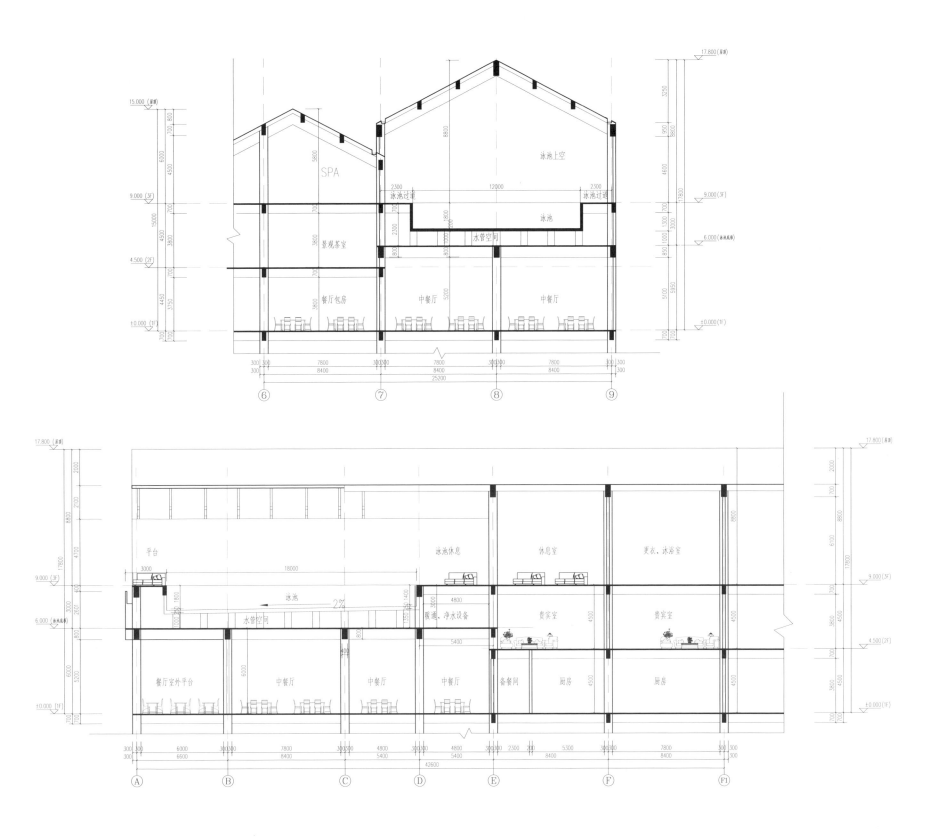

泳池剖面图

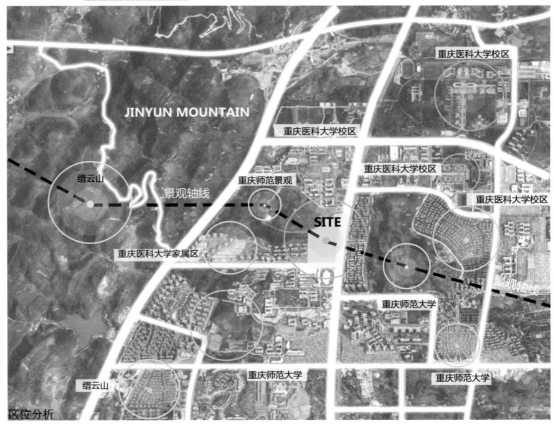

调研成果 PRE-RESEARCH

区位分析

场地位于大学城区域北侧重庆医科大学和重庆师范大学之间，交通较为便利，距轨道交通1号线约1km。场地周边有众多居住区和学校，根据规划，大学城未来规划人口约50万，有巨大的就医需求。

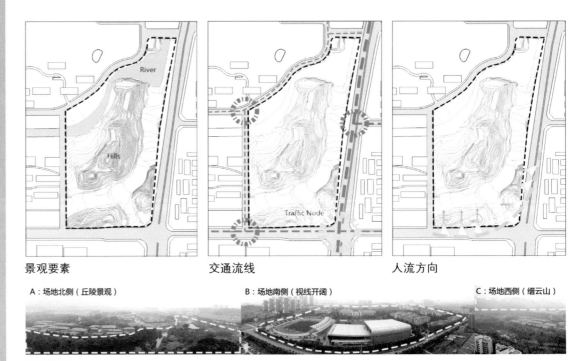

景观要素 **交通流线** **人流方向**

A：场地北侧（丘陵景观） B：场地南侧（视线开阔） C：场地西侧（缙云山）

景观视野

场地南侧为重庆师范大学，多层建筑，整体视线较为开阔。场地北侧的河流与矮丘也可考虑作为场地的视线焦点。东侧为底层别墅区和公园，视野较好。场地西侧3km处为缙云山，是场地重要的景观资源。

Tri -Healing
——重庆医科大学附属大学城医院设计

项目简介

    总图规划中，设计从原始场地出发，保留了场地中的山体，将其改造为山地公园，为整个医院创造了亲切宜人的自然景观面。建筑群依山就势，形成了环绕山体，整体舒展的趋势。

    综合住院楼沿东西向展开，建筑形体根据地势扭动，为住院部赢得了更大的北向的景观面和南向的采光面，住院部底层形成屋顶绿化退台，退台上面的空中廊道将住院部和公园连接起来，使得医院人员可以更加便捷地利用公园景观。

团队构成

建筑 ——————— 柳博 杨菡 周威

土木 ——————— 胡宏 张建江

给水排水 ——— 罗镇

暖通 ——————— 黄敏

电气 ——————— 张坷迪

环境 ——————— 曹阳

建管 ——————— 吴佳慧 易雪

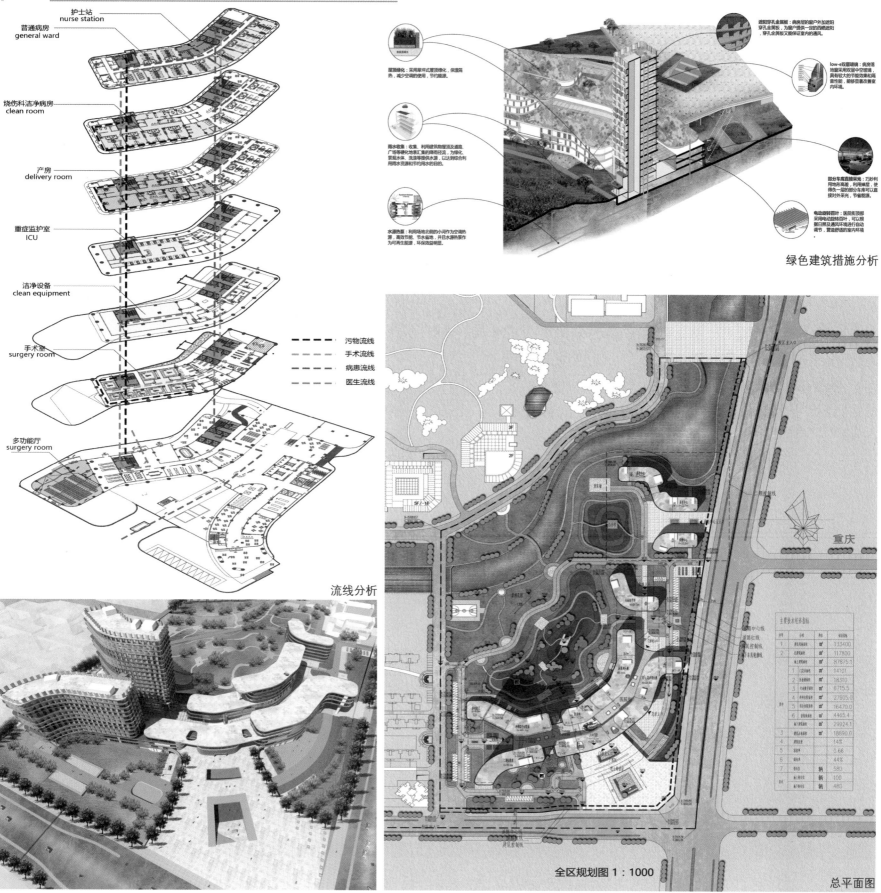

护士站
nurse station

普通病房
general ward

烧伤科洁净病房
clean room

产房
delivery room

重症监护室
ICU

洁净设备
clean equipment

手术室
surgery room

多功能厅
surgery room

- - - - 污物流线
- - - - 手术流线
- - - - 病患流线
- - - - 医生流线

流线分析

绿色建筑措施分析

全区规划图 1:1000

总平面图

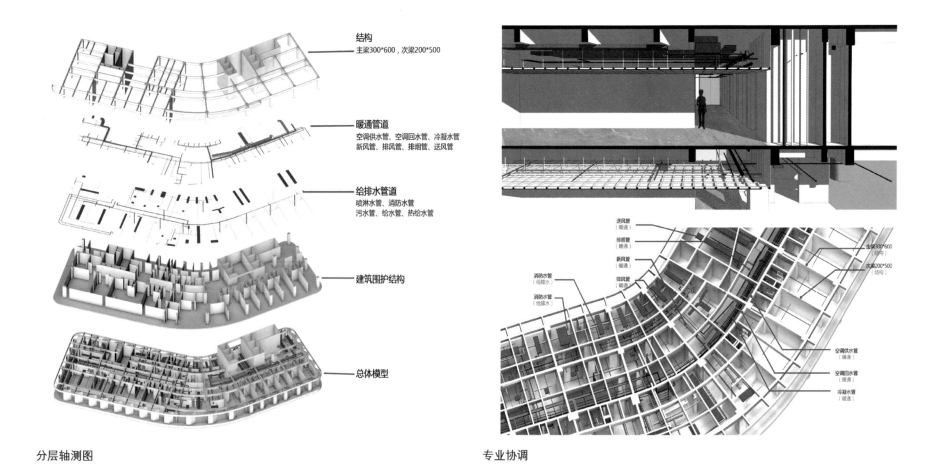

结构
主梁300*600，次梁200*500

暖通管道
空调供水管、空调回水管、冷凝水管
新风管、排风管、排烟管、送风管

给排水管道
喷淋水管、消防水管
污水管、给水管、热给水管

建筑围护结构

总体模型

分层轴测图

送风管
（暖通）

排烟管
（暖通）

新风管
（暖通）

排风管
（暖通）

消防水管
（给排水）

消防水管
（给排水）

主梁300*600
（结构）

次梁200*500
（结构）

空调供水管
（暖通）

空调回水管
（暖通）

冷凝水管
（暖通）

专业协调

南立面图

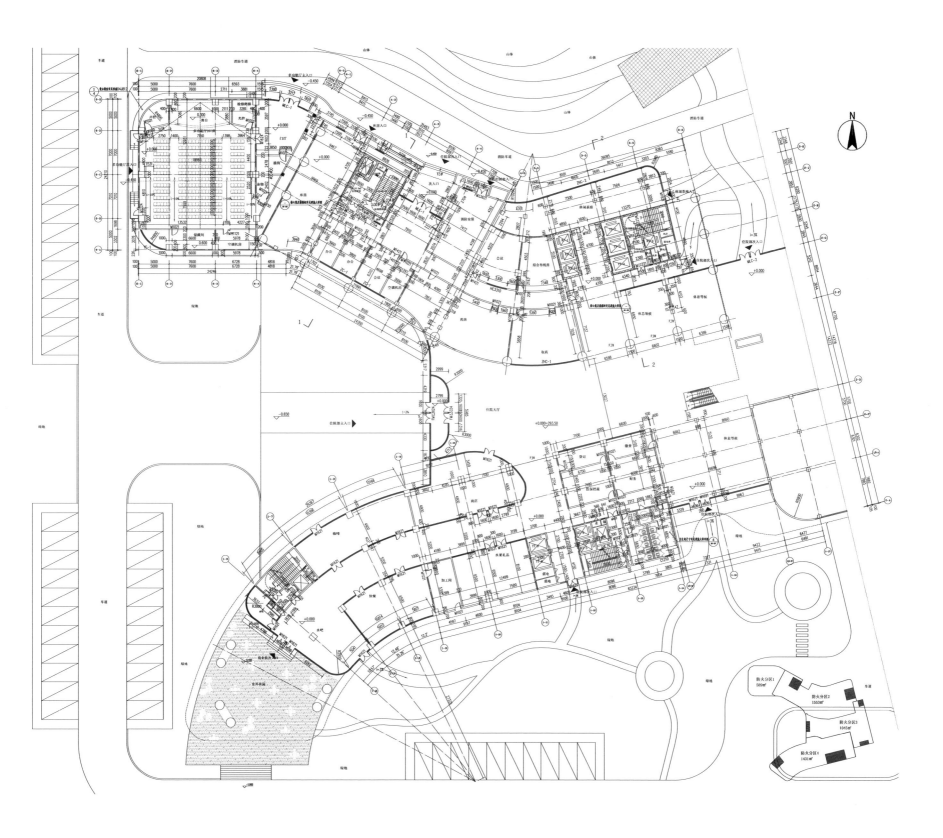

一层平面图

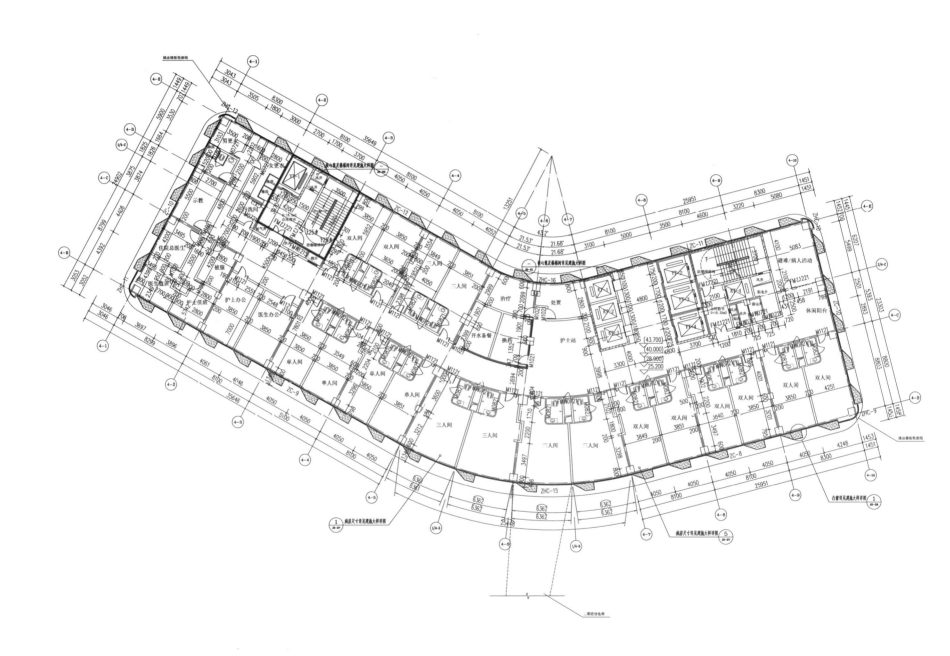

标准护理单元平面图

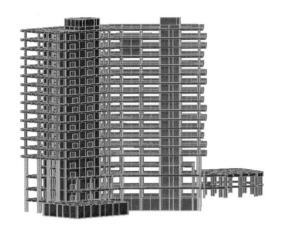

主体塔楼结构模型

1.剪力墙的布置

地震作用下建筑所受惯性力的等效作用位置是建筑的质量中心，建筑结构各部分受力会依据刚度的不同而不同（刚度大的部分受力较大，但位移较小；刚度小的部分受力较小，但位移较大），只有当力恰好作用于建筑的刚度中心时，可以保证结构各部分在受力作用下的位移相同。若建筑刚度中心偏离质量中心，就会造成地震力作用下建筑各部分受力分配不当，变形不同，产生不同程度的扭转，进而不利于结构抗震安全性。

故此，结构设计通过在恰当的位置布置剪力墙（刚度较大的结构构件），调节结构体系的刚度中心，使之尽可能地同质量中心接近，将结构扭转控制在合理范围内。

该建筑方案中，塔楼平面形式近似为一弧形，核心筒多集中在弧形内侧布置。不难判断，该平面质量中心会在进深方向偏向于弧形内侧。为使刚度中心和质量中心尽量接近，剪力墙的布置也多集中在弧形平面内侧，即核心筒的位置，少量剪力墙布置于弧形平面外侧。

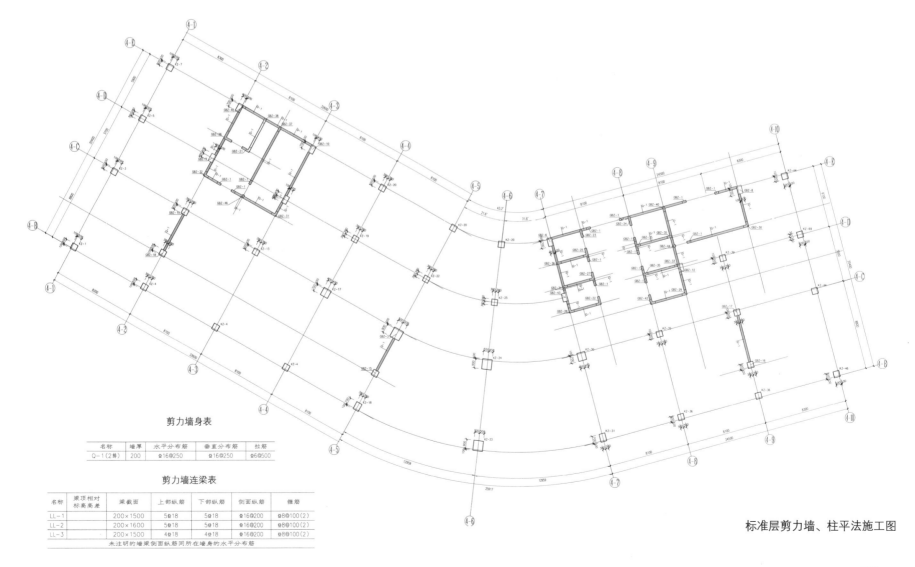

剪力墙身表

名称	墙厚	水平分布筋	垂直分布筋	拉筋
Q-1(2排)	200	⏀16@250	⏀16@250	⏀6@500

剪力墙连梁表

名称	梁顶相对标高高差	梁截面	上部纵筋	下部纵筋	侧面纵筋	箍筋
LL-1		200×1500	5⏀18	5⏀18	⏀16@200	⏀8@100(2)
LL-2		200×1600	5⏀18	5⏀18	⏀16@200	⏀8@100(2)
LL-3		200×1500	4⏀18	4⏀18	⏀16@200	⏀8@100(2)
未注明的墙梁侧面纵筋同所在墙身的水平分布筋						

标准层剪力墙、柱平法施工图

2. 妇产科层平面给水排水系统设计

1）凡医院手术室（包括产房）均需设置刷手处，刷手处均需设置给水排水系统。

2）凡设有卫生通过的科室（如妇产科、烧伤科、手术室等）均配备有男、女卫生通过，建筑专业在前期空间功能安排上应有意识地考虑与给水排水系统的关系，尽量与上部病房卫生间管道平面对齐。妇产科设置有洗婴室、婴儿游泳池，也有给水排

水需求。

3）手术室/产房的污物通道应考虑消防需求，最远点不能超过消防水带可供给长度（见下图），给水排水专业应与建筑专业提前沟通。

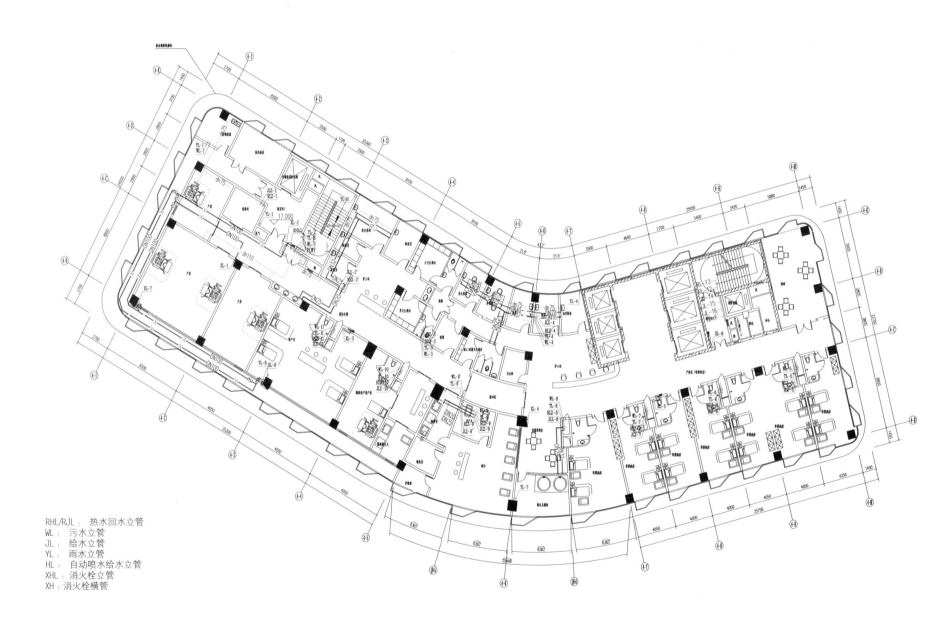

RHL/RJL：热水回水立管
WL：污水立管
JL：给水立管
YL：雨水立管
HL：自动喷水给水立管
XHL：消火栓立管
XH：消火栓横管

5层产科给水排水及消防平面图

3. 空调风系统设计

（1）空调风系统形式及特点

空气调节系统一般由空气处理设备和空气输送管道以及空气分配装置组成。对于舒适性空调，多采用单风道定风量低风速的全空气系统和风机盘管加独立新风系统的空调风系统形式。同时，针对病区中央空调设计、使用和管理现状，应建立"以病人为中心"的人性化设计理念，以满足病人的需要、提高医疗质量作为空调设计原则，以减少污染和控制交叉感染作为空调设计依据。合理组织气流，将医患分开，使护理单元尽可能吸收自然阳光和进行自然通风，特殊病区采取梯级气压分布，遵守清洁区为正压，污染区为负压的原则，建议用风机盘管加独立新风系统，按病房的要求隔离。

（2）空调风系统划分及选择

根据《民用建筑供暖通风与空气调节设计规范》GB 50736-2012 选择空调系统。

下列空调区域宜采用一次回风系统：空间较大，人员较多；允许采用较大送风温差；所需风量大。

下列空调区域宜采用风机盘管 + 新风系统：各房间需要对温湿度独立控制。

本建筑中一楼大厅、会议室、多功能厅、药房采用一次回风系统；办公、值班、诊室、病房等采用风机盘管加独立新风系统。

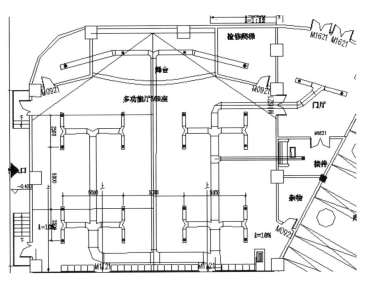

多功能厅一次回风示意图

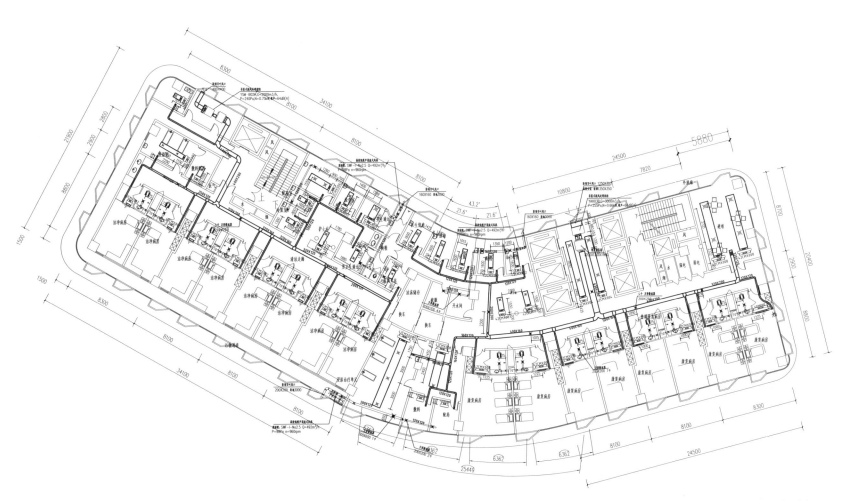

烧伤科空调风平面图

4. 供配电系统节能设计

（1）合理设计变配电系统，减少线路损耗

合理选择变配电间位置，变配电所应位于负荷中心，尽可能缩短配电线路长度；在布线的时候，尽量走直线，避免迂回布线，以减少导线用量，减少回路电能损失。

（2）注意供配电系统结构设计中，保证配电方案的合理性

1）对于空调等季节性的负荷而言，可设立单独的变压器；

2）对不同季节或者时间段内产生的负荷，用一台变压器负担，在一定程度上，能够降低变压器容量；

3）某些季节性负荷线路，在使用的时候，通过共用干线的方式减小线路损耗与电阻；

4）在选用变压器的时候，对其数量与容量进行一定的计算与比较，保证其选用合理；

5）根据变压器的初投资，合理选用变压器的负载率。

（3）选用节能型变压器产品以及合适的线缆截面

（4）采用分项计量

竖向配电系统图

住院综合楼

——重庆医科大学附属大学城医院设计

项目规范

　　设计为住院部争取了更大的北向景观面和南向采光面，位于底层和三层的架空空间为亲近自然创造了更大的可能性。一、二层体量与上面标准单元的错动和架空也让高效的标准层之下有了更有趣的体验。设计坚持社会效益、环境效益、经济效益统一的原则，合理配置自然资源，优化用地结构，配套建设各项目设施。

　　方案坚持实用、经济、美观的原则，积极采用新材料、新设备，推广新技术，贯彻环保、安全、卫生、绿色、消防、人防、节能、节约用地的设计原则。

团队构成

建筑 —————— 唐帅 廖岚昊 刘鹏

土木 —————— 闵籽涵 郭昱良

给水排水 —— 徐宇瑶

暖通 —————— 李靖亚

电气 —————— 孙浩

环境 —————— 边晨旭

总图生成

Step1：场地

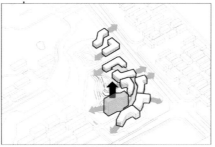

Step3：顺应地形体块打碎

Step5：确定流线与功能

Step2：确定控制轴线

Step4：架空——绿色渗透

技术经济指标：
场地面积：133400㎡
建筑面积：92342.56㎡
容积率：0.69
建筑密度：9.31%
住院部面积：36500.08㎡
急诊面积：2827.16㎡
门诊面积：8915.80㎡
医技面积：15508.60㎡
绿地率：53%

总平面图 1：1000

外科楼定位分析

传统外科住院楼功能单一，脱离自然

activity
fully

使建筑成为一个实用美观，功能相对丰富并贴近自然的外科综合住院楼

外科楼外部环境分析

对外拒绝的实体性体量，并不利于病人与康复活动

overhead
double skin
green plant

使建筑对自然开放，成为充满活力、环境适宜并节约能耗的外科综合楼

形态生成

Step1：融--架空

Step2：通--双表皮

Step3：穿--百叶

Step4：接--绿化裙房

方案生成

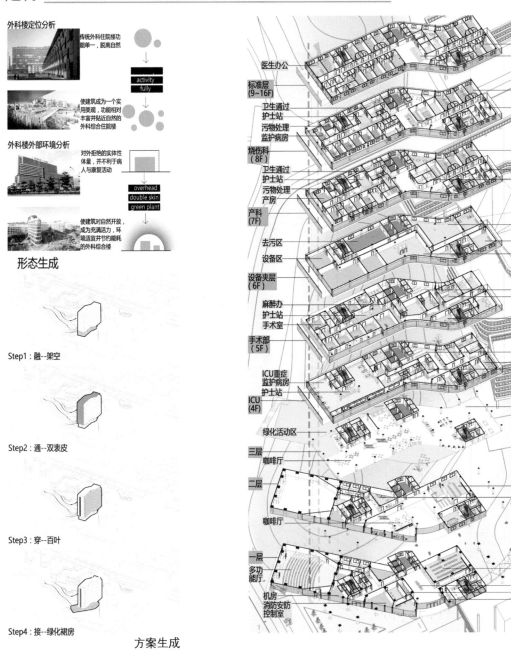

标准病房
护士站
医生办公
标准层(9~16F)
康复病房
医生办公
卫生通过
护士站
污物处理
监护病房
烧伤科(8F)
产科病房
卫生通过
护士站
污物处理
产房
医生办公
婴儿护理
产科(7F)
清洁区
去污区
医生办公
设备区
无菌物品存放
设备夹层(6F)
家属等候
卫生通过
麻醉办
护士站
手术室
医生办公
手术部(5F)
家属等候
医生办公
卫生通过
ICU重症监护病房护士站
ICU(4F)
休闲运动区
绿化活动区
三层
咖啡厅
二层
会议室
办公室
咖啡厅
一层
多功能厅
取药处
入口大堂
收费处
登记处
机房
消防安防控制室

功能轴测图

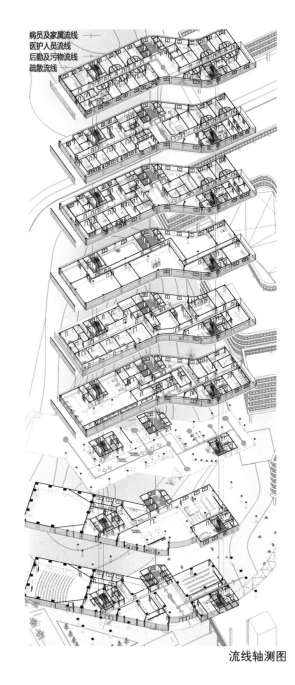

病员及家属流线
医护人员流线
后勤及污物流线
疏散流线

流线轴测图

空间体验

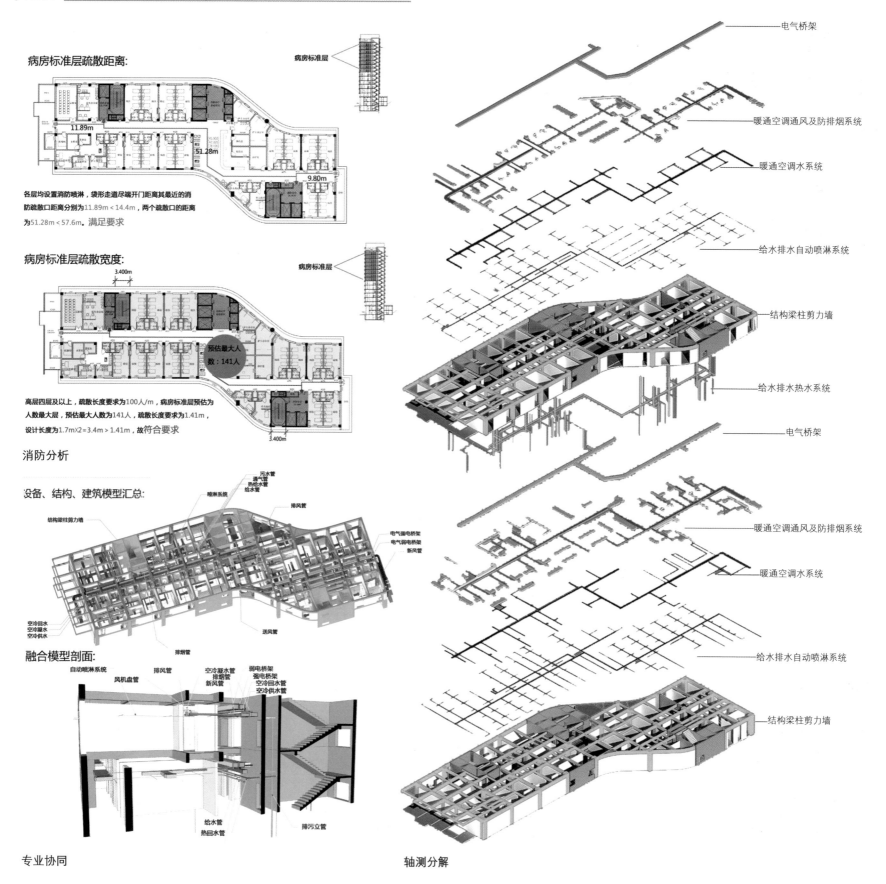

病房标准层疏散距离:

病房标准层

11.89m
51.28m
9.80m

各层均设置消防喷淋，袋形走道尽端开门距离其最近的消
防疏散口距离分别为11.89m＜14.4m，两个疏散口的距离
为51.28m＜57.6m。满足要求

病房标准层疏散宽度:

病房标准层

3.400m

预估最大人
数：141人

3.400m

高层四层及以上，疏散长度要求为100人/m，病房标准层预估为
人数最大层，预估最大人数为141人，疏散长度要求为1.41m，
设计长度为1.7m×2＝3.4m＞1.41m，故符合要求

消防分析

设备、结构、建筑模型汇总:

污水管
通气管
热给水管
给水管

喷淋系统

排风管

结构梁柱剪力墙

电气强电桥架
电气弱电桥架
新风管

空冷回水
空冷凝水
空冷供水

送风管

融合模型剖面:

排烟管

自动喷淋系统
风机盘管
排风管

空冷凝水管
排烟管
新风管

弱电桥架
强电桥架
空冷回水管
空冷供水管

给水管
热回水管

排污立管

专业协同

电气桥架

暖通空调通风及防排烟系统

暖通空调水系统

给水排水自动喷淋系统

结构梁柱剪力墙

给水排水热水系统

电气桥架

暖通空调通风及防排烟系统

暖通空调水系统

给水排水自动喷淋系统

结构梁柱剪力墙

轴测分解

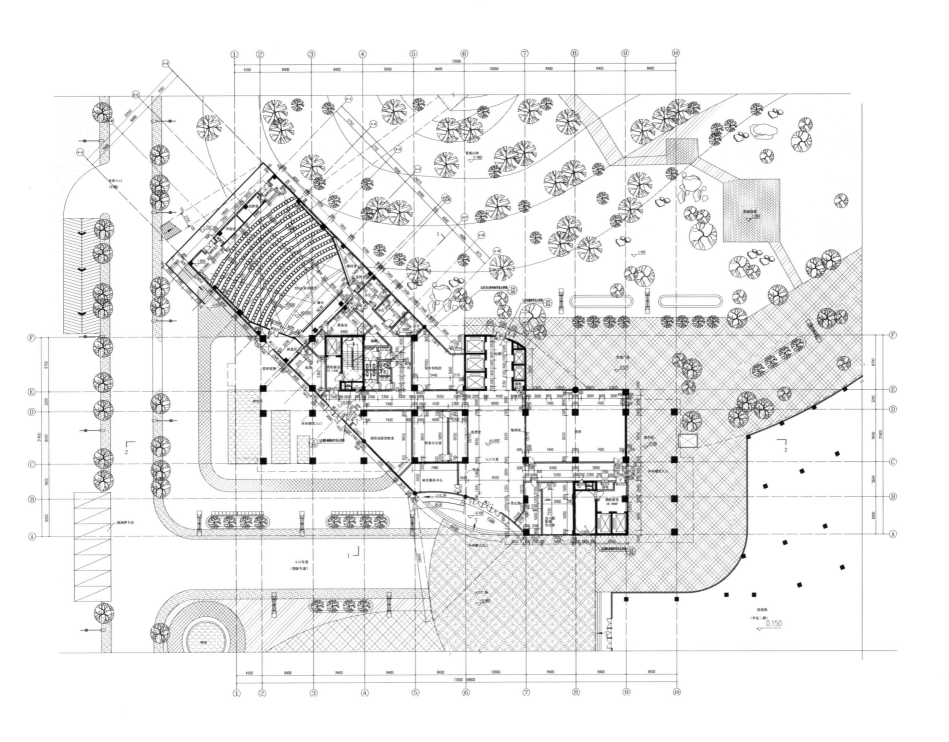

一层平面图

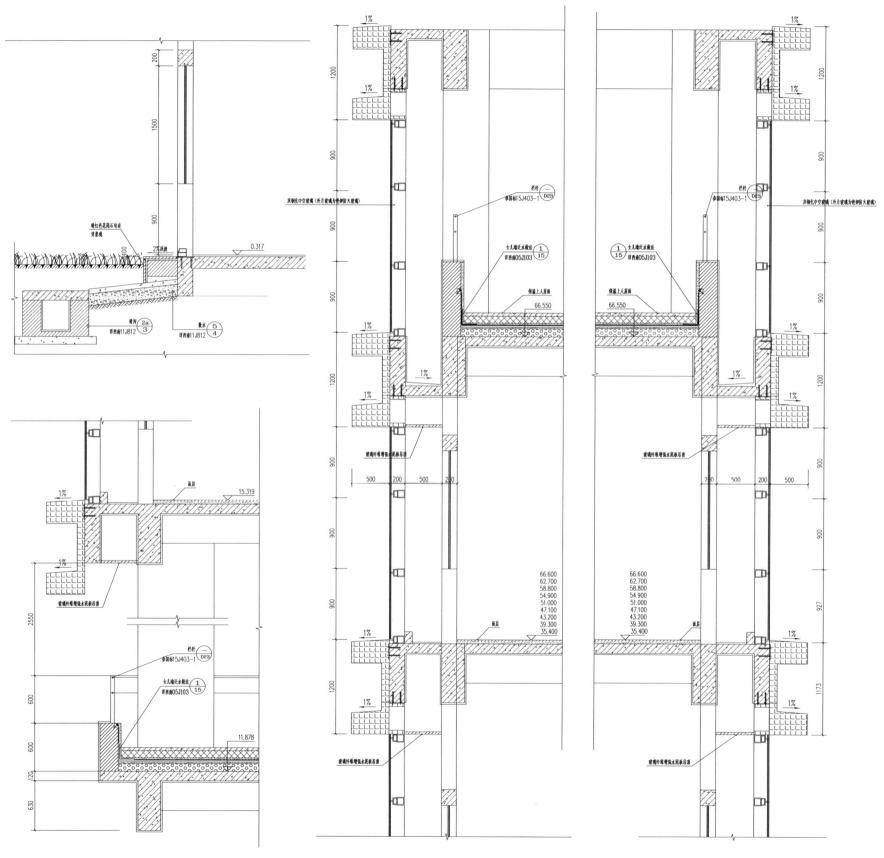

墙身详图

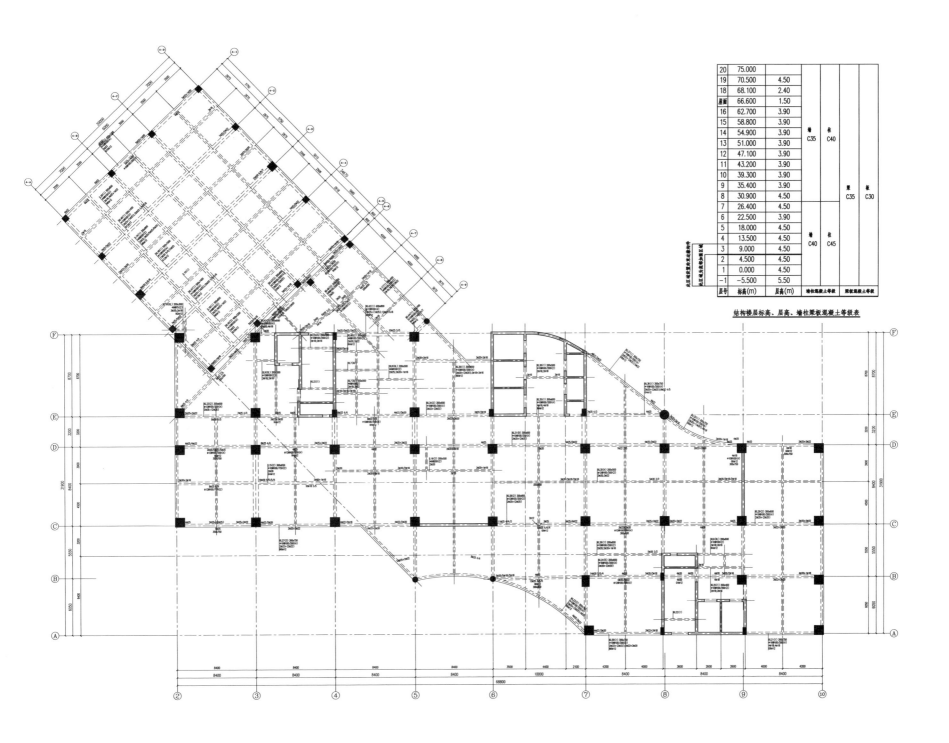

20	75.000			
19	70.500	4.50		
18	68.100	2.40		
屋面	66.600	1.50		
16	62.700	3.90		
15	58.800	3.90		
14	54.900	3.90	墙 柱	
13	51.000	3.90	C35 C40	
12	47.100	3.90		
11	43.200	3.90		
10	39.300	3.90		梁 板
9	35.400	3.90		C35 C30
8	30.900	4.50		
7	26.400	4.50		
6	22.500	3.90		
5	18.000	4.50		
4	13.500	4.50	墙 柱	
3	9.000	4.50	C40 C45	
2	4.500	4.50		
1	0.000	4.50		
-1	-5.500	5.50		
层号	标高(m)	层高(m)	墙柱混凝土等级	梁板混凝土等级

结构楼层标高、层高、墙柱梁板混凝土等级表

标高 9.000 水平梁平面配筋图

1. 地下室废水类型

地下室的废水主要包括以下几种：

1）水泵房的排水；

2）消防电梯的废水；

3）雨水，主要收集负一层地下车库出入口处由水沟经箅子流入的雨水；

4）消防排水与地下车库清洁排水。

2. 地下室排水原理

地下室废水应经由排水沟（排水坡度 0.5%）汇集，集中汇入集水坑后排出。如废水高度低于市政管网标高，应由潜污泵提升至市政排水管网高度后排出。集水坑大小、容量以及所占面积应由给水排水专业计算后提供给建筑专业。

本设计中地下室负一层的集水坑设计如下，详细见右图。

1）1号集水坑：电梯机房排水

2）2号集水坑：车库雨水

3）3号集水坑：水泵房排水

4）4号集水坑：消防电梯排水

5）5号集水坑：普通排水

6）6号集水坑：消防电梯排水

7）7号集水坑：车库雨水

8）8号集水坑：厕所污水

9）9号集水坑：消防电梯排水

10）10号集水坑：消防电梯排水

负一层给水排水平面图

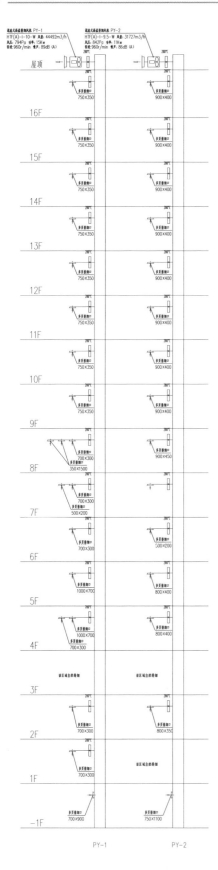

排烟系统原理图

3. 通风及防排烟系统设计

（1）通风系统

根据医院的通风要求，许多房间要保持正压，所以不需要单独排风，但是有特殊味道的房间需要单独排风，设置排风系统。

（2）事故／事后通风系统设计

根据《民用建筑供暖通风与空气调节设计规范》GB 50736-2012，设备房如冷热源机房设置独立的通风兼事故通风系统，变配电间设置独立的通风兼事故通风系统。

（3）排烟系统

本建筑为超过50m的一类高层建筑，根据《高层民用建筑设计防火规范》GB 50045（2005年版）中的规定，其防烟楼梯间及其前室不可自然排烟，故设置机械防烟的加压送风系统。本建筑共有两个防烟楼梯间。根据高规规定，消防电梯前室及其合用前室需要分开设置加压送风系统，其他防烟楼梯间设置加压送风系统的，其前室可以不设置加压送风系统。故本栋建筑需对消防电梯间的合用前室单独设置加压送风系统。

本栋建筑采用竖向排烟系统，在建筑的两端分别设置排烟竖井，保证每个防烟分区内均有排烟口，且排烟口距最远点的水平距离不超过30m，距疏散口距离大于1.5m。中庭高度均不超过12m，且可开启外窗面积大于2%，故均采用自然排烟。

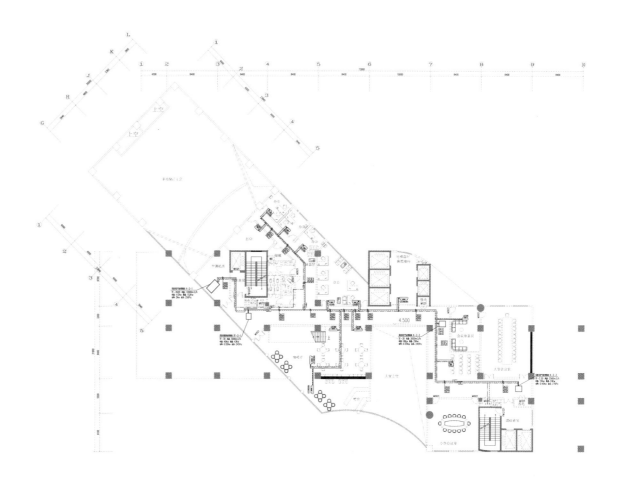

二层空调、通风及防排烟平面图

4.消火栓系统的联动控制设计

联动控制方式,应由消火栓系统出水干管上设置的低压压力开关、高位消防水箱出水管上设置的流量开关或报警阀压力开关等信号作为触发信号,直接控制启动消火栓泵,联动控制不应受消防联动控制器处于自动或手动状态影响。当设置消火栓按钮时,消火栓按钮的动作信号应作为报警信号及启动消火栓泵的联动触发信号,由消防联动控制器联动控制消火栓泵的启动。

手动控制方式,应将消火栓泵控制箱(柜)的启动、停止按钮用专用线路直接连接至设置在消防控制室内的消防联动控制器的手动控制盘,并应直接手动控制消火栓泵的启动、停止。消火栓泵的动作信号应反馈至消防联动控制器。

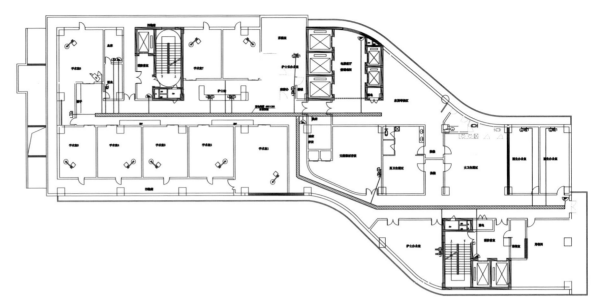

五层平面(手术部)弱电平面图

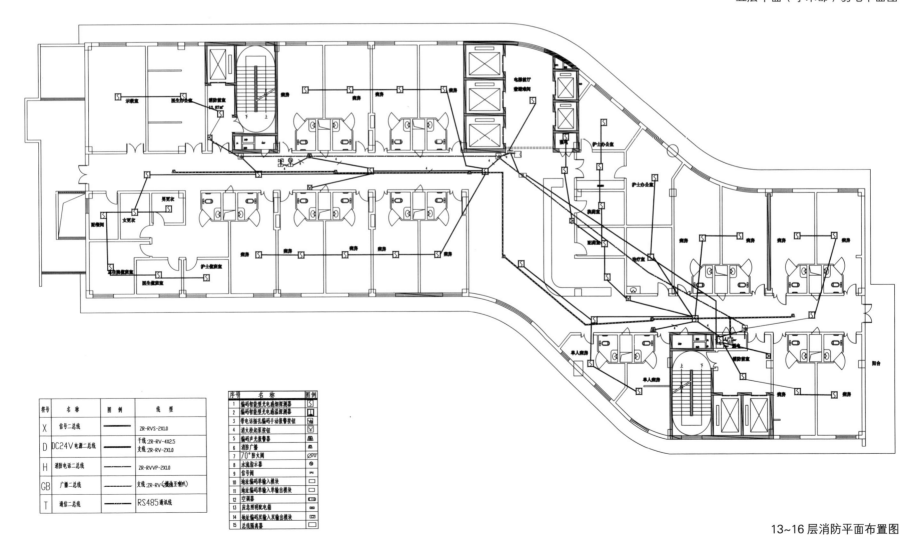

13~16层消防平面布置图

The Multi-professional Graduate Design of the Architecture Department

2017

跨界·融合

课题一：
　　重庆市两江新区御临河精品酒店设计

《山水营城》

《Green Up！》

课题二：
　　遵义市湄潭县湄江温泉大酒店设计

《水岸山居》

《茶海御泉》

御临河地块现场照片 1

御临河地块现场照片 2

用地详情

课题一：重庆市两江新区御临河精品酒店设计

　　基地位于重庆市两江新区龙兴片区御临河边，坐拥开阔水域，地理位置及景观视线独具优势。项目拟建一个城市精品酒店，参照五星级酒店标准建设。基地西、北侧邻城市道路，东、南侧沿御临河展开，岸边设滨河公园；基地南北从道路到河边高差约13m，基地东西从道路到河边高差约6m。

课题二：遵义市湄潭县湄江温泉大酒店设计

　　基地位于遵义市湄潭县，南面为城市主干道湄江大道，北面为规划市政道路，邻接湄潭国际温泉度假城地块，西面为湄江河及滨河步道，东面为大林路场地；场地高程为754.10~762.10m。地理位置与视觉景观都极其重要，酒店的建成将对周边区域景观环境及城市面貌起到重要作用。

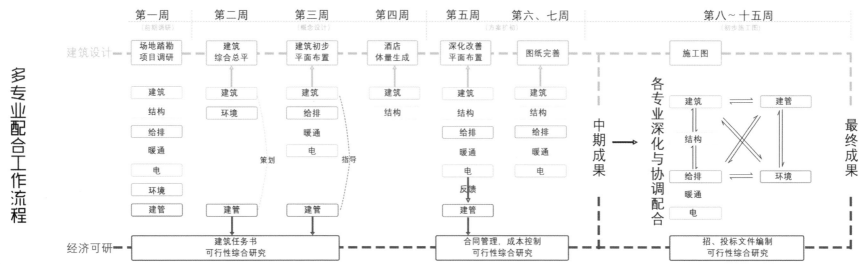

专业协同

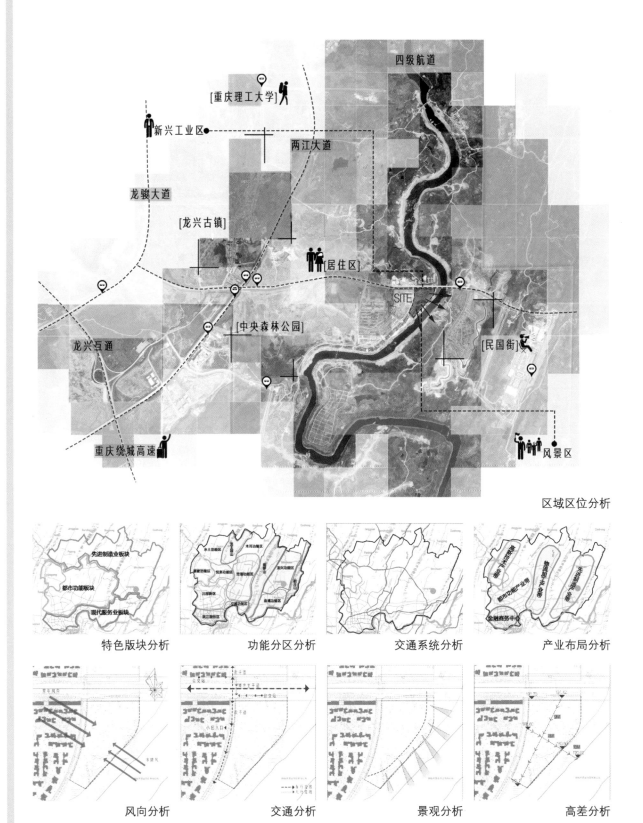

区域区位分析

特色版块分析　　　功能分区分析　　　交通系统分析　　　产业布局分析

风向分析　　　交通分析　　　景观分析　　　高差分析

御临沪精品酒店　　　重庆市两江新区　　　徒临沪精品酒店

御临河酒店项目可行性研究报告（节选）

1. 同行业酒店调查报告

包括重庆市主城九区的酒店数量、各星级酒店数量、消费价格和消费者对酒店的评价（图1~图4）。总体而言，重庆主城区酒店的基数是相当庞大的，而且还在逐渐增多，但大多是适合普通消费者入住的舒适类的二星级酒店。

重庆主城区酒店的平均消费水平维持在100~200元之间，符合大众的需求；另一方面，重庆主城区的酒店评分总体上处于较高水平，酒店服务业正以一种逐渐上升的趋势服务于广大的消费者。酒店数量的逐渐增多，酒店服务质量越来越好，或许代表着重庆旅游O2O 2.0时代的到来。

2. 酒店客房规模及产品定价

本酒店定位为商务度假酒店，一般休闲度假酒店容积率为0.5~0.8，由于地块位于两江新区，毗邻产业园，考虑到会有一定的商务客户群体，在设计时以容积率0.8为大致基准。经由计算预估酒店总建筑面积约为50000 m²，行业同等级酒店平均每套客房均摊建筑面积约为160 m²，所以预估客房数量为300套左右。具体的建筑面积和房间数量在设计时根据具体情况决定，但应在预估值上下一定范围内（表1）。

房型比例参照行业内成熟项目结合本项目具体情况初步决定，根据实际设计方案在小范围内调整（表2）。

3. 投资估算

该项目总投资26104万元，成本占比见表3和表4。

4. 项目财务评价

（1）总收入、总成本及利润总额测算

考虑酒店营业收入构成及收费标准，项目建成运营后产年营业收入合计达12323万元/年，详见经济测算表。

经测算，该项目经营期年均总成本9401万元/年，该项目经营期息税前年均利润为2460万元。

（2）财务盈利能力分析

1）总投资收益率(ROI)：

总投资收益率 = 运营期内年均息税前利润(EBIT)/项目总投资 × 100% =（2460/26104）× 100% = 9.42%

2）投资回收期（全部投资）：16.46年（含建设期1年）

3）财务净现值：当折现率 i=7% 时，该项目的财务净现值（资本金）所得税后为700.52万元，大于零。

（3）盈亏平衡分析

盈亏平衡入住率 = 年均固定成本 ÷（年均营业收入 – 年均税收及附加 – 年均可变成本） = 42.72%

可见，当入住率达到42.72%，该项目就能保本。这说明项目盈亏平衡点低，具有较强的抗风险能力。

（4）财务评价结论

项目建成投入运营后，年均创收12323万元，息税前年均利润总额2460万元。项目财务内部收益率(全部投资)大于行业基准收益率，财务净现值（全部投资）大于零，投资回收期为16.46年（含建设期1年），说明项目全部投资后能够达到期望的报酬率。项目财务内部收益率大于行业基准收益率，财务净现值大于零，说明项目投资能够达到期望的报酬率。

因此，该项目从财务上看是可行的。

酒店客房规模 表1

客房名称	标准大床房	标准双人间	转角大床房	普通套房	豪华套房
面积（m²）	40	49	49	85	94
数量	116	150	15	10	16

其他酒店案例客房规模 表2

酒店名称	房间数量	类别	房型	面积（m²）	层数	均价（元/晚）
金科大酒店	205	高级	客房	35	4-7层	739
		豪华	套房	50	4-7层	1556
			套房	60	4-7层	1248
		行政	套房	50	8层	1297
天来大酒店	230	高级	客房	45	6-18层	598
		豪华	套房	50	6-18层	1010
		行政	客房	50	19-24层	1099
			套房	75	20-23层	1520
		总统	套房	100	24层	2710
重庆维景国际大酒店	282	豪华	客房	38	8-14层	427
			套房	76	8-14层	698
		行政	客房	42	4-7层	566
			套房	83	4-7层	844
欧瑞锦江大酒店	313	高级	客房	40	5-9层	623
		豪华	客房	42	5-25层	627
		行政	客房	50	26-30层	880
			套房	80	26-30层	999
重庆丽笙世嘉酒店	308	高级	客房	47	26-35层	587
		豪华	客房	47	26-41层	693
			套房	68	26-36层	1127
		商务	客房	47	26-41层	831
			套房	68	38-40层	1519
		总统	套房	115	42层	3397
重庆JW万豪酒店	454	高级	客房	47	9-14层	763
		豪华	客房	47	15-23层	988
			套房	71	9-28层	1415

项目总投资成本占比 表3

前期成本		
豪地成本（元/m²）	2000	按建筑面积计
土建成本（元/m²）	1800	按建筑面积计
装修及其他硬件投入（元/m²）	5000	客房部分+公共部分
年运营成本		
管理年限	20-30年	
管理费	1.5%	按营业总收入计
市场推广费	1.5%	按营业总收入计
预订系统费（元/间/次）	11.00	每间客房每次预订
核心培调费（美元/人/年）	750	每位酒店管理级员工

JLL酒店运营成本 表4

数据JLL酒店数据道过行以下比例投资		
食物成本占比	18%	投资业总收入计
酒水成本占比	0.9%	
人力成本占比	30.0%	
能耗成本占比	15.0%	
市场营销成本占比	5.0%	
维修保养成本占比	3.5%	
其他成本占比	1.5%	
相关税费		
营业税（含附加）	5.0%	投资业总收入计
城建维护市维护推广费	7.0%	之营业总税

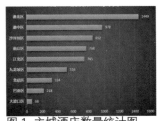

图1 主城酒店数量统计图

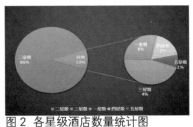

图2 各星级酒店数量统计图

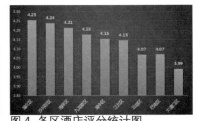

图3 各星级酒店价格对比图　　图4 各区酒店评分统计图

山水营城

——重庆市两江新区御临河精品酒店设计

项目简介

　　该方案通过对场地周边环境、流线以及市场定位的分析，将建筑呈东南"L"形进行布置，以便最大化利用景观、日照、公共空间资源，同时通过层层退台的方式营造客房公共空间，巧妙地化解了高差。通过退台形成的公共空间拥有良好的视野和朝向，极大地提升了酒店的品质。方案将公共场所设置在裙房，客房部分设置在塔楼，分区明确，一方面保证了客房部分的私密性与安静，另一方面保证了客人到达公共场所的便捷性。

团队构成

建筑 ——————— 赵航疆　祝贺　袁峻豪 —————

土木 ——————— 袁倩　马晨晨　卢泽宇 —————

给水排水 ——— 黄子汉 ————————————

暖通 ——————— 饶尚 ————————————

电气 ——————— 王策 ————————————

环境 ——————— 陈琮 ————————————

建管 ——————— 李丰　李珂　胡颖萍　王杨 ———

建筑剖透视图

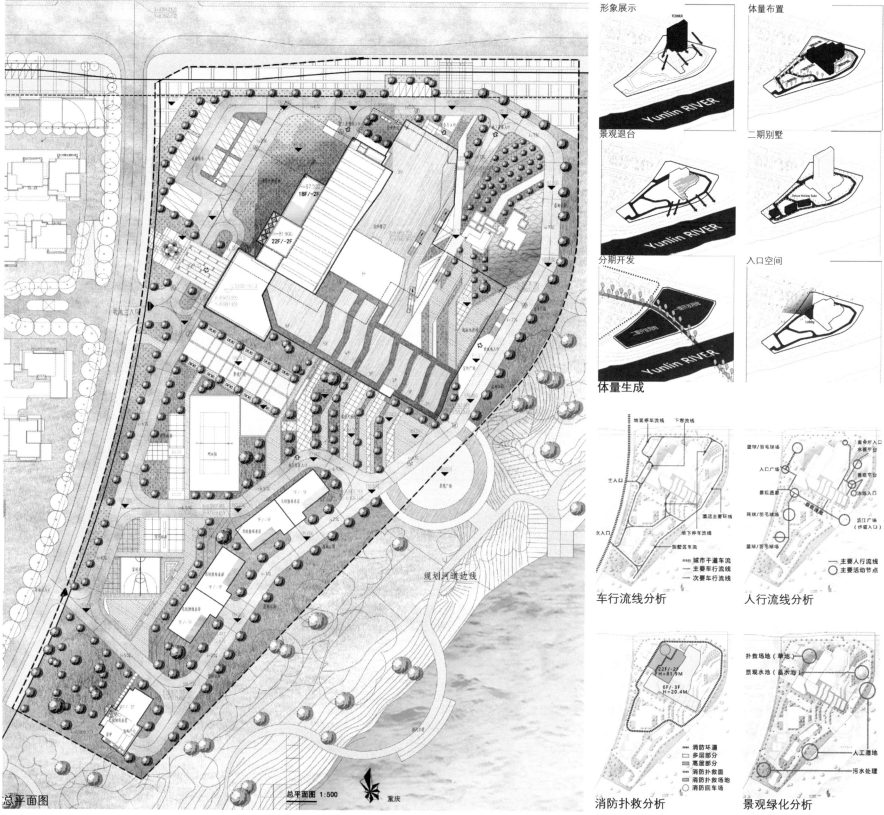

形象展示

体量布置

景观退台

二期别墅

分期开发

入口空间

体量生成

车行流线分析

人行流线分析

消防扑救分析

景观绿化分析

总平面图

总平面图 1:500　重庆

规划河道边线

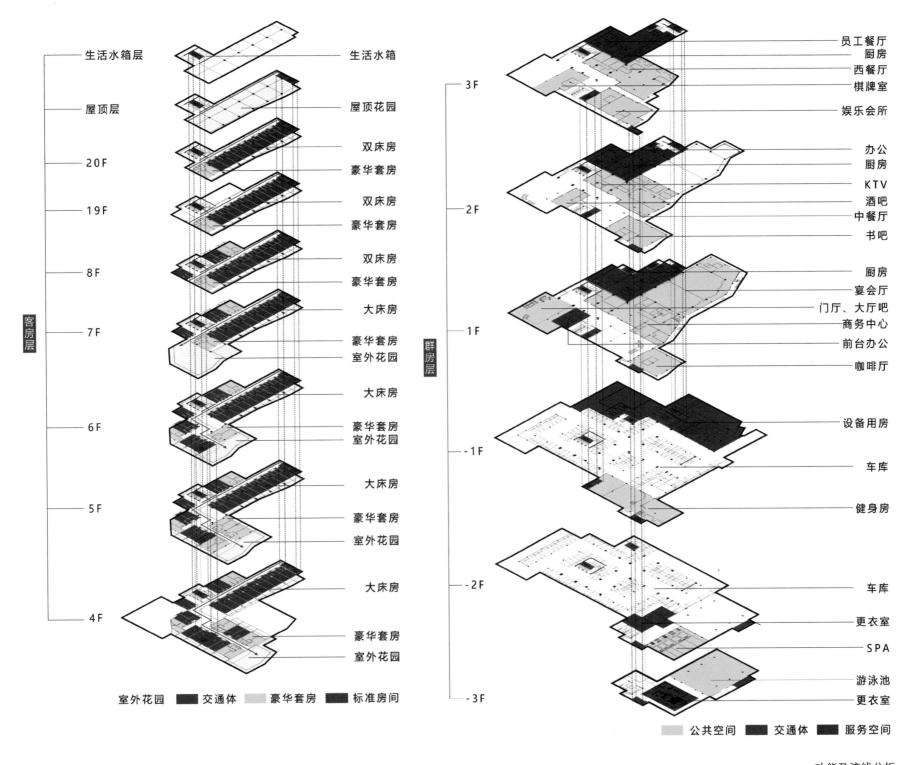

客房层

生活水箱层 —— 生活水箱

屋顶层 —— 屋顶花园

20F —— 双床房
豪华套房

19F —— 双床房
豪华套房

8F —— 双床房
豪华套房

7F —— 大床房
豪华套房
室外花园

6F —— 大床房
豪华套房
室外花园

5F —— 大床房
豪华套房
室外花园

4F —— 大床房
豪华套房
室外花园

室外花园 ■ 交通体 豪华套房 标准房间

群房层

3F —— 员工餐厅
厨房
西餐厅
棋牌室
娱乐会所

2F —— 办公
厨房
KTV
酒吧
中餐厅
书吧

1F —— 厨房
宴会厅
门厅、大厅吧
商务中心
前台办公
咖啡厅

-1F —— 设备用房
车库
健身房

-2F —— 车库
更衣室
SPA
游泳池
更衣室

-3F

公共空间 ■ 交通体 服务空间

功能及流线分析

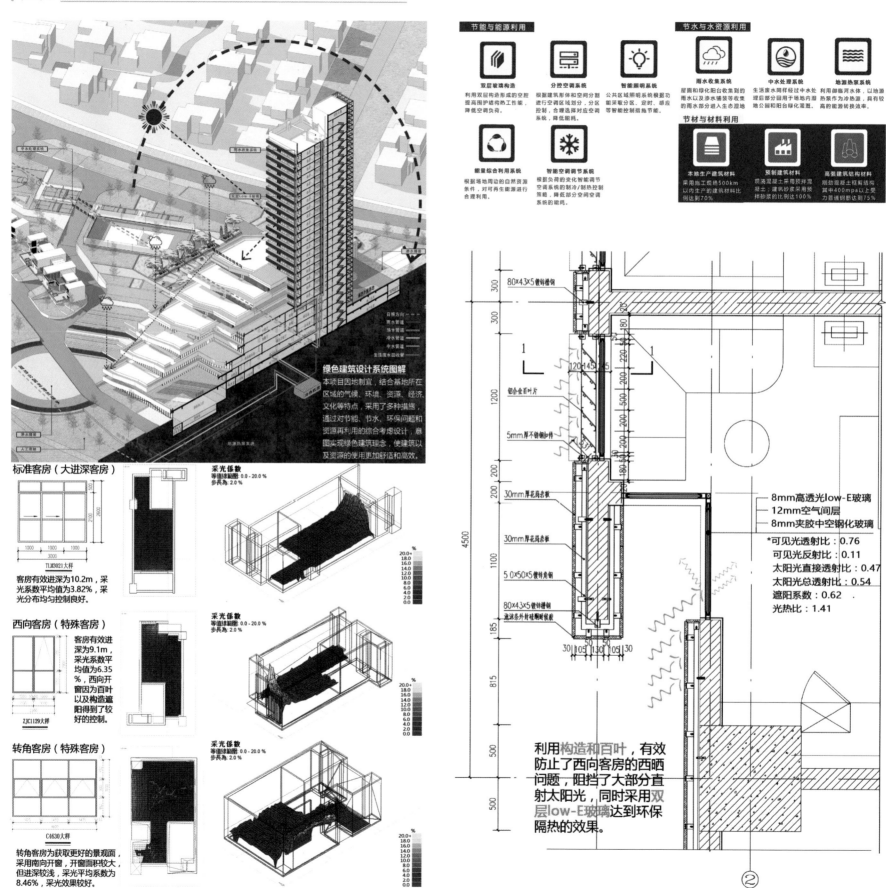

绿色建筑设计系统图解

本项目因地制宜，结合基地所在区域的气候、环境、资源、经济、文化等特点，采用了多种措施，通过对节能、节水、环保问题和资源再利用的综合考虑设计，力图实现绿色建筑理念，使建筑以及资源的使用更加舒适和高效。

节能与能源利用

双层玻璃构造
利用双层构造形成的空腔提高围护结构热工性能，降低空调负荷。

分控空调系统
根据建筑形体和空间分割进行空调区域划分，分区控制，合理选择对应空调系统，降低能耗。

智能照明系统
公共区域照明系统根据功能采取分区、定时、感应等智能控制措施节能。

能量综合利用系统
根据场地周边的自然资源条件，对可再生能源进行合理利用。

智能空调节能系统
根据负荷的变化智能调节空调系统的制冷/制热控制策略，降低部分空调系统的能耗。

节水与水资源利用

雨水收集系统
屋面和绿化阳台收集到的雨水以及渗水铺装等收集的雨水部分进入生态湿地。

中水处理系统
生活废水同样经过中水处理后部分回用于场地内绿地公园和阳台绿化灌溉。

地源热泵系统
利用邻临河水体，以地源热泵作为冷热源，具有较高的能源转换效率。

节材与材料利用

本地生产建筑材料
采用施工现场500km以内生产的建筑材料比例达到70%。

预制建筑材料
现浇混凝土采用预拌混凝土；建筑砂浆采用预拌砂浆的比例达到100%。

高强建筑结构材料
别动御临混凝土框架剪力墙结构，其中400mpa以上受力普通钢筋达到75%。

标准客房（大进深客房）

TLJD021大样

客房有效进深为10.2m，采光系数平均值为3.82%，采光分布均匀控制良好。

采光系数
等值线范围：0.0 - 20.0 %
步长为 2.0 %

西向客房（特殊客房）

ZJCI129大样

客房有效进深为9.1m，采光系数平均值为6.35%，西向开窗因为百叶以及构造遮阳得到了较好的控制。

采光系数
等值线范围：0.0 - 20.0 %
步长为 2.0 %

转角客房（特殊客房）

C4630大样

转角客房为获取更好的景观面，采用南向开窗，开窗面积较大，但进深较浅，采光平均系数为8.46%，采光效果较好。

采光系数
等值线范围：0.0 - 20.0 %
步长为 2.0 %

80×4.3×5 镀锌槽钢

铝合金百叶片

5mm厚不锈钢扣件

30mm厚花岗岩板

30mm厚花岗岩板

5 0×50×5 镀锌角钢

80×4.3×5 镀锌槽钢
泡沫条外封硅酮耐候胶

8mm高透光low-E玻璃
12mm空气间层
8mm夹胶中空钢化玻璃

*可见光透射比：0.76
可见光反射比：0.11
太阳光直接透射比：0.47
太阳光总透射比：0.54
遮阳系数：0.62
光热比：1.41

利用**构造和百叶**，有效防止了西向客房的西晒问题，阻挡了大部分直射太阳光，同时采用**双层low-E玻璃**达到环保隔热的效果。

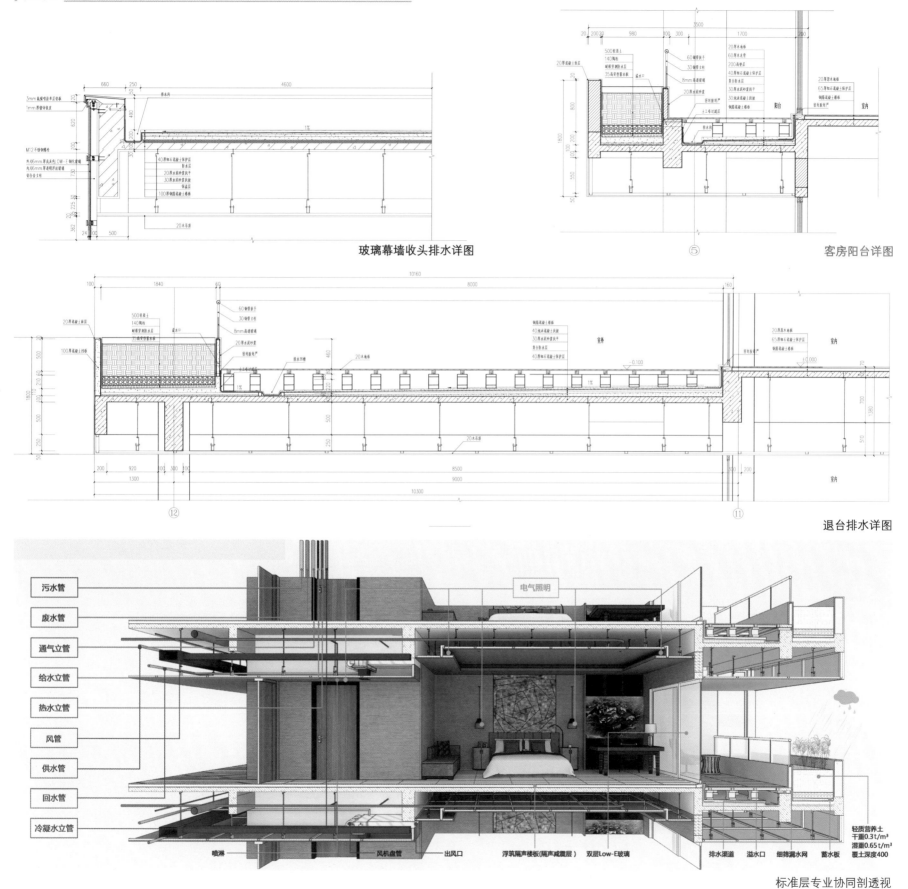

玻璃幕墙收头排水详图

⑤ 客房阳台详图

退台排水详图

⑫   ⑪

污水管
废水管
通气立管
给水立管
热水立管
风管
供水管
回水管
冷凝水立管

电气照明

轻质营养土
干重0.3t/m³
湿重0.65t/m³
覆土深度400

喷淋   风机盘管   出风口   浮筑隔声楼板(隔声减震层) 双层Low-E玻璃   排水渠道 溢水口 细筛漏水网 蓄水板

标准层专业协同剖透视

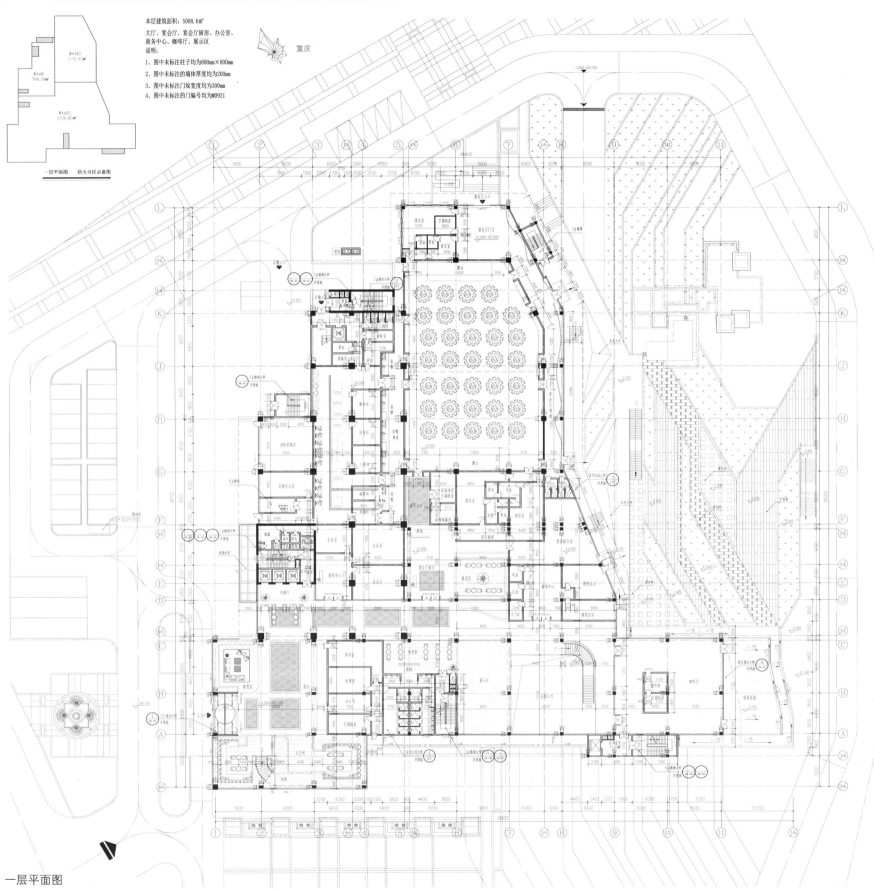

建筑 FACULTY OF ARCHITECTURE AND URBAN PLANNING

本层建筑面积：5088.6m²
大厅、宴会厅、宴会厅厨房、办公室、
商务中心、咖啡厅、展示区
说明：
1、图中未标注柱子均为800mm×800mm
2、图中未标注的墙体厚度均为200mm
3、图中未标注门垛宽度均为300mm
4、图中未标注的门编号均为M0921

一层平面图

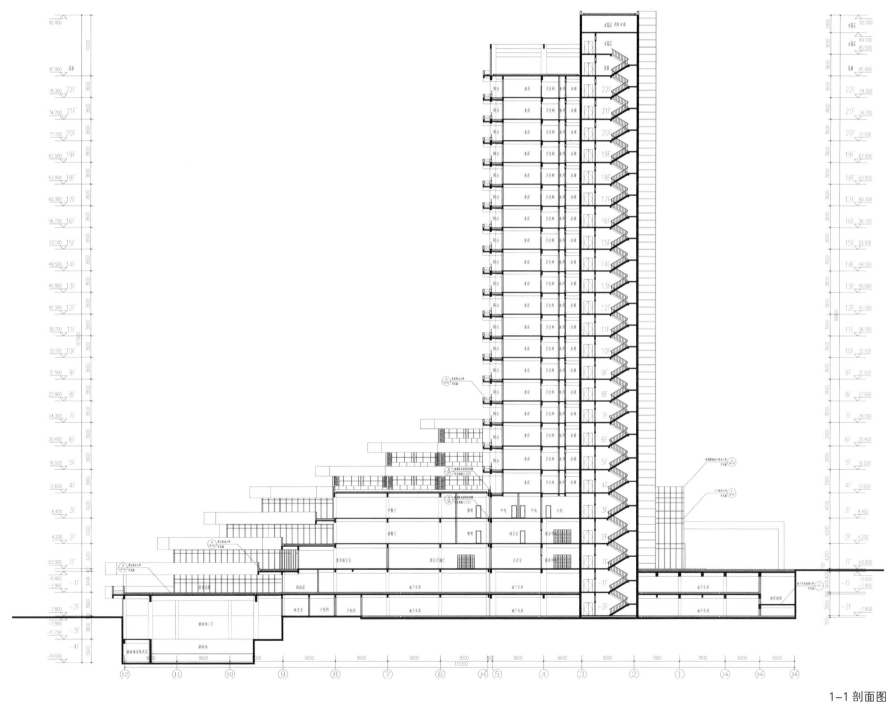

1-1 剖面图

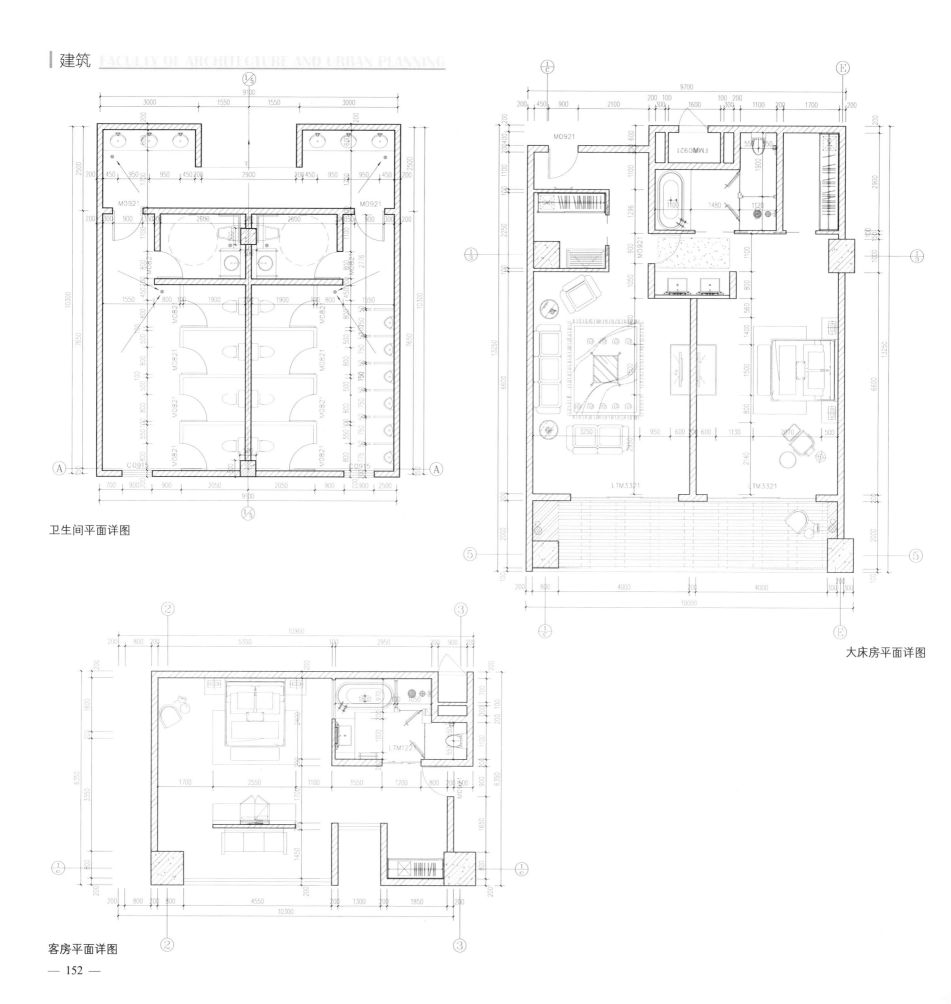

卫生间平面详图

大床房平面详图

客房平面详图

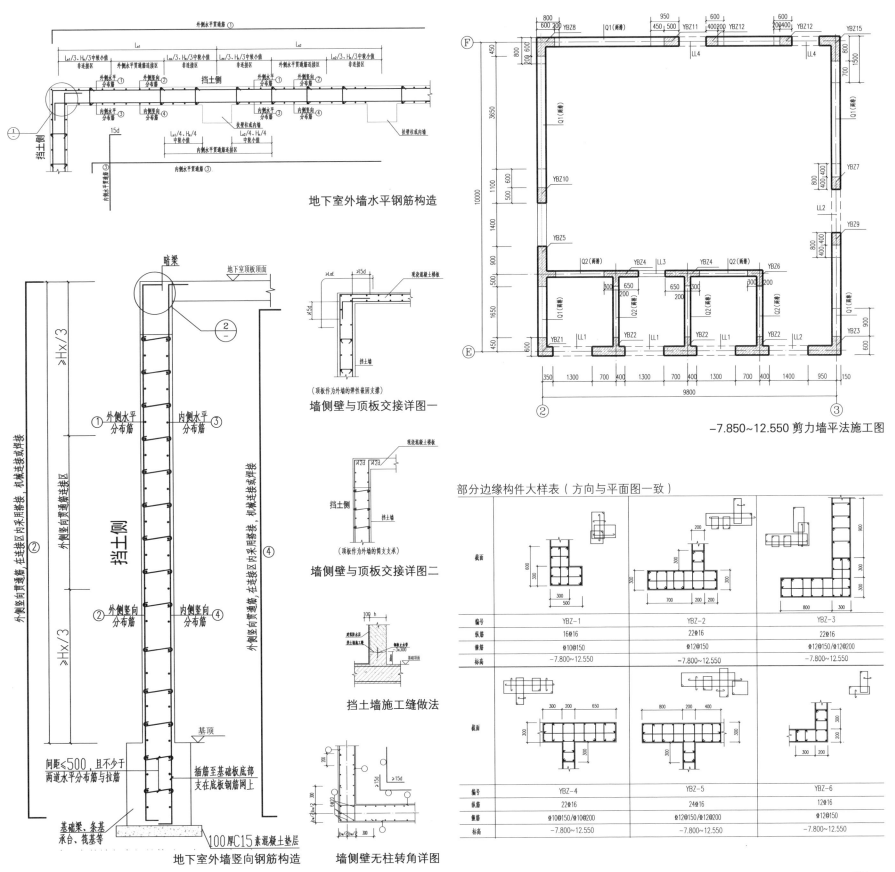

地下室外墙水平钢筋构造

墙侧壁与顶板交接详图一

墙侧壁与顶板交接详图二

挡土墙施工缝做法

地下室外墙竖向钢筋构造

墙侧壁无柱转角详图

－7.850～12.550剪力墙平法施工图

部分边缘构件大样表（方向与平面图一致）

编号	YBZ-1	YBZ-2	YBZ-3
纵筋	16⌀16	22⌀16	22⌀16
箍筋	⌀10@150	⌀12@150	⌀12@150/⌀12@200
标高	－7.800～12.550	－7.800～12.550	－7.800～12.550

编号	YBZ-4	YBZ-5	YBZ-6
纵筋	22⌀16	24⌀16	12⌀16
箍筋	⌀10@150/⌀10@200	⌀12@150/⌀12@200	⌀12@150
标高	－7.800～12.550	－7.800～12.550	－7.800～12.550

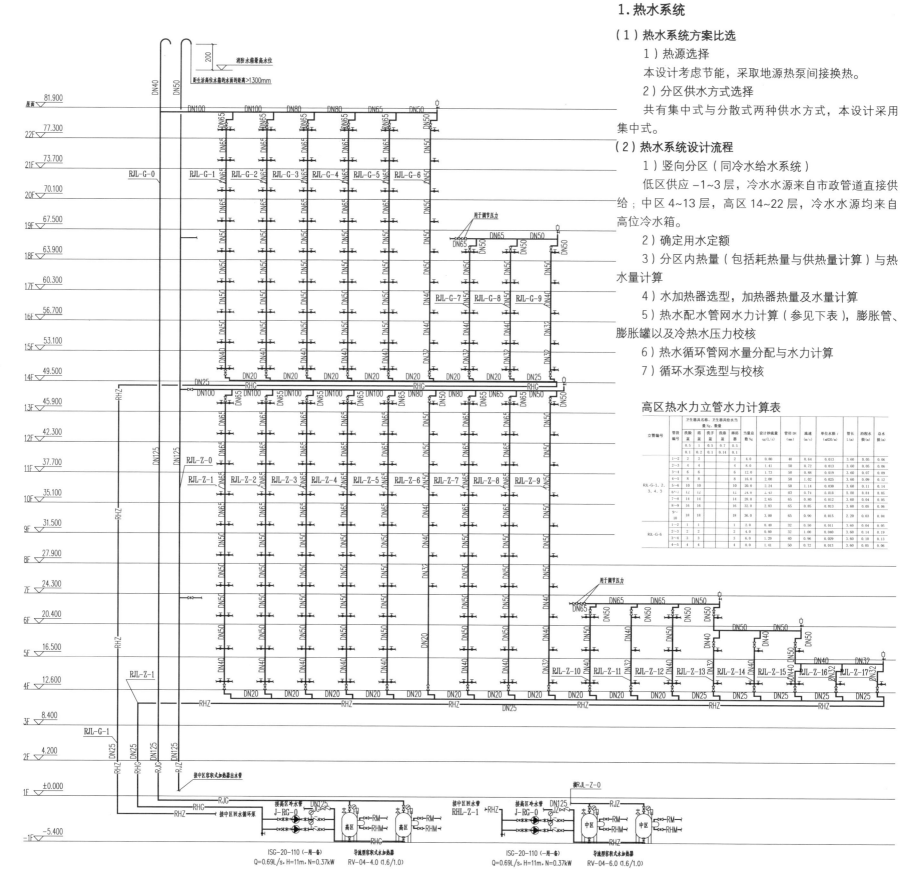

1.热水系统

（1）热水系统方案比选

1）热源选择

本设计考虑节能，采取地源热泵间接换热。

2）分区供水方式选择

共有集中式与分散式两种供水方式，本设计采用集中式。

（2）热水系统设计流程

1）竖向分区（同冷水给水系统）

低区供应 −1~3 层，冷水水源来自市政管道直接供给；中区 4~13 层，高区 14~22 层，冷水水源均来自高位冷水箱。

2）确定用水定额

3）分区内热量（包括耗热量与供热量计算）与热水量计算

4）水加热器选型，加热器热量及水量计算

5）热水配水管网水力计算（参见下表），膨胀管、膨胀罐以及冷热水压力校核

6）热水循环管网水量分配与水力计算

7）循环水泵选型与校核

高区热水力立管水力计算表

立管编号	管段编号	卫生器具名称、卫生器具给水当量、数量				当量总数 Ng	设计秒流量 qg(L/s)	管径 DN	流速 (m/s)	单位水损 i(kPa/m)	管长 L(m)	沿程水损 (m)	总水损 (m)
		洗脸盆 0.5	浴盆 0.5	洗手盆 0.7	淋浴器 0.5							
		2	2										
		0.1	0.2	0.1	0.14	0.1							
RJL-G-1、2、3、4、5	1~2	2	2			2	4.0	0.90	40	0.64	0.013	3.60	0.05	0.06
	2~3	4	4			4	8.0	1.41	50	0.72	0.013	3.60	0.05	0.06
	3~4	6	6			6	12.0	1.73	50	0.88	0.019	3.60	0.07	0.09
	4~5	8	8			8	16.0	2.00	50	1.02	0.025	3.60	0.09	0.14
	5~6	10	10			10	20.0	2.24	50	1.14	0.030	3.60	0.11	0.14
	6~7	12	12			12	24.0	2.43	63	0.74	0.010	3.60	0.04	0.06
	7~8	14	14			14	28.0	2.65	65	0.80	0.012	3.60	0.04	0.05
	8~9	16	16			16	32.0	2.83	65	0.85	0.013	3.60	0.05	0.06
	9~10	18	18			18	36.0	3.00	65	0.90	0.015	2.20	0.03	0.04
RJL-G-6	1~2	1	1			1	2.0	0.40	32	0.50	0.011	3.60	0.04	0.05
	2~3	2	2			2	4.0	0.90	32	1.00	0.040	3.60	0.14	0.19
	3~4	3	3			3	6.0	1.29	40	0.96	0.029	3.60	0.10	0.13
	4~5	4	4			4	8.0	1.41	50	0.72	0.013	3.60	0.05	0.06

2. 水源热泵系统可行性分析

御临河水温，冬季大约为 10℃，夏季为 27℃。打井渗透取水，获得较低温的地下水，在 17℃左右。取水井沿河分布，不需考虑回灌问题，取 / 排热后的空调源水可直接排入御临河中。冬季充分利用御临河的地理优势，采用水源热泵系统供热，用井水代替冷却水系统，既省去了冷却塔设备，又减少了建筑内用水量。夏季采用地下水通过板式换热器换热直供风机盘管的方式，对应采用温湿度独立控制系统，热湿分控。

3. 冷热源方案技术性比选

不同方案在技术比较时，首先要求所选机组能满足建筑冷热负荷要求，然后综合比较设备能耗、使用寿命以及运行费用。不同方案技术综合比较如下表所示。

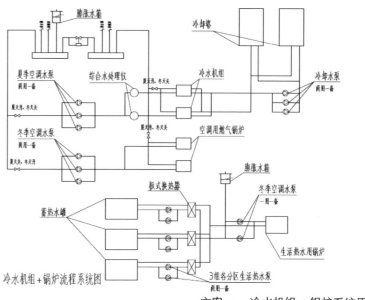

方案一：冷水机组 + 锅炉系统原理图

方案内容	优势	不足
冷水机组+燃气热水锅炉	①技术成熟、可靠；②机房占地面积较小；③投资较小；④可实现过滤季供热及全年 24 小时生活热水供热需求	①能源季节使用不平衡；②用电量大，对配电系统要求高；③不能实现单台机组供冷供热；④燃气价格风险较高；⑤要额外设置锅炉房，锅炉使用过程中会产生烟气，增加了烟气排放、处理泄爆等成本；⑥需要额外设置冷却塔及冷却水系统，冷却塔在使用过程中有大量循环水蒸气和废水排放
地表水源热泵	①运行稳定，水体温度年波动范围远小于空气，较节能，提高一次能源利用率；②属于可再生能源利用，环境效益显著；供热时省去了燃煤、气、油等锅炉房系统，供冷时省去了冷却塔；③节能，夏季水源温度远低于常规冷水机组进出水温，极大提高了空调主机的制冷系数；④一机多用，一套设备可同时满足供热、供冷、供生活热水的需要	①增加了取水及排水系统，增加了投资；②对水质有一定的要求，增加了水处理设备的投资
地下水源热泵	①地下水直供，高效节能；②地下水水质更好，减少过滤装置成本	①增加打井取水成本

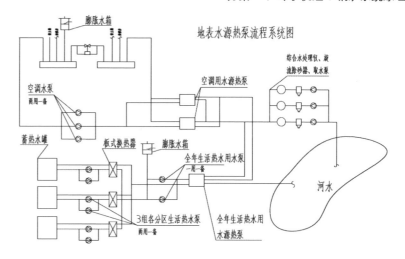

方案二：地表水源热泵

4. 冷热源方案经济性对比

与常规系统及风冷热泵系统相比，水源热泵系统初投资较高，但运行费用较少。采用静态分析方法，对比分析两种水源热泵系统与常规系统的回收年限：

计算公式为 $n=$(方案二投资费 – 方案一投资费)/(方案二运行费 – 方案一运行费)

方案三与方案一：$n=(366-326)/(175-129)=0.87$ 年

方案三与方案二：$n=(366-363)/(148-129)=0.18$ 年

通过计算可知，和常规冷热源系统相比，地下水源热泵系统的回收年限为 0.87 年，即 0.87 年以后，地下水源热泵系统就呈盈利状态；和地表水源热泵相比，地下水源热泵系统的回收期为 0.18 年。故地下水源热泵系统的回收期很短，且利用可再生能源，运行稳定，不产生烟气，经济环保。

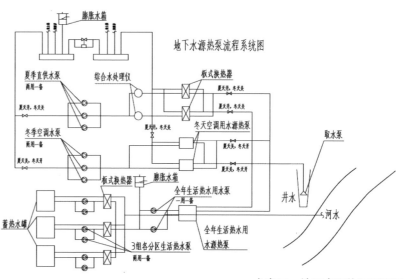

方案三：地下水源热泵原理图

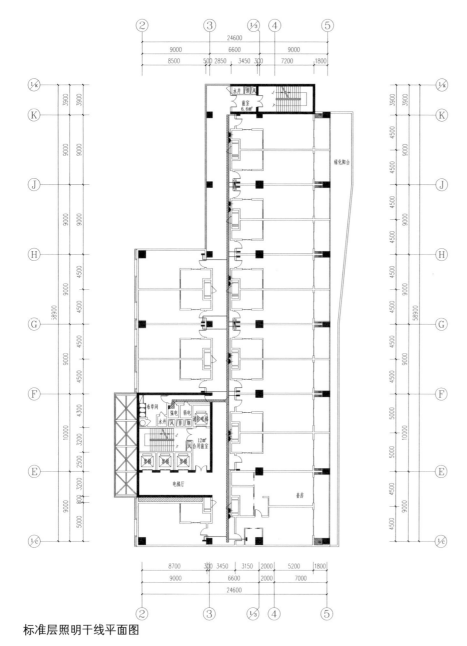

标准层照明干线平面图

5. 照明系统设计（强电）

照明方式可分为一般照明、分区一般照明、局部照明和混合照明。当仅需要提高房间内某些特定工作区的照度时，宜采用分区一般照明。局部照明宜在下列情况中采用：

1）局部需有较高的照度；

2）由于遮挡而使一般照明照射不到的某些范围；

3）视觉功能降低的人需要有较高的照度；

4）需要减少工作区的反射眩光；

5）为加强某方向光照以增强质感时。

本项目根据酒店房间功能特性采取局部照明方式。

6. 客房照明系统设计

根据各房间的不同功能相应地满足规范中要求的照明功率密度限制。廊灯接入应急供电回路，并采用 RCU 客房控制系统。

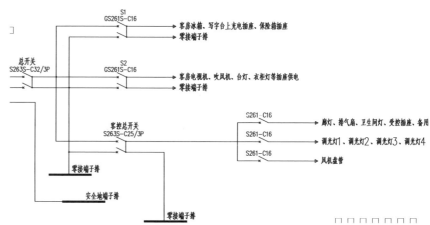

客房照明供电系统

Green Up!

——重庆市两江新区御临河精品酒店设计

项目简介

　　本方案的概念源于多需求空间的复合性与矛盾性。我们通过对大区位到当地周边资源、需求的分析，确定人群构成与需求。我们在满足他们的一般性需求的前提下结合场地的观景参与性需求，确定了建筑的功能组合，并且在功能中穿插多种景观参与空间，突破空间内外分界，把绿意引入建筑，使得整个建筑可对外观景，对内嬉景。同时，项目在结构、暖通、给水排水、弱电等方面都有相应的配合,尝试实现从一个"概念"方案到"实际"方案的过渡。

团队构成

建筑 ——————— 米锋霖 岑枫红 张侃 ———————

土木 ——————— 曾淇 韩宜航 李林波 ———————

给水排水 ——— 罗宇翔 ——————————————————

暖通 ——————— 姜煦东 ——————————————————

电气 ——————— 韩嘉强 ——————————————————

建管 ——————— 曹小刚 罗梓俊 周文杰 ———————

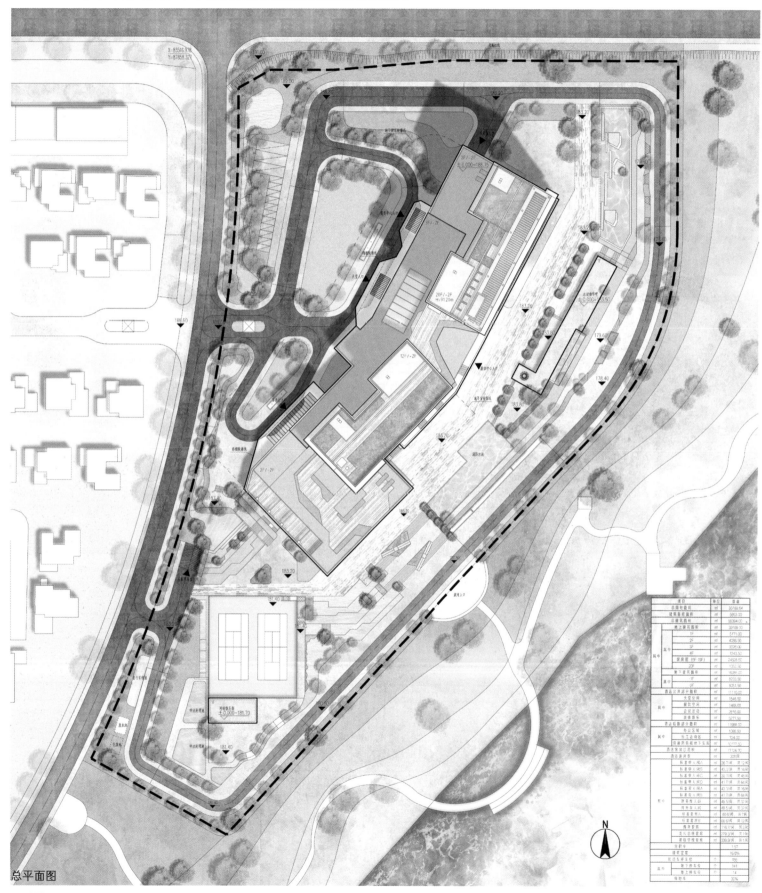

总平面图

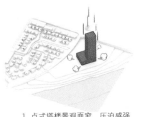

1.点式塔楼景观面窄，压迫感强

1.中部架空

3.逐级退台，优化阴影区

3.挑台环境

2.板式高层，沿河接受最大景观面

2.绿化台阶

4.体量分割，打通风廊与视线

4.空中连廊

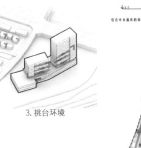

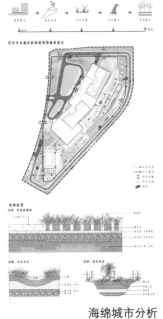

形体演化　　　　　海绵城市分析　　　　　景观设计分析

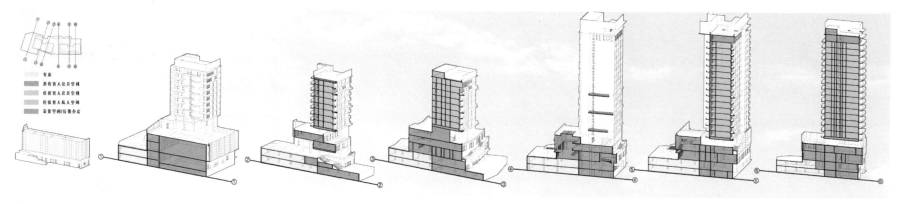

功能属性分析

建筑剖透视图

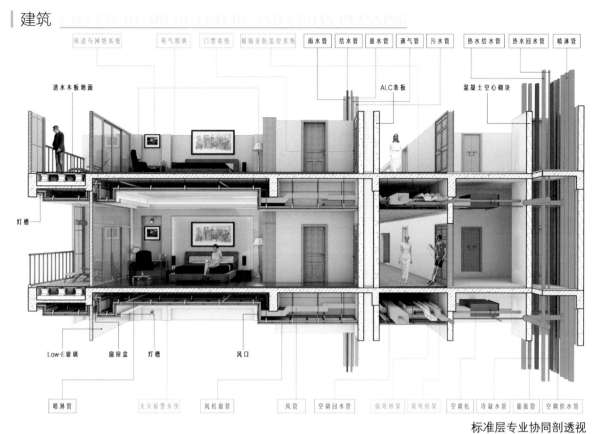

电话与网络系统　电气照明　门禁系统　视频安防监控系统　雨水管　给水管　废水管　通气管　污水管　热水给水管　热水回水管　喷淋管

透水木板地面

ALC条板

混凝土空心砌块

灯槽

Low-E玻璃　窗帘盒　灯槽　风口

喷淋管　火灾报警系统　风机盘管　风管　空调回水管　强电桥架　弱电桥架　空调机　冷凝水管　膨胀管　空调供水管

标准层专业协同剖透视

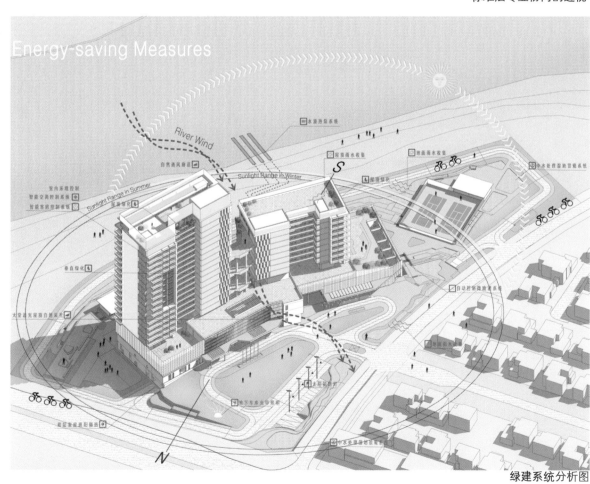

Energy-saving Measures

River Wind

Sunlight Range in Winter

Sunlight Range in Summer

水源热泵系统

地面雨水收集

中水处理湿地景观系统

自然通风廊道

屋顶雨水收集

屋顶绿化

室内环境控制

智能空调控制系统

智能窗帘控制系统

垂直绿化

太阳能光伏板自遮阳光伏

太阳能热水

地下车库自然采光

庭院景观遮阳降温

自动控制遮阳百叶

地面透水铺装

S

N

绿建系统分析图

一层平面图

3 号筒体负一层平面详图

通风井剖面详图

干挂石材女儿墙节点详图

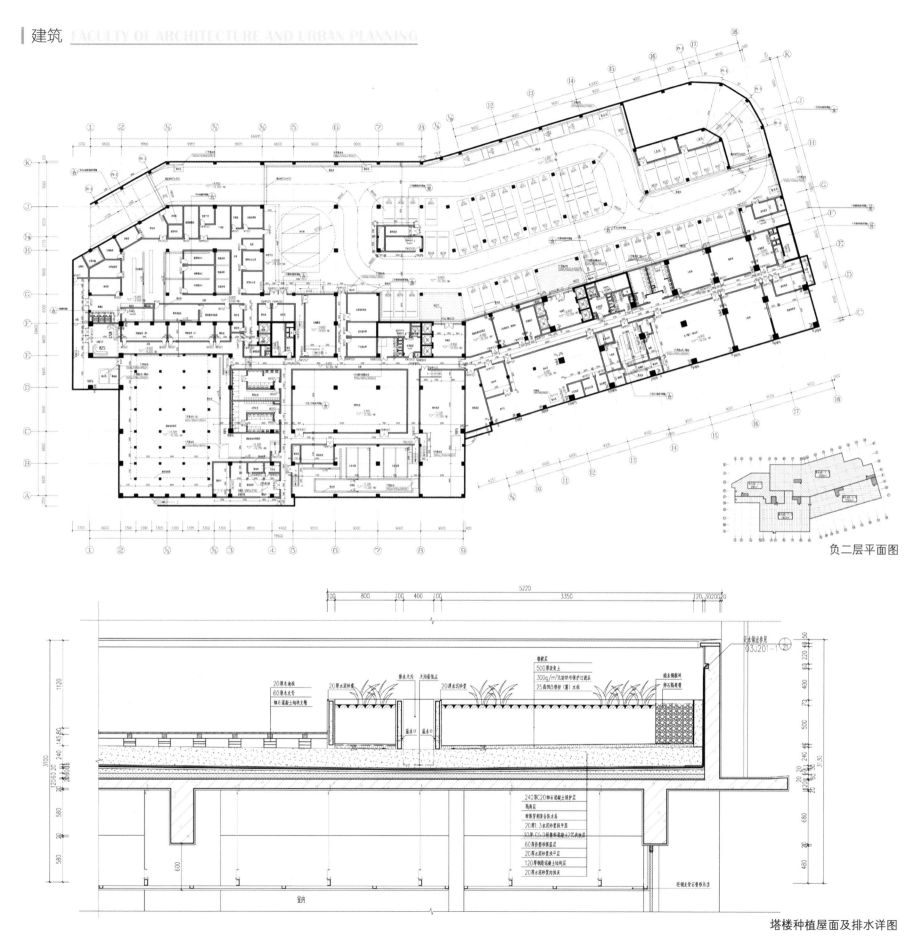

负二层平面图

塔楼种植屋面及排水详图

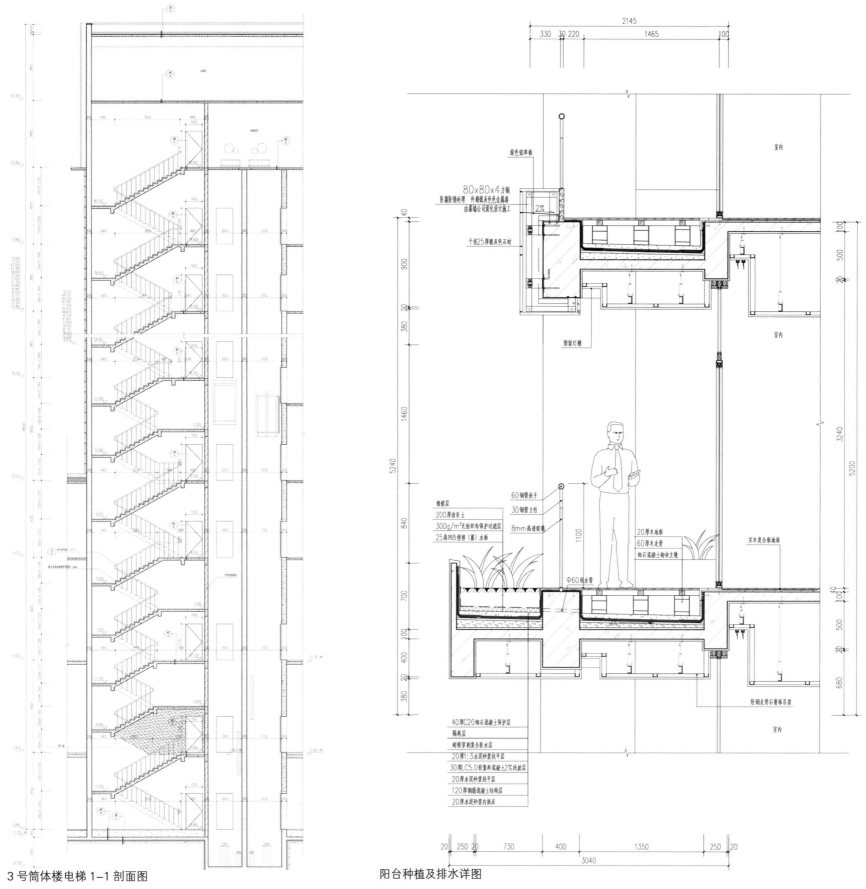

80×80×4方钢
防腐防锈处理 外刷银灰色金属漆
由幕墙公司深化设计施工

干挂25厚银灰色石材

蓝色铝单板

2%

预留灯槽

室内

室内

植模层
200厚成质土
300g/m³无纺织布保护过滤层
25高回凸型排（蓄）水板

60钢管扶手
30钢管立柱
8mm高透玻璃

1100

Φ60雨水管

20厚木地板
60厚木龙骨
细石混凝土砌块支墩

实木复合板地面

轻钢龙骨石膏板吊顶

室内

40厚C20细石混凝土保护层
隔离层
耐根穿刺复合防水层
20厚1:3水泥砂浆找平层
30厚LC5.0轻集料混凝土2%找坡层
20厚水泥砂浆找平层
120厚钢筋混凝土结构层
20厚水泥砂室内抹灰

3号筒体楼电梯1-1剖面图

阳台种植及排水详图

1.荷载计算

（1）楼面活荷载

序号	荷载类别		标准值(kN/m²)	备　注
1	卫生间		2.5	
2	门厅、走廊	旅馆	2.0	
		餐厅	2.5	
		可能出现人员密集的情况	3.5	
3	楼梯		3.5	
4	客房卧室		2.0	
5	不上人屋面		0.5	
6	上人屋面		2.0	
7	阳台		2.5	
8	厨房、健身房		4.0	
9	餐厅		2.5	
10	贮藏室		5.0	
11	机房		7.0	
12	办公室、会议室		2.0	
13	前厅		2.0	
14	布草间		2.0	
15	更衣房		2.0	
				未列项目见现行规范、规程及标准的荷载

（2）楼面恒荷载

普通楼板（地毯）： 4.8 kN/m²

普通楼板（地砖）： 5.4 kN/m²

大理石楼板： 2.6 kN/m²

环氧砂浆面层： 2.75 kN/m²

卫生间防滑地砖面层： 2.2 kN/m²

种植屋面（500mm 厚改良土）：9.7 kN/m²

种植屋面（200mm 厚改良土）：6.7 kN/m²

木质架空屋面： 5.5 kN/m²

内墙（200mm 厚 ALC 板）： 2.38 kN/m²

外墙（200mm 厚空心砌块）： 3.28 kN/m²

卫生间（页岩空心砖）： 2.14 kN/m²

女儿墙（200mm 厚 1.1m 高）：5.5 kN/m²

玻璃幕墙： 1.8 kN/m²

钢框玻璃门： 0.45 kN/m²

以种植屋面（500mm 厚改良土）为例给出详细计算步骤：

	材料	厚度(mm)	容重(kN/m³)	重量(kN/m²)
1	改良土以及植被层	500	10	5
2	200g/m² 无纺布过滤层	–	–	0.002
3	高凹凸型排水板（塑料）	25	–	–（忽略）
4	C20 混凝土保护层	40	25	1.0
5	隔离层	–	–	0.05
6	耐根穿刺复合防水层	–	–	0.05
7	1:3 水泥砂浆找平层	20	20	0.4
8	LC5.6 轻集料 2%找坡层	125（平均）	19	2.375
9	挤塑板保温层	60	0.5	0.03
10	隔汽层	3	–	–（忽略）
11	1:3 水泥砂浆找平层	20	20	0.4
12	结构层	120	25	软件计算
13	1:3 水泥砂浆抹灰	20	20	0.4
	小计			9.7

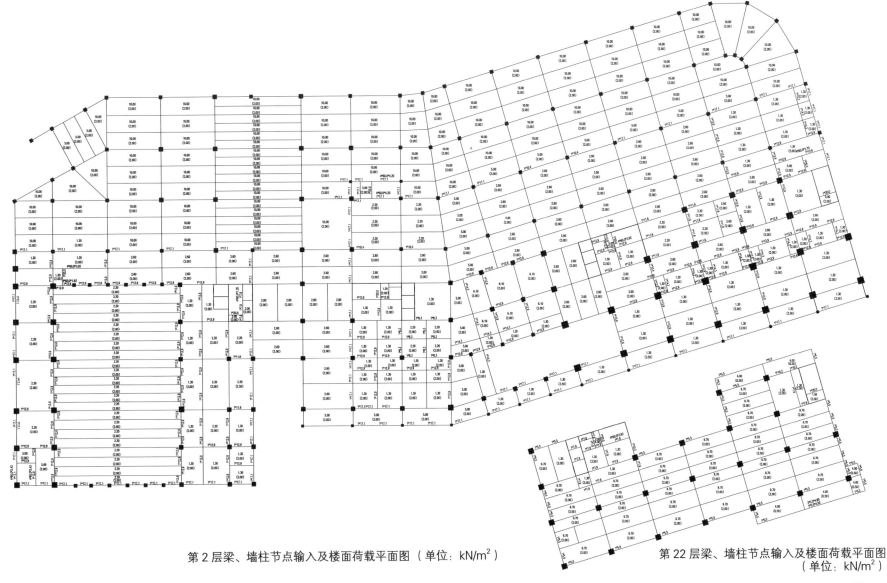

第 2 层梁、墙柱节点输入及楼面荷载平面图（单位：kN/m²）

第 22 层梁、墙柱节点输入及楼面荷载平面图（单位：kN/m²）

2. 消火栓给水系统设计流程

（1）室内消防水量计算

本设计一次灭火用水量为 980m³，此即为消防水池容量，以此确定消防水池池底标高及所需面积（注：消防水池池底标高距扑救点标高不超过 6m）。

（2）高位水箱容量

根据建筑性质与高度确定高位水箱容量，计算最不利点静水压力，确定是否设稳压泵；向建筑提出占用屋面面积与标高需求。

3. 消火栓给水系统设计计算

（1）竖向分区（以本建筑为例）

高区：14F~20F；低区：-2F~13F

减压阀设置在 -2F，采用可调式减压阀（阀前设过滤器）。

（2）消火栓管道水力计算（参见下表）

（3）室内消火栓泵选择

经计算，选用型号为 DL150×6 立式多级分段式离心泵，流量 35~55.6L/s，扬程 138~162m，电机功率 110kW，一用一备。

（4）消火栓箱选型

（5）室外消火栓和水泵接合器的选择

（6）根据设备选型计算与校核水表表头损失

消火栓给水系统配管水力计算表

计算管段	设计秒流量 q(L/s)	管长L (m)	DN(mm)	流速 V(m/s)	坡度 (1000i)	沿程＋局部头损失 h（m）	节点压力 (mH₂0)
1-2	22.17	—	150	1.22	—	—	
2							56.15
2-3	22.17	10.6	150	1.22	18.17	0.23	
3							56.38
3-4	44.34	10.5	200	1.48	19.43	0.24	
4							56.63
4-5	58.71	189.6	200	1.97	34.06	7.75	
5							128.78

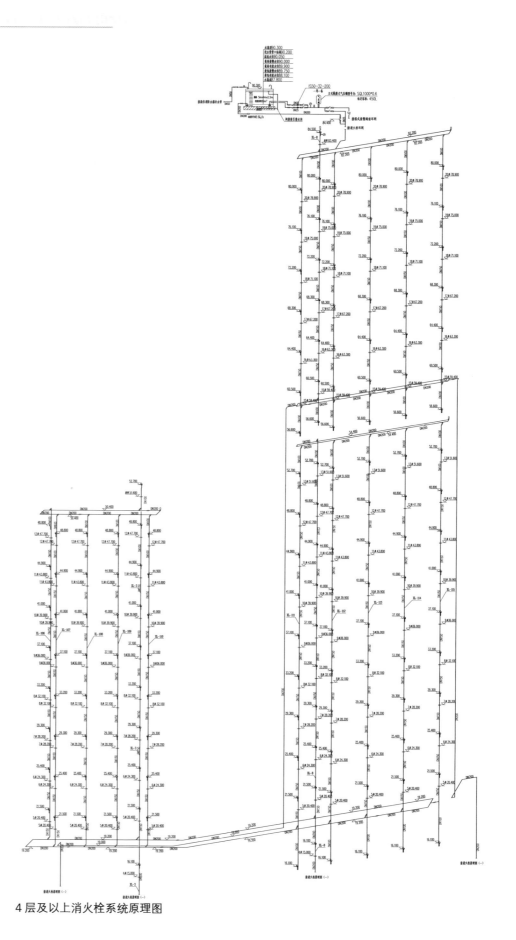

4 层及以上消火栓系统原理图

4. 防烟系统

　　4 个地下楼梯间，4 个地上楼梯间，2 个合用前室，均设置机械加压送风系统，计算加压送风量，并与规范表格对比计算送风量。

　　前室无外窗，需要设置加压送风系统。地下部分对楼梯间加压送风，则前室可不送风，但合用前室需要送风。封闭楼梯间需要单独加压送风。1 号防烟楼梯间地下部分加压送风系统编号为 JS-B1-1，地上部分加压送风系统编号为 JS-1-1；4 号防烟楼梯间地下部分 JS-B4-1；5 号楼梯间地下部分 JS-B2-1。1 号防烟楼梯间合用前室 JS-WD-1，2 号防烟楼梯间前室 JS-WD-2，3 号防烟楼梯间前室 JS-TL-3,5 号楼梯间前室 JS-B2-2。

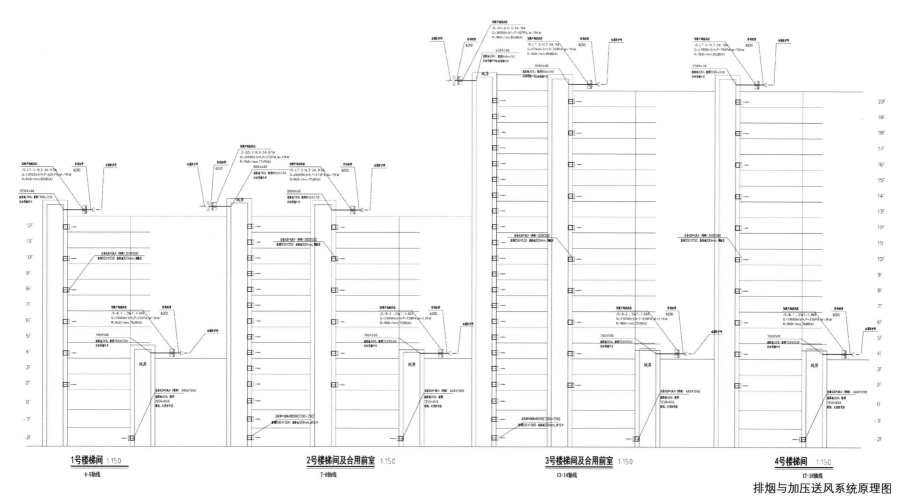

| 1号楼梯间 1:150 | 2号楼梯间及合用前室 1:150 | 3号楼梯间及合用前室 1:150 | 4号楼梯间 1:150 |
| 4-5轴线 | 7-8轴线 | 13-14轴线 | 17-18轴线 |

排烟与加压送风系统原理图

5. 公共安全系统设计

（1）视频安防监控系统设计

视频安防监控系统是指民用建筑中用于防盗、防灾、查询、访客、监控等的闭路电视系统。它的特点是以电缆或光缆的方式在特定范围内传输图像信号，达到远距离监视的目的。视频安防监控系统包括前端设备、传输设备、处理／控制设备和记录／显示设备四部分。

在本次的设计中，在走道设置枪式彩色摄像机，走道拐角等处设置带云台的枪式彩色摄像机；出入口、服务台等固定监控区域设置半球型彩色摄像机；门厅、大堂等大空间设置全球型彩色摄像机；电梯设置针孔式彩色摄像机；室外泳池以及酒店园区内设置带防护罩的室外球型彩色摄像机。

（2）门禁系统设计

出入口控制系统主要由识读部分、传输部分、管理／控制部分和执行部分以及相应的系统软件组成。系统有多种构建模式，可以根据系统规模、现场情况、安全管理要求等进行合理选择。本次设计中结合建筑需求和规范要求，在负二层后厨区主要入口以及一层客房电梯、贵重物品保管室、银器储藏间等重要房间及功能区域设置了出入口控制装置。

（3）入侵报警系统设计

入侵报警系统是综合应用电子传感（探测）、有线／无线通信、显示记录、计算机网络、系统集成等技术，配置相关设备，构成配套的入侵探测报警应用系统。

在本次设计中，仅对负二层银器储藏间、负一层现金保管室和贵重物品保管室进行系统设计，且这些房间邻近保安室，故采用分线制模式。

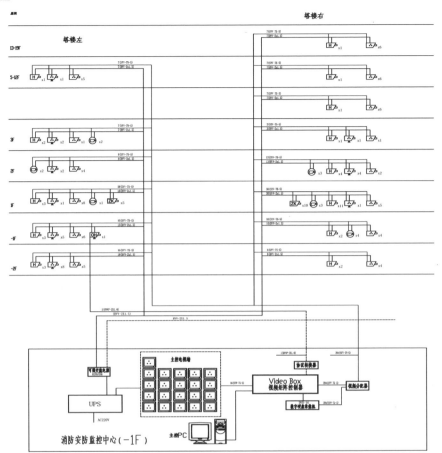

视频监控系统图

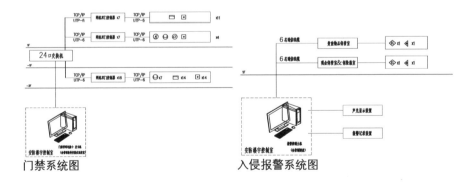

门禁系统图　　　　　入侵报警系统图

调研成果

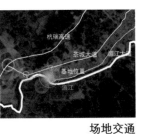

场地交通

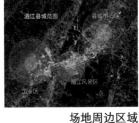

场地周边区域

交通分析

内部交通

景观资源

景观视线

逐日温度分析

逐时直射辐射分析

逐时相对湿度分析

定义地标性地块

湄江县城中心区域，对周围辐射式影响，重新定义地块，带动城市经济。

建立生态城市

经济效益与可持续发展并重，生态空间提高酒店空间品质，生态开发。

传统文化的传承发扬

结合当地茶产业，以茶文化为载体，归生发展出茶主体的为特点的酒店经营模式与空间特色，带动旅游度假产业。

积极发展旅游经济

结合当地温泉度假的自然条件，营造度假酒店氛围，完善娱乐功能，吸引人群，逐步开发。

背景与策略

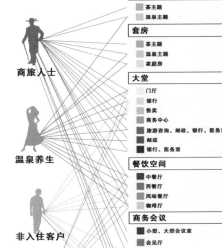

周边同类项目

功能策划

湄江温泉酒店项目可行性研究报告（节选）

1.项目前期调研

（1）旅游住宿需求调查结果及预测

1998~2008 年，我国星级酒店的总体规模呈持续快速上涨态势，年均增长率达 20.12%，其中 2000 年增长最快，增长率高达 56%。2004 年，星级酒店总数突破 1 万家，2008 年星级酒店数量是 1998 年的 5.12 倍。近年来，我国酒店行业经营整体较低迷，星级酒店数量逐年减少，收入增长乏力。截至 2016 年第二季度，全国星级酒店数量为 10741 家，同比减少 4.8%，数量为近 5 年来最低水平；实现营业收入 500.23 亿元，同比减少 2.7%，季度营业收入长期徘徊于 500 亿元水平，缺乏增长动力。但近年来，随着湄潭县旅游市场和商贸市场的不断成熟，湄潭县酒店行业搭上了发展的快车，2016 年湄潭县酒店新增客房数 1800 余间，新增床位数 2900 多个。目前，该县共有客房 3823 间，床位 6020 个。湄潭县按照四星级和五星级标准打造的国际温泉度假城酒店、天壶国际大酒店、仙谷山寻梦山居酒店、兰江大酒店相继投入使用，新增房间 582 间，床位 872 个。通途大酒店、象山茶文化主题酒店、龙泉山森林公园酒店等也在加紧建设，将新增房间 658 间，床位 1088 余个。湄潭县的酒店打造已经成为适应其经济发展的一个趋势，根据满足旅客住宿需求和住宿设施适当超前的原则，到 2018 年，湄潭县星级宾馆住宿床位需求总量将增加到 9000 张。湄潭县高星级酒店越来越多，市场竞争也越来越激烈。

（2）旅游住宿需求调查结果及预测（图1）

2.项目建设必要性

（1）是推动湄潭县经济发展战略的需要

据《湄潭县县城总体规划（2010~2030 年）》，湄潭县以城市的需求为导向，面向城市服务，充分利用城市资本和技术，大力发展茶叶、优质大米、油菜等经济作物，促进传统农业向现代生态农业转型。走新型工业化道路，以茶叶加工、优质米加工、油料加工、医药加工、酿酒加工等绿色产品加工为主体，优化改造传统工业，积极发展循环经济，调整优化工业布局，培育具有竞争优势的产业集群，推动工业战略性升级，促进工业经济持续、快速、协调、健康发展。同时优化和提升服务业，加快服务业向第一、二产业的渗透，重点培育和发展为绿色食品交易、建材加工服务的商贸、物流、金融、信息咨询、会展等服务业，大力发展生态旅游业。三大产业发展带来的人流输入，不仅极大地增加了对酒店项目的需求，同时也是湄潭县经济发展的重要推动力。

（2）是实施行业精品战略，进行结构调整的需要

湄潭县高度重视精品酒店建设，现有五家四星级以上酒店，但现有酒店格局、规模较小，酒店数量相较于旅游、商务人士的需求来说还不够高。据统计，湄潭县 2016 年中秋节期间，客房平均入住率达 95.5%；春节期间旅游人次达 9.8 万，星级酒店出租率达 90%；清明节期间旅游人次达 22 万，星级酒店出租率达 100%；端午节期间接待旅游人次达 7.3 万，星级酒店出租率达 90%，中秋节期间旅游人次达 6.76 万，星级酒店出租率达 90%。2017 年春节期间湄潭县旅游人次达 17.78 万，星级酒店出租率达 100%。湄潭县现有酒店接待能力已远远不能适应湄潭县社会经济不断发展的要求，与市内部分县相比，酒店宾馆建设稍显落后。

（3）是进一步推动对外开放，拉动经济增长的需要

近年来，湄潭县旅游业迅速发展，加上湄潭县在"三环八射"中的优势，湄潭茶城的打造，外来人口逐渐增多，高星级酒店的建设是符合当下市场需求的。本项目的建设，使生态旅游的配套设施发展得到完善，兴旺的旅游业以及茶产业带来频繁的商务流通，为湄潭县酒店业提供了充分的发展机遇。建设、管理、服务、设施一流的高星级酒店对旅游业、商业的进一步发展也会起到相应的推动作用。

3.湄潭县酒店市场分析

（1）酒店分布（对主要高星级酒店进行统计得表1）

该项目主要的潜在竞争对手：天壶国际大酒店和湄潭兰江大酒店两家五星级酒店和国际温泉大酒店一个四星级酒店。分布如图2所示。

（2）经营状况（图3）
（3）主要竞争酒店优劣分析（表2）
（4）客户群体

湄潭天壶大酒店的客户主要是旅游散客，他们以度假为目的、以家庭为单位；湄潭兰江大酒店以度假游客、商旅人士为主；湄潭国际温泉大酒店以温泉养生客户和度假游客为主；寻梦山居酒店则面向度假游客、旅游散客、商旅人士等。

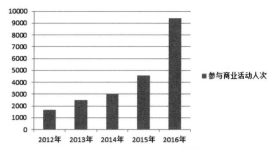

图1 近五年湄潭县参与商业活动人次柱形图

图2 项目潜在竞争对手分布图

表1

酒店	定位	具体位置
湄潭天壶国际大酒店	休闲度假	塔坪街枫香湾大桥旁，近天壶公园
湄潭湄江山水酒店	商务出行	双拥路，湄江派出所斜对面
湄潭兰江大酒店	休闲度假,商务出行	象山路1号，近象山公园
湄潭国际温泉大酒店	温泉酒店	湄江镇国际温泉城，近326国道
湄潭寻梦山居酒店	休闲度假	鱼泉镇仙谷山，360县道
湄潭滨江驿站主题酒店	特色主题	天文大道滨江豪苑一号楼，工商银行正对面
湄潭驰炫名车主题酒店	特色主题	湄潭县六十米大道中段江南驾校旁

表2

酒店	客户体验	
	优势	劣势
湄潭天壶国际大酒店	硬件设施五星级标准，房间都配有阳台，局部设置有感应灯具，绿色环保，健身娱乐设施很齐全	酒店自己运营，服务不到五星要求，商务接待能力稍弱
湄潭兰江大酒店	安静，有着四星级的服务，装修独特，价格实惠	地理位置较偏，房间设备没达到该酒店星级要求，房间隔声效果差
湄潭国际温泉大酒店	温泉很有特色，交通方便，有一定的商务接待能力	隔声效果成以外，房间设施有点老旧，服务不够贴心，WIFI效果很差
寻梦山居酒店	安静，环境优美，健身娱乐设施齐全	无商务接待能力，餐饮接待能力不达标，隔声效果太差，管理不完善，交通不方便

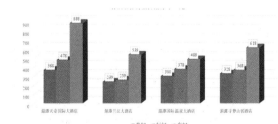

图3 项目潜在竞争酒店各房型价格分布（元）

水岸山居

——遵义市湄潭县湄江温泉大酒店设计

项目简介

　　该方案基于对资源条件、文脉背景的综合分析，采取以自然条件为导向的设计策略，提出了"水岸山居"的概念意象。客房部分的设计充分响应观景和休闲度假的需求，保证了客房空间配置的多样化与梯度差异，能够充分满足不同客户群体的需要；公共部分的设计则积极纳入本地文化要素，如茶海、温泉等，同时在对酒店多向运营的考虑基础上进行合理配置，打造了茶种植园、花园餐厅、商务会议等多功能服务空间。

　　此外，设计过程中充分重视其他专业的设计主动性，将技术手段作为空间设计的重要依据和推动力，兼顾方案的美学意义与生态诉求，因而也体现了对全周期绿色建筑设计理念的积极回应。

团队构成

建筑 ——— 姜黎明 万融 徐焕昌 ———————————

土木 ——— 甯家飞 王旭彤 郑琦 ———————————

给水排水 —— 胡彦婷 ————————————————

暖通 ——— 汪文倩 ————————————————

电气 ——— 简子尼润 ———————————————

环境 ——— 吴从越 ————————————————

建管 ——— 强宇泽 刘尚昂 郭应平 ———————————

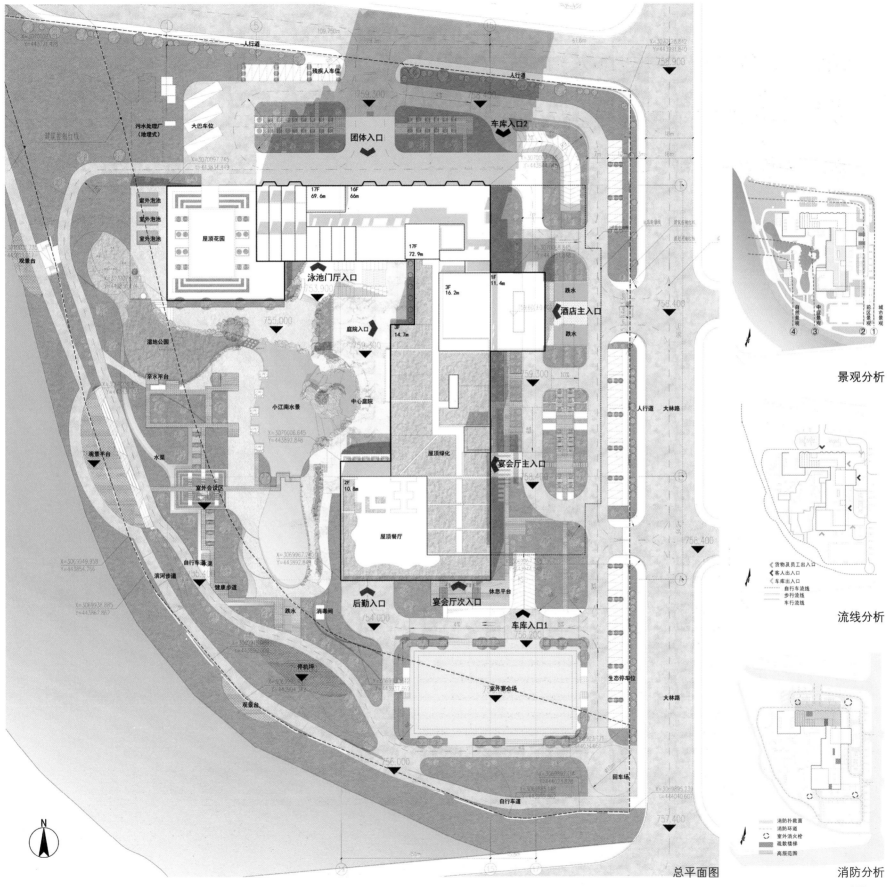

景观分析

流线分析

消防分析

总平面图

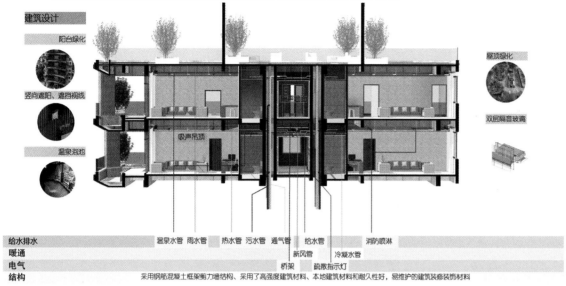

建筑设计

阳台绿化

竖向遮阳、遮挡视线

吸声吊顶

温泉泡池

屋顶绿化

双层隔音玻璃

给水排水	温泉水管 雨水管	热水管 污水管 通气管	给水管	消防喷淋
暖通		新风管	冷凝水管	
电气		桥架 疏散指示灯		
结构	采用钢筋混凝土框架剪力墙结构、采用了高强度建筑材料、本地建筑材料和耐久性好,易维护的建筑装修装饰材料			

客房专业协同剖透视

建筑剖透视图

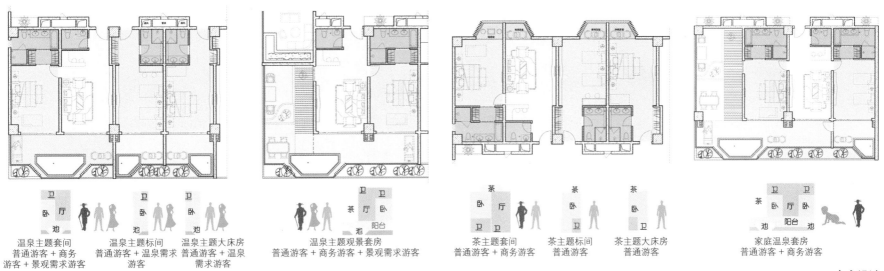

温泉主题套间
普通游客＋商务
游客＋景观需求游客

温泉主题标间
普通游客＋温泉需求
游客

温泉主题大床房
普通游客＋温泉
需求游客

温泉主题观景套房
普通游客＋商务游客＋景观需求游客

茶主题套间
普通游客＋商务游客

茶主题标间
普通游客＋商务游客

茶主题大床房
普通游客

家庭温泉套房
普通游客＋商务游客

客房设计

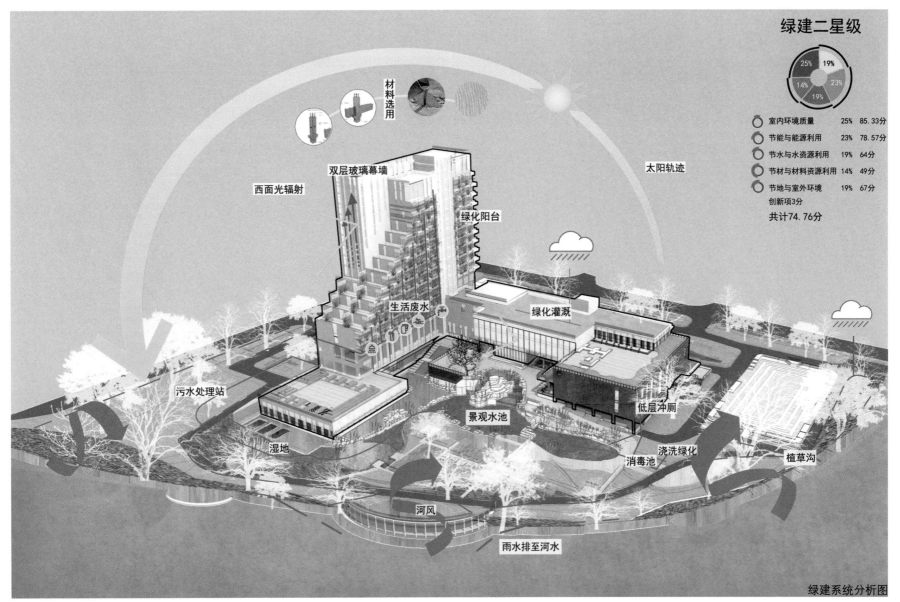

绿建二星级

25%	19%	
14%	23%	
	19%	

室内环境质量　　　　25%　85.33分
节能与能源利用　　　23%　78.57分
节水与水资源利用　　19%　64分
节材与材料资源利用　14%　49分
节地与室外环境　　　19%　67分
创新项3分
共计74.76分

材料选用

双层玻璃幕墙

西面光辐射

绿化阳台

太阳轨迹

生活废水

绿化灌溉

污水处理站

景观水池

低层冲厕

湿地

浇洗绿化

植草沟

消毒池

河风

雨水排至河水

绿建系统分析图

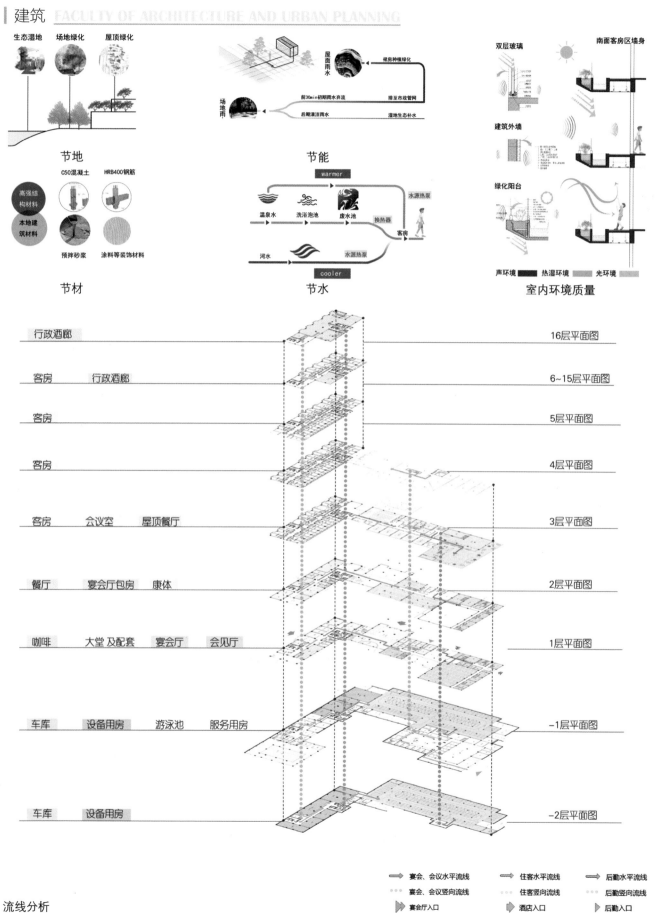

生态湿地　场地绿化　屋顶绿化

节地

节材

C50混凝土　HRB400钢筋

高强结构材料

本地建筑材料

预拌砂浆　涂料等装饰材料

屋面种植绿化

屋面雨水

裙房种植绿化

前30min初期雨水弃流　排至市政管网

场地雨水

后期清洁雨水　湿地生态补水

节能

节水

warmer

温泉水　洗浴泡池　废水池　换热器　水源热泵

客房

河水　水源热泵

cooler

双层玻璃

南面客房区墙身

建筑外墙

绿化阳台

声环境　热湿环境　光环境

室内环境质量

行政酒廊　　　　　　　　　　　　　　　　　　　16层平面图

客房　　行政酒廊　　　　　　　　　　　　　　　6~15层平面图

客房　　　　　　　　　　　　　　　　　　　　　5层平面图

客房　　　　　　　　　　　　　　　　　　　　　4层平面图

客房　　会议空　屋顶餐厅　　　　　　　　　　　3层平面图

餐厅　　宴会厅包房　康体　　　　　　　　　　　2层平面图

咖啡　大堂及配套　宴会厅　会见厅　　　　　　　1层平面图

车库　设备用房　游泳池　服务用房　　　　　　　-1层平面图

车库　设备用房　　　　　　　　　　　　　　　　-2层平面图

宴会、会议水平流线　　住客水平流线　　后勤水平流线

宴会、会议竖向流线　　住客竖向流线　　后勤竖向流线

宴会厅入口　　酒店入口　　后勤入口

流线分析

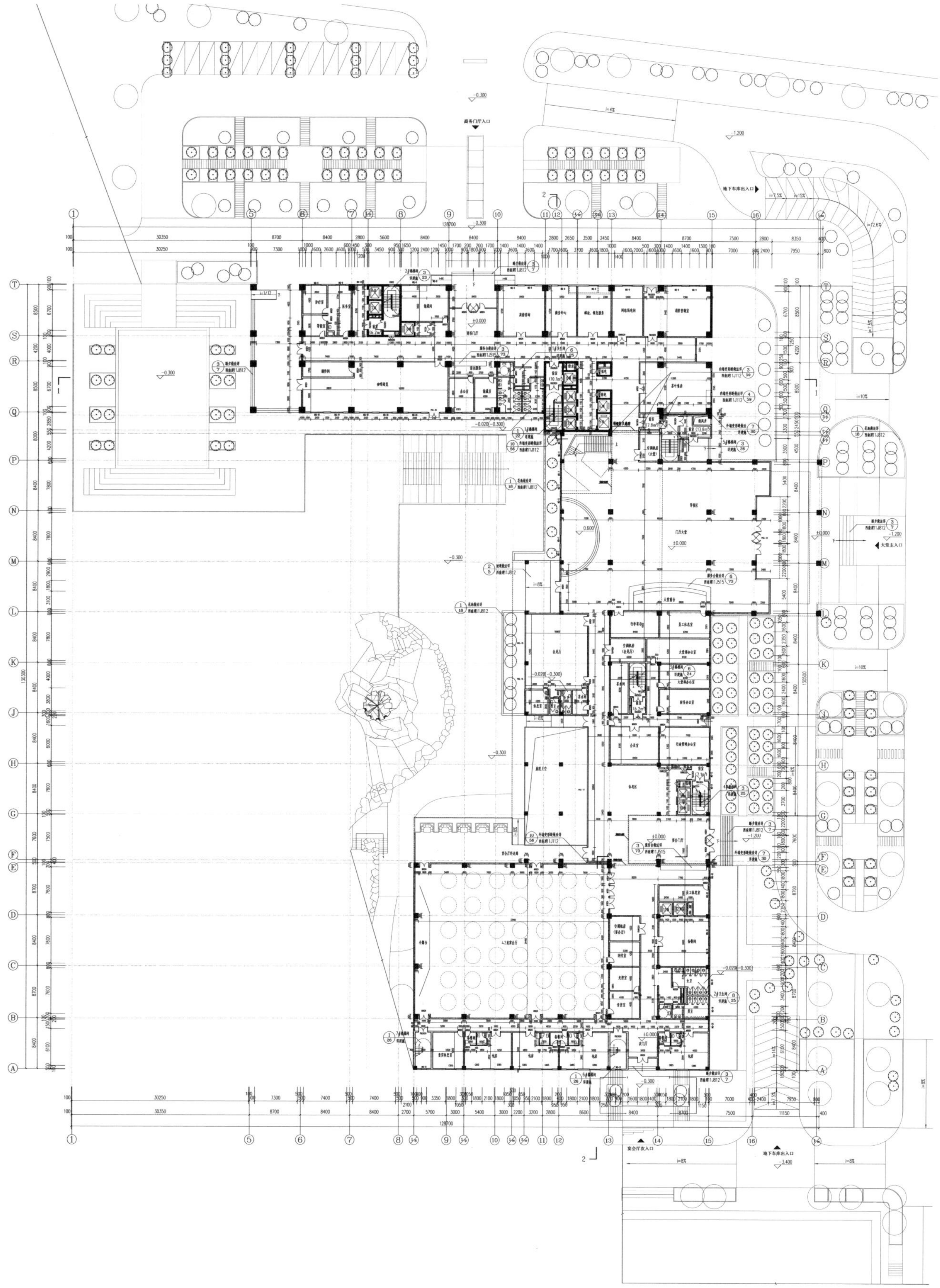

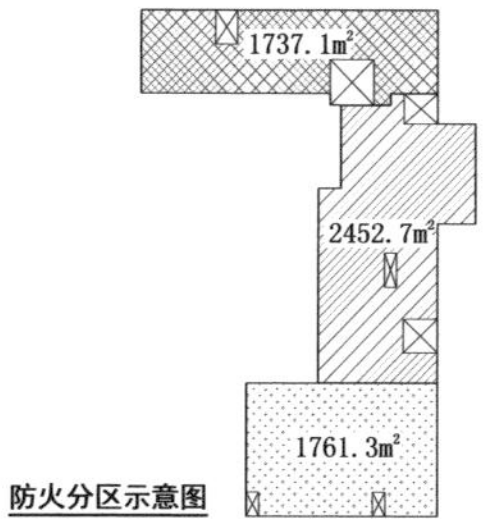

防火分区示意图

1737.1m²

2452.7m²

1761.3m²

防火分区示意图

N

一层平面图

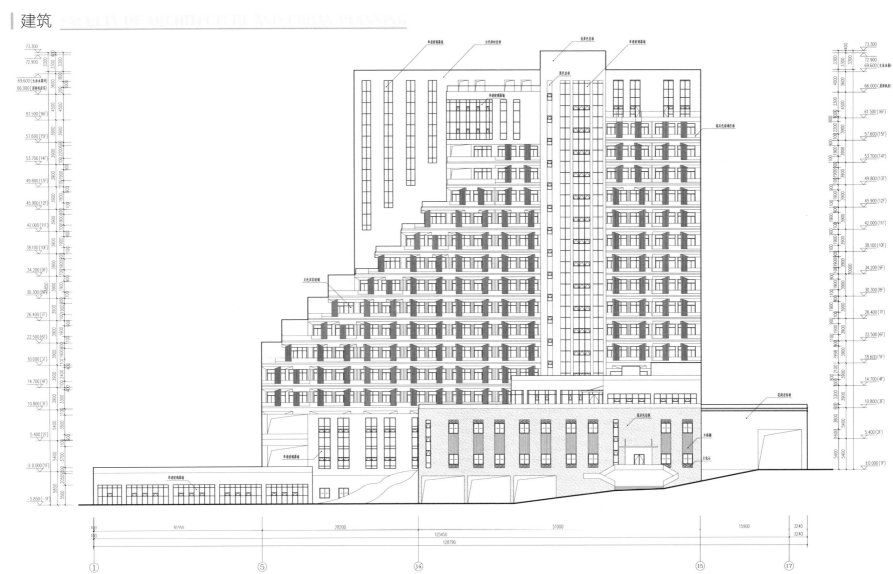

南立面图

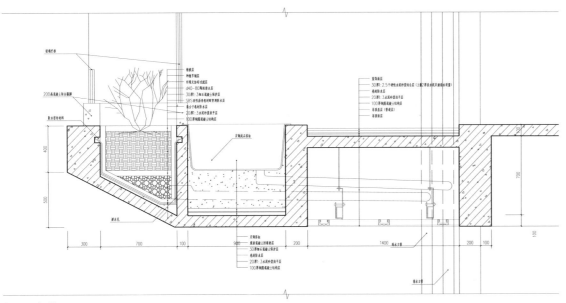

种植阳台详图

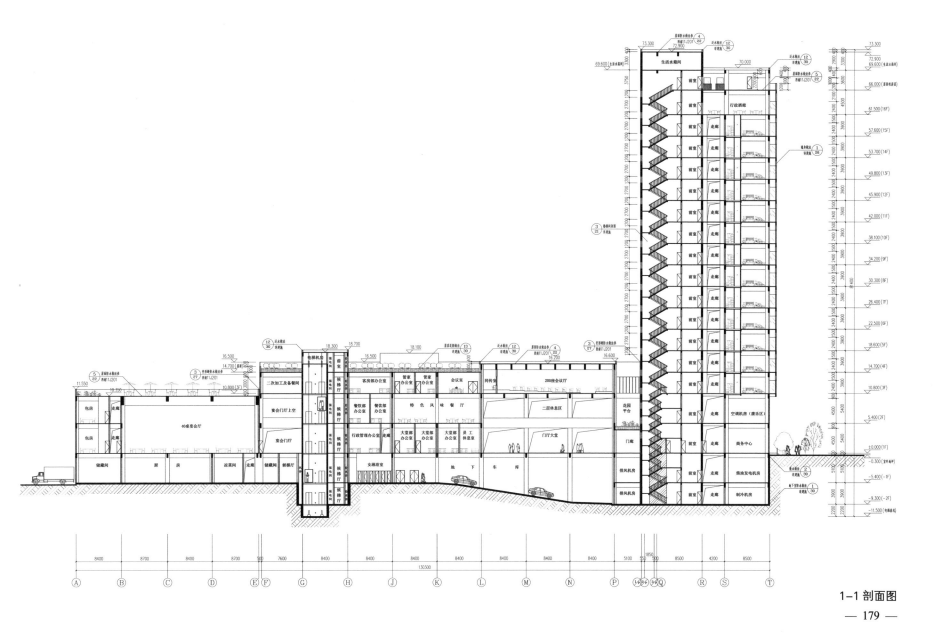

1-1 剖面图

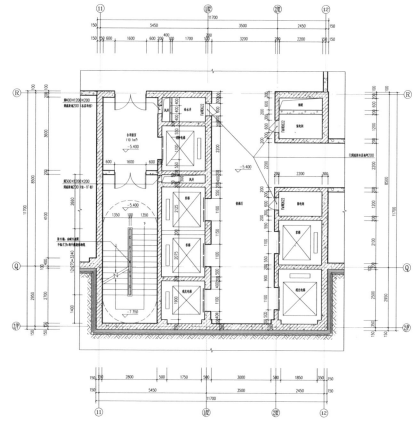

1 号交通核 -1F 平面详图

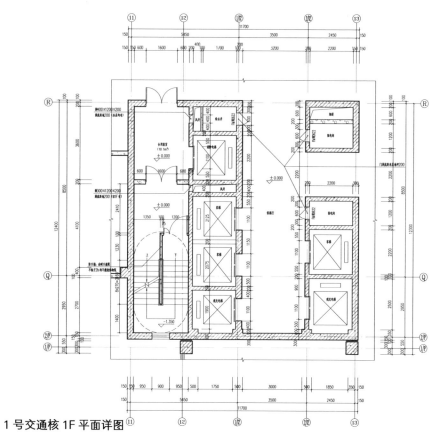

1 号交通核 1F 平面详图

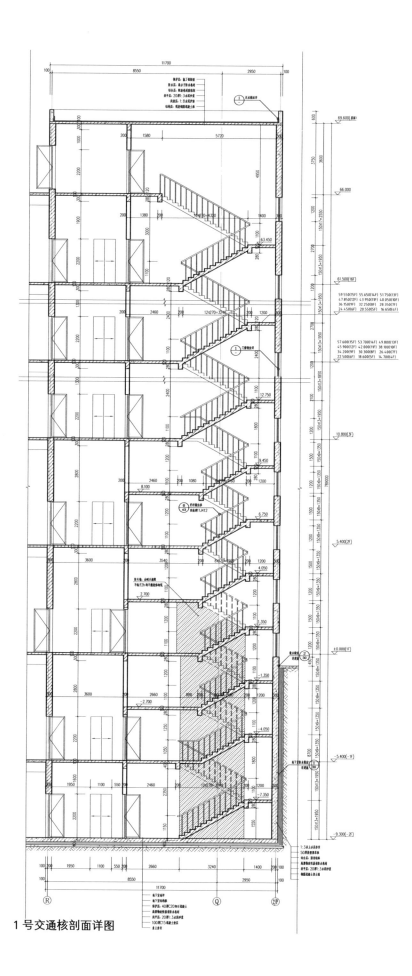

1 号交通核剖面详图

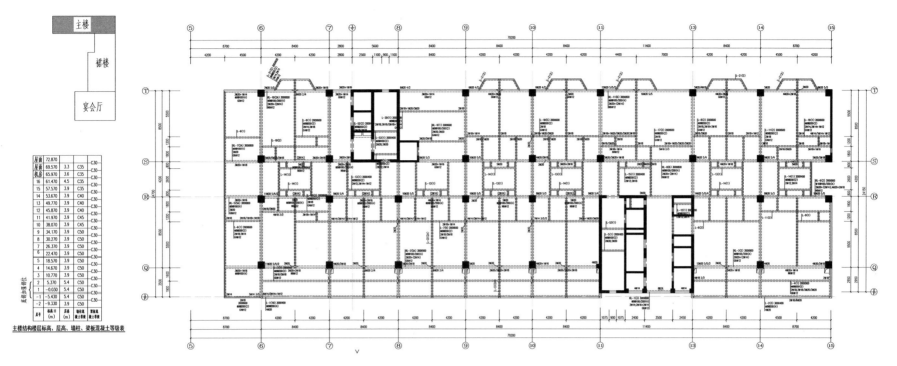

主楼结构楼层标高、层高、墙柱、梁板混凝土等级表

层次	标高 H (m)	层高 (m)	墙柱	梁板
层面	72.870			
层面	69.570	3.3	C35	C30
机房	65.970	3.6	C35	C30
16	61.470	4.5	C35	C30
15	57.570	3.9	C35	C30
14	53.670	3.9	C40	C30
13	49.770	3.9	C40	C30
12	45.870	3.9	C45	C30
11	41.970	3.9	C45	C30
10	38.070	3.9	C45	C30
9	34.170	3.9	C50	C30
8	30.270	3.9	C50	C30
7	26.370	3.9	C50	C30
6	22.470	3.9	C50	C30
5	18.570	3.9	C50	C30
4	14.670	3.9	C50	C30
3	10.770	3.9	C50	C30
2	5.370	5.4	C50	C30
1	-0.030	5.4	C50	C30
-1	-5.430	5.4	C50	C30
-2	-9.330	3.9	C50	C30

主楼标高 22.470X 向梁平法施工图

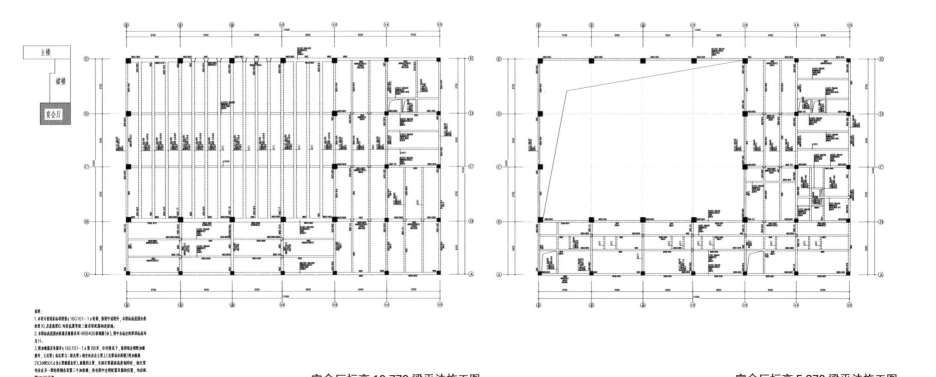

说明：
1. 本设计参国家标准图集《16G101-1》绘制。除图中说明外，本标高范围图内梁
配筋 KL 及悬挑梁XL 均按抗震等级二级采取相应构造措施。
2. 本标高范围图内集中标注及原位标注钢筋（单）图中未标注构梁顶标高均
为H。
3. 用加腋梁及悬挑梁《16G101-1》第88页，当构图另注明腋加腋
部件，主次梁《无抗震第二部支第5、附加及处主主上《无梁或标两侧置》附加腋
2X3d@50（d为主梁端直径），附着筋注里。当纵主梁截面高度相同时，相交梁
处自此另一梁的两侧设置三个加密箍；所有图中注明距里箍等距处置，均按照
置2φ20布置。
4. 梁跨中上部悬挑标注表示通长钢筋。

宴会厅标高 10.770 梁平法施工图

宴会厅标高 5.370 梁平法施工图

1. 室内给水系统方案比选

本设计为一幢 16 层的高层建筑，建筑总高度为 66.9 m，因城市管网常年可用水头 0.28MPa 远不能满足用水要求，故需考虑二次加压提升供水。

依据整个供水系统的可靠性、工程投资、运行费用、维护管理及使用效果比选室内供水系统方案，常用的供水方式有高位水箱、气压罐和变频供水 3 种。

2. 室内给水系统设计流程

（1）竖向分区（以本建筑为例）

－ 2F ～ 4F 为低区，市政管网直接供水，采用上行下给供水；5F ～ 10F 为中区，由高位水箱经过减压采用上行下给供水；11F ～ 16F 为高区，由高位水箱采用上行下给直接供水。

（2）分区内用水量计算

（3）构筑物与设备初步选型

（4）根据分区用水量进行水力计算（参见下表）

（5）确定构筑物与设备选型

（6）根据设备选型计算与校核水表表头损失

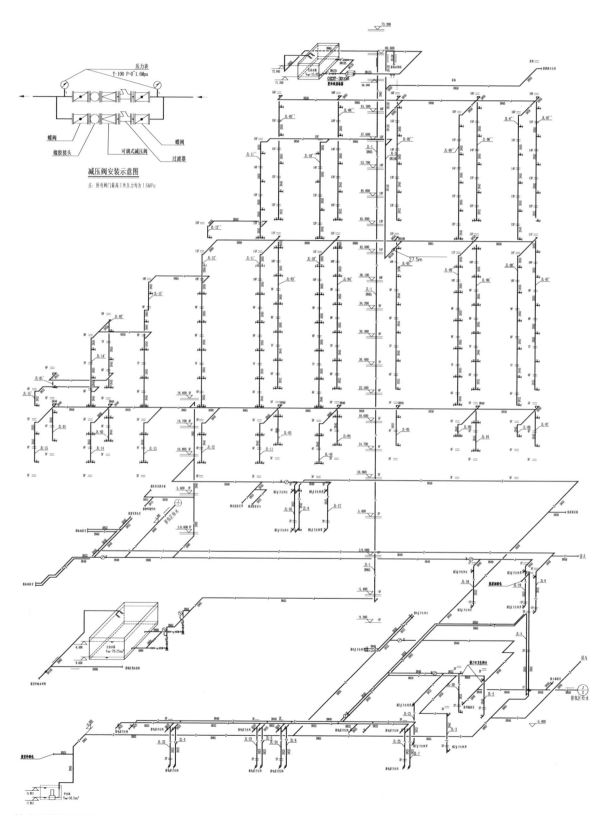

减压阀安装示意图

注：所有阀门最高工作压力均为 1.6MPa

给水系统轴测图

低区水力计算表

顺序编号	管段	卫生器具				当量总数	设计秒流量 q	DN(mm)内径(mm)	v (m/s)	单阻(m/m)	管长 (m)	沿程水损 h (m)
		浴盆 1	洗脸盆 0.5	大便器 0.5	淋浴器 0.5							
JL-15	1~2	2	3	2	1	5	1.12	40	40.0	0.89	0.029	3.90	0.112
	2~3	4	6	4	2	10	1.58	50	52.0	0.74	0.015	5.80	0.088
JL-01	1'~2'	1	3	2	1	4	1.00	40	40.0	0.80	0.023	2.30	0.054
	2'~3'	2	6	4	2	8	1.41	40	40.0	1.13	0.044	3.30	0.146
JL-14	1'~2'	2	4	2	1	6	1.22	40	40.0	0.98	0.034	3.90	0.133
	2'~4	4	8	4	2	12	1.73	50	52.0	0.82	0.018	5.80	0.104
JL-02	1'~2'	0	4	2	2	4	1.00	40	40.0	0.80	0.023	3.90	0.090
	2'~4	0	8	4	4	8	1.41	40	40.0	1.13	0.044	3.41	0.151
J-1	JL-05	1'~2'	1	3	2	1	16	2.00	50	52.0	0.93	0.023	3.90	0.092
	2'~8	2	6	4	2	32	2.83	50	52.0	1.33	0.045	3.41	0.152
JL-08	1'~6	1	3	2	1	4	1.00	40	40.0	0.80	0.023	5.80	0.135
JL-09	1'~7	0	4	2	2	4	1.00	40	40.0	0.80	0.023	5.80	0.135
	3~4	6	12	8	4	18	2.12	50	52.0	1.00	0.026	8.00	0.209
	4~5	10	28	16	12	38	3.08	50	52.0	1.45	0.052	7.70	0.402
	5~12	14	36	20	16	50	3.54	65	61.6	1.19	0.029	3.55	0.105
	6~7	3	9	6	4	12	1.73	50	52.0	0.82	0.018	8.40	0.151
	7~8	3	21	12	7	24	2.45	50	52.0	1.15	0.034	11.00	0.376
	8~9	5	27	16	11	32	2.83	50	52.0	1.33	0.045	11.40	0.509

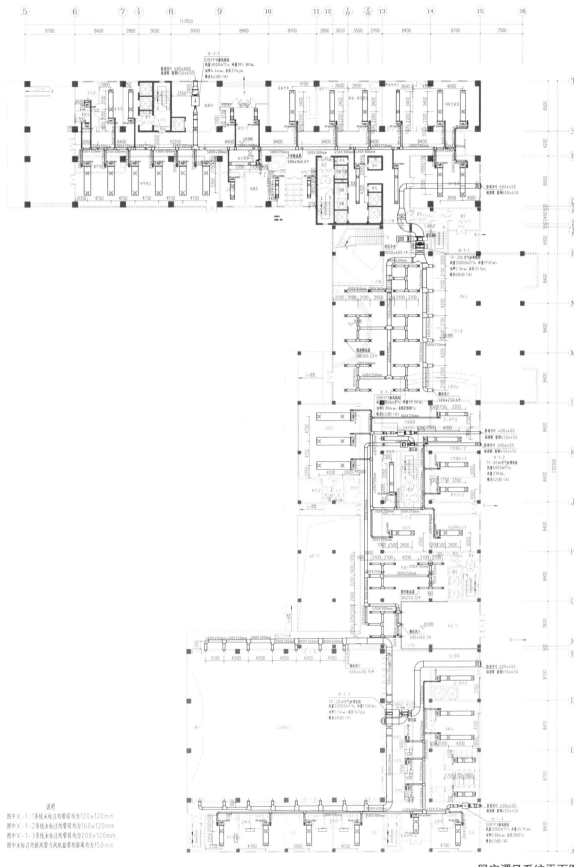

一层空调风系统平面图

3. 空调风系统分类

1）集中式空调系统

2）风机盘管＋独立新风系统

3）单元式空调器

空调系统分舒适性空调和工艺性空调，对服务于人的舒适性空调而言，多采用单风道定风量低风速的全空气系统，或风机盘管加独立新风系统的空调风系统形式。

4. 空调风系统设计

1）客房办公室采用风机盘管＋独立新风

2）大空间采用一次回风系统，宴会厅门厅采用了分层空调

5.供配电系统设计

（1）负荷分级

根据《民用建筑电气设计规范》JGJ 16-2008，用电负荷应根据供电可靠性及中断供电所造成的损失或影响的程度，分为一级负荷、二级负荷及三级负荷。

（2）柴油发电机房和变配电室的位置选择

变配电室：位置选择在负一层北区靠北外墙的中部偏右，紧邻建筑物外部的城市干道，10kV进线十分方便，节约材料。

柴油发电机房：位置选择在变配电室的左隔壁。

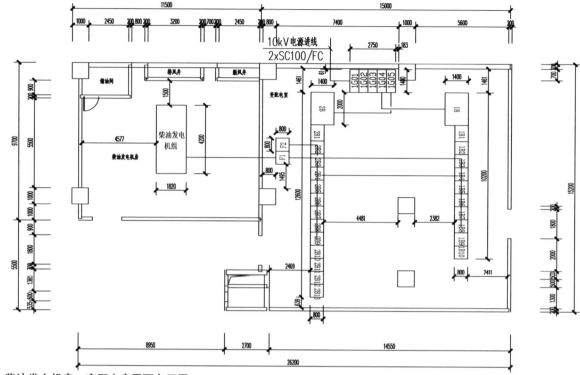

柴油发电机房、变配电室平面布置图

本酒店负荷分级

负荷等级	房间类型	楼层
	经营管理计算机用电（特别）	1F
	宴会厅照明	1F
	餐厅照明	1F
	厨房照明	-1F，2F，3F
	门厅照明	1F
一级	高级套房照明	
	主要通道照明	消防应急一起
	电梯	3F，17F
	排污泵	卫生间集水坑潜污泵;消防电梯集水坑潜污泵;雨水集水坑;泵房集水坑:-2F
	生活水泵用电	恒速泵-2F生活水泵房
	空调动力	-2楼制冷机房
二级	厨房动力	-1F，2F，3F
	洗衣房动力	-1F

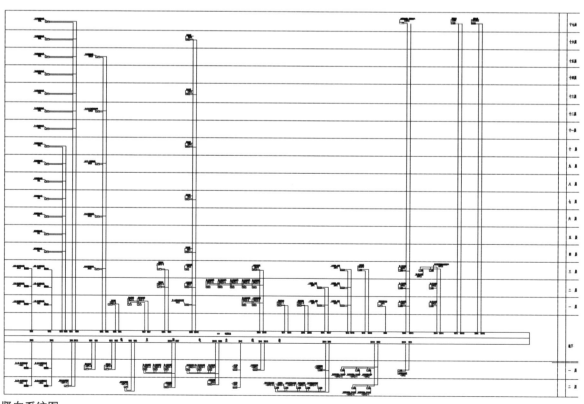

竖向系统图

茶海御泉

——遵义市湄潭县湄江温泉大酒店设计

项目简介

　　该方案定位为以温泉和茶为主题特色的四星级温泉度假酒店，提供包括会议宴会、spa 水疗等多种综合服务。建筑形态与场地江水岸线相协调，试图打造区域景观节点与视线中心。

　　节能与可持续是方案设计的另一个核心内容，旨在创造和自然相和谐、生态节能的新型酒店。方案综合考虑了包括智能控制、雨水收集利用、中水处理等多种技术手段。

团队构成

建筑 ——— 王玉戈　吴清雅　张正先 ———

土木 ——— 周哲如　伍胜超　文茂林 ———

给水排水 ——— 王利超 ———

暖通 ——— 夏露露 ———

电气 ——— 刘远卓 ———

建管 ——— 黄琪　李慧　傅家雯 ———

景观分析

消防分析

总平面图

建筑沿江边布置：
景观好；
西晒问题；
与道路关系差；
阻挡江风

建筑沿景观方向布置：
朝向好；
形成入口广场；
西晒问题

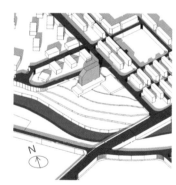

建筑沿南向布置：
朝向好；
与道路关系好；
景观朝向较差

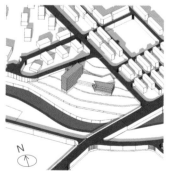

扇形裙房，客房分区：
满足不同方面住宿需求；
路口形成广场；
西晒问题；
裙房接地性不好

体量布置分析

餐饮
会议
娱乐
公共休闲
康体

公共休闲
1F~3F, 10F~12F

康体
-1F~1F

娱乐
-1F~3F

餐饮
1F~3F

会议
2F

行政办公
-1F

客房
4F~15F

功能分区

RF
电梯机房、水箱间、屋顶花园

5-15F
5-15F 普通标间
12-15F 行政标间
12F 行政酒廊

4F
套房层

3F
餐饮、娱乐
屋顶花园

2F
会议、餐饮、书店

1F
大堂
餐饮、康体

-1F
康体、娱乐、餐饮、停车场
SPA

-2F
设备、洗衣房、厨房、停车场

功能流线分析

功能：屋面层装饰百叶
区域：RF
朝向：-
形式：水平向深灰色百叶
功能：立面造型

深灰色金属百叶

功能：宴会厅
区域：1F~2F
朝向：北向
形式：棕色蘑石贴面、酒店标志
功能：形成主入口处界面

棕色蘑石贴面

功能：屋顶花园玻璃连廊
区域：3F
朝向：东向
形式：low-E玻璃幕墙、竖向木质格栅
功能：为屋顶花园提供遮风避雨的通道

功能：酒店大堂
区域：1F~2F
朝向：东向
形式：low-E玻璃幕墙、竖向木质格栅
功能：通透的视野、竖向遮阳

木质遮阳格栅棚

功能：客房
区域：4F~15F
朝向：西向、西南向
形式：楼板挑出形成水平线条，立面凹凸变化并在材质上进行处理
功能：遮阳、隔热、良好的视野

功能：大会议厅
区域：2F~3F
朝向：西南向
形式：竖向木质与深灰色铝板、条形窗形成序列
功能：适当采光（东南面为主采光面）

塔楼立面垂直绿化

功能：健身、娱乐、会议
区域：-1F~2F
朝向：西向
形式：竖向木质、水平向深灰色涂料、深灰色铝板
功能：阳台遮阳与自然通风

凹凸深灰色铝板

功能：茶室
区域：-1F~1F
朝向：西向
形式：6 12 6low-E玻璃幕墙、可调节遮阳措施
功能：良好的视野，室内外出入口

双层low-E玻璃

立面设计

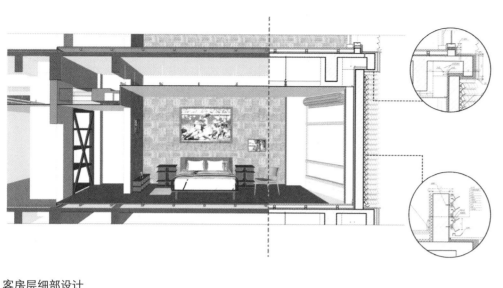

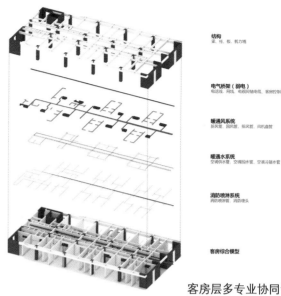

客房层细部设计

客房层多专业协同设计

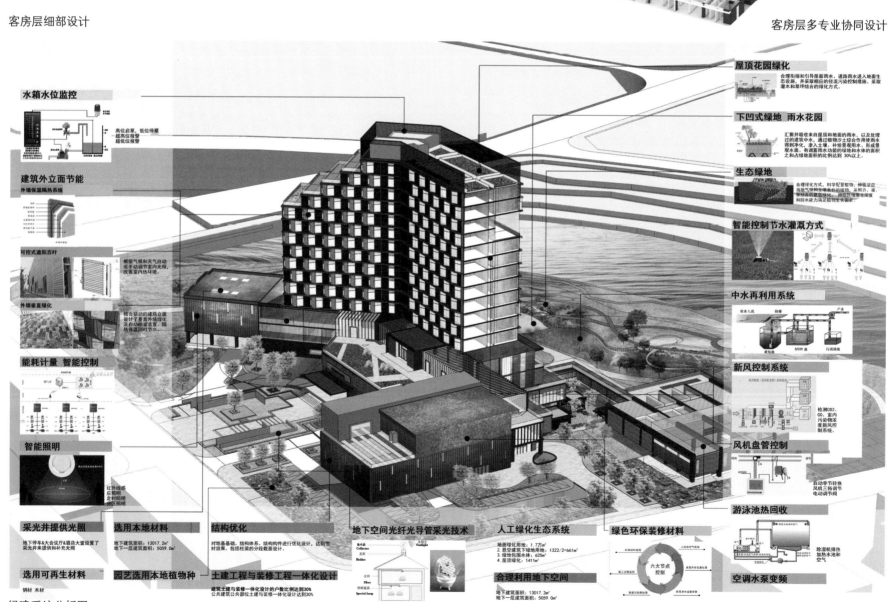

绿建系统分析图

生态景观设计

雨水花园构造结合下凹绿地，回收利用雨水，调节场地微气候。生态景观分别由雨水花园、水处理、生态沼泽三部分组成，其中以主要的景观节点形成生态湿地水面。

生态湿地
雨水花园

水处理

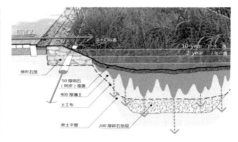

滨水景观设计

由亲水平台、健身绿道、活动场地、休息区四部分组成滨水环游景观系统。健身绿道线性连接了滨水场地活动区，组织景观节点，蜿蜒迂回，贯穿整个场地。

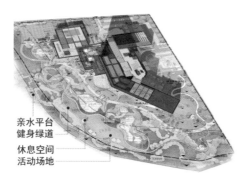

亲水平台
健身绿道

休息空间
活动场地

建筑

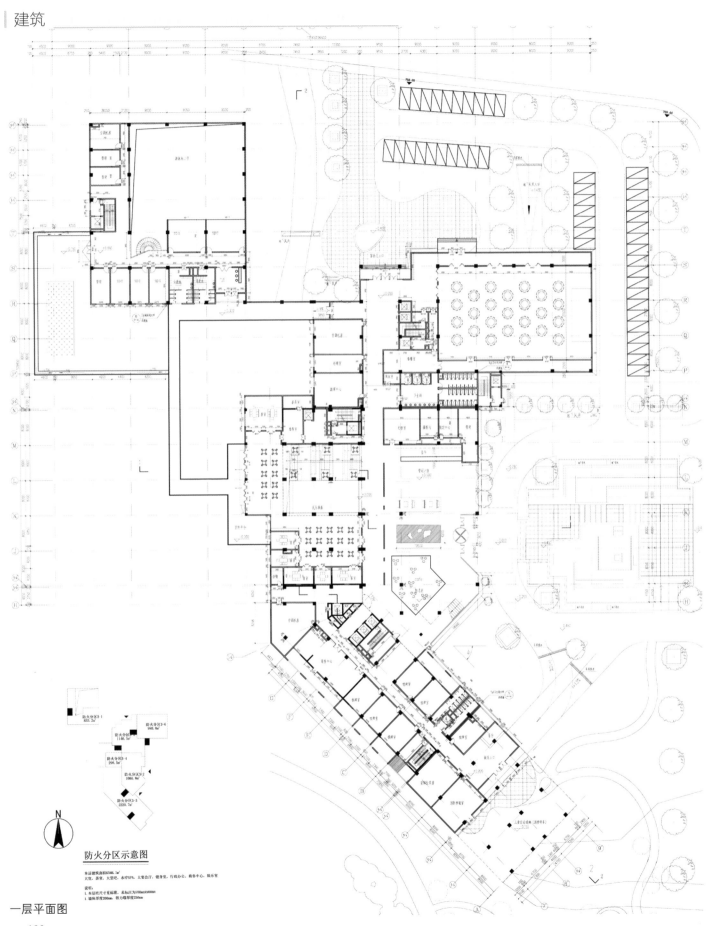

防火分区示意图

一层平面图

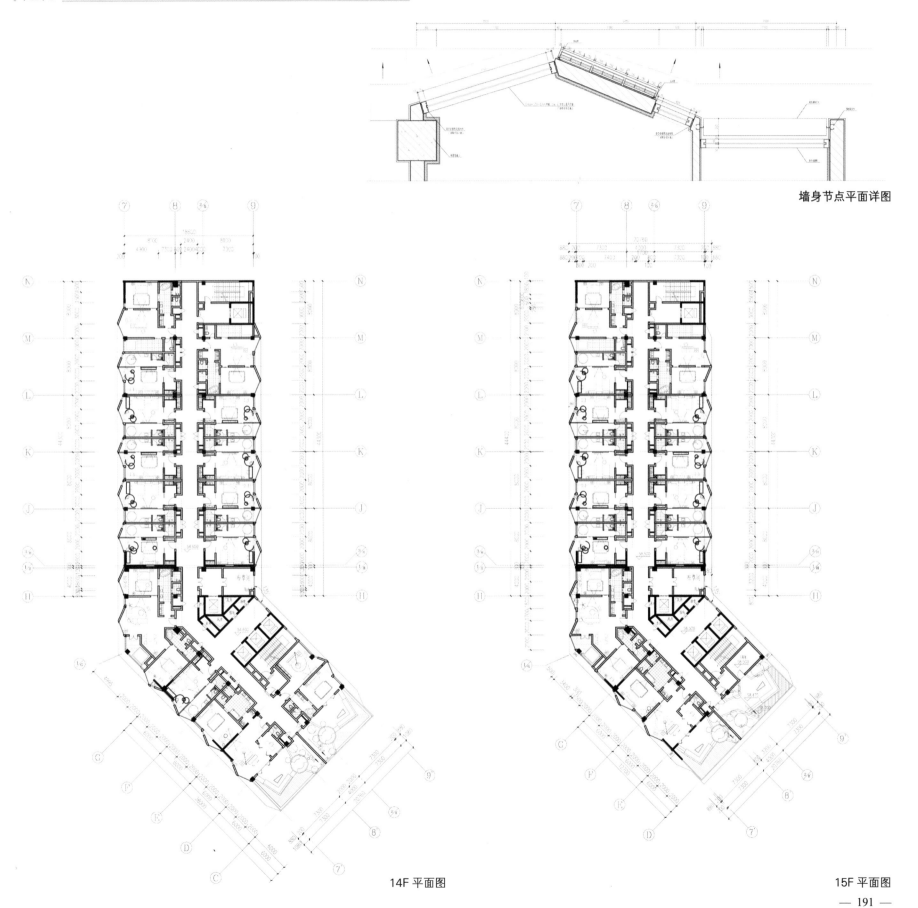

墙身节点平面详图

14F 平面图

15F 平面图

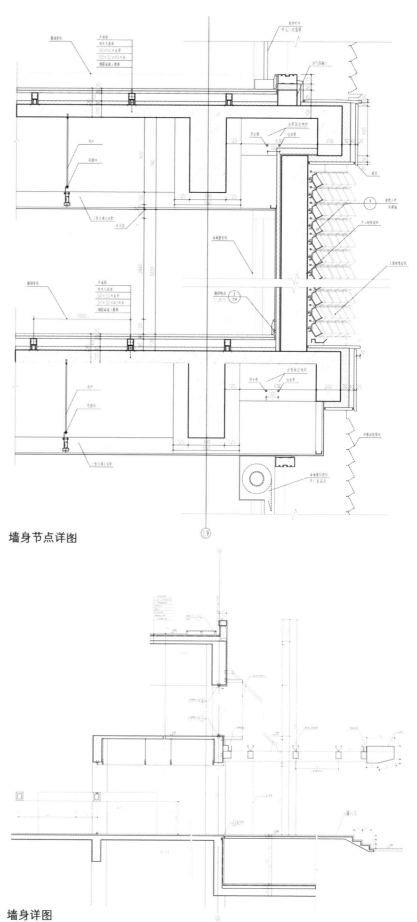

墙身节点详图

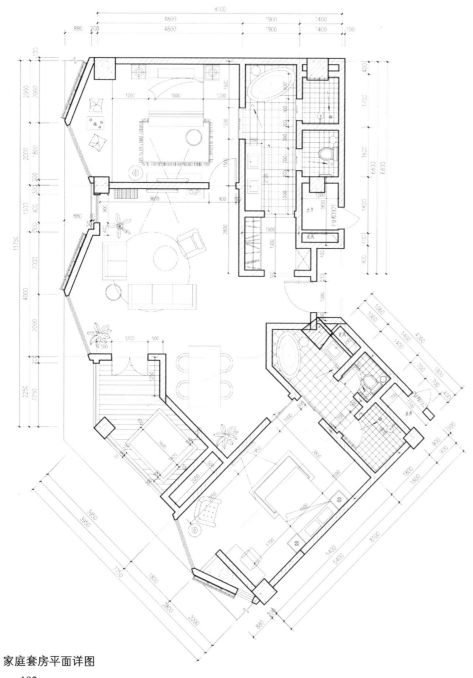

家庭套房平面详图

墙身详图

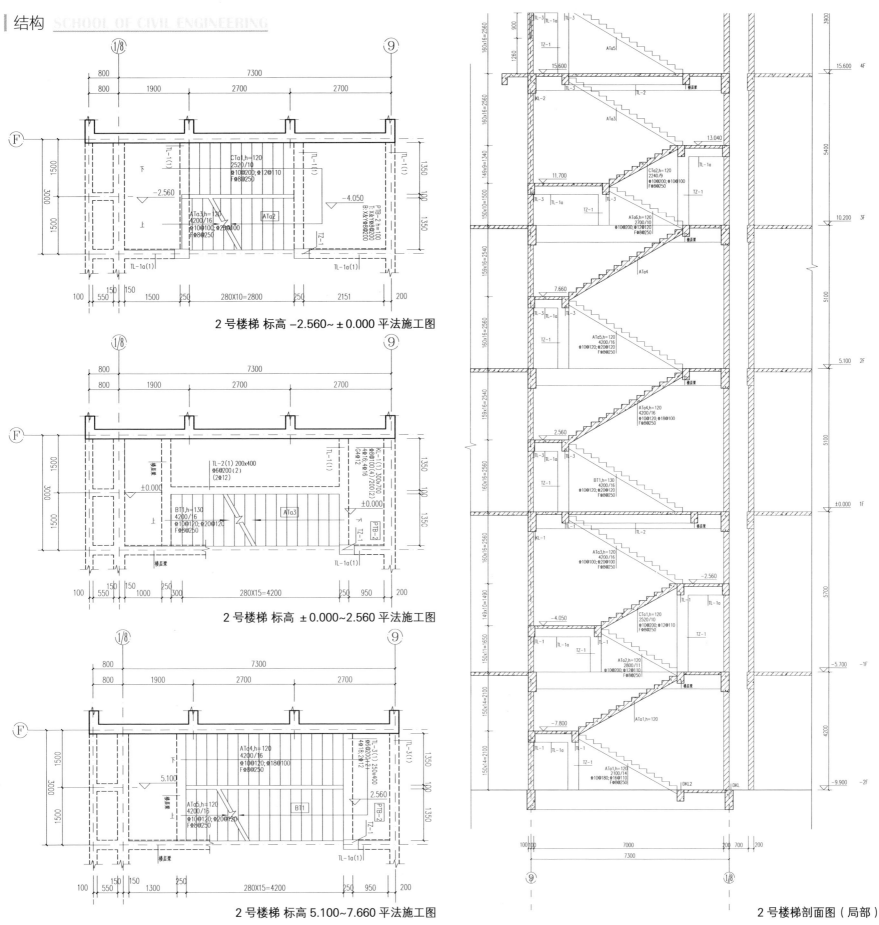

结构 SCHOOL OF CIVIL ENGINEERING

2 号楼梯 标高 −2.560~±0.000 平法施工图

2 号楼梯 标高 ±0.000~2.560 平法施工图

2 号楼梯 标高 5.100~7.660 平法施工图

2 号楼梯剖面图（局部）

1.生活排水系统方案选择

本设计采用污、废水分流制排水系统,分别排入建筑室外污、废水检查井,污水经过收集,通过化粪池简单处理之后,排入市政污水管道,废水经过收集排入中水处理站,然后经过混凝－沉淀－过滤－消毒之后通过加压再次利用。

2.生活排水系统设计流程

（1）室内排水管道水力计算（参见下图）
（2）室外排水管道水力计算
（3）集水坑设计计算（包含数目以及尺寸）及潜污泵选型

本设计共设置有10个集水坑,以2号集水坑为例（消防泵房排水）：集水坑尺寸为2000mm×1500mm×2800mm；选用水泵型号为JYWQ80-50-10-1600-3,流量为50 m³/h,扬程为10m,水泵安装尺寸为270mm×325mm×680mm,一用一备；电机功率3kW。

（4）隔油池选型

确定隔油池容积与混凝土型号。

（5）化粪池选型

经计算,本设计中化粪池有效容积为98.7m³,选择型号为13-100A01的化粪池。

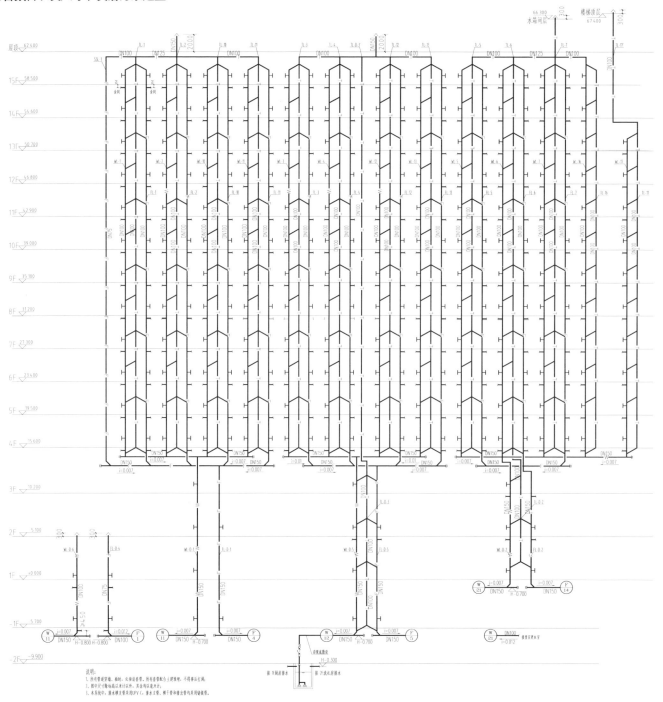

生活排水系统图

3. 空调水系统设计

空调水系统可分为冷冻水系统、热水系统、冷却水系统和凝结水系统四大类。

4. 冷热水系统设计

结合本工程实际情况，空调冷热水采用闭式系统。地下部分由水源热泵提供冷热水，因此采用常规管径、管材的选取办法。

选用常规的离心泵，在供、回水管之间设压差旁通管来适应负荷的变化，即选择一次泵变流量系统，机组测定流量，在空调末端设备处需安装电动二通阀，在空调冷水供、回水总管上设压差旁通阀。

空调水管：裙房负二层至三层共用两根总管，采用竖向异程、水平同程系统；塔楼客房区域设置一根总管，共同负责风机盘管和新风机组，采用水平同程、竖向异程系统。

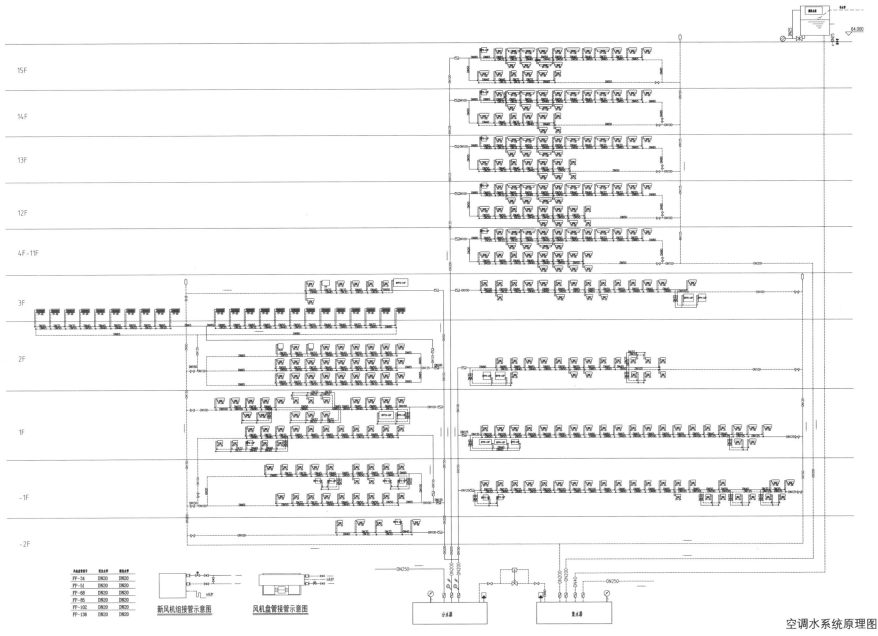

空调水系统原理图

5. 综合布线系统

（1）系统构成

综合布线系统是一种标准、通用的信息传输系统，其按照标准的、统一的、便捷的方式将建筑物内（或建筑群）各种系统的通信及控制线路，如网络系统、电话系统等在一个平台上进行管理的系统。

（2）设计深度说明

本工程的弱电设计，依据《建筑工程设计文件编制深度规定》，对综合布线系统确定系统框图、设备定位、线路型号、规格及敷设要求。主要针对综合布线系统的点位统计、线材选型、子系统架构模式、网络设备选型作介绍。

（3）网络架构

项目采用汇聚层和接入层的两层星形拓扑结构。各层设置楼层交换机，直接面向用户信息点，根据楼层网络结构数量，并考虑预留，选择规格、型号，要求接口数量较多。主交换机星形连接各楼层交换机，作为汇聚层交换机，端口少而性能要求较高。

系统分为三个部分：设备间子系统、垂直子系统和管理子系统（即楼层配电设备），其中楼层配线架使用 24 口光纤配线架，设置情况如下：

24 口光纤配线架设置位置表

设置位置	服务楼层
1 层弱电井	−2F~3F
5 层弱电井	4F~6F
8 层弱电井	7F~9F
11 层弱电井	10F~12F
14 层弱电井	13F~15F

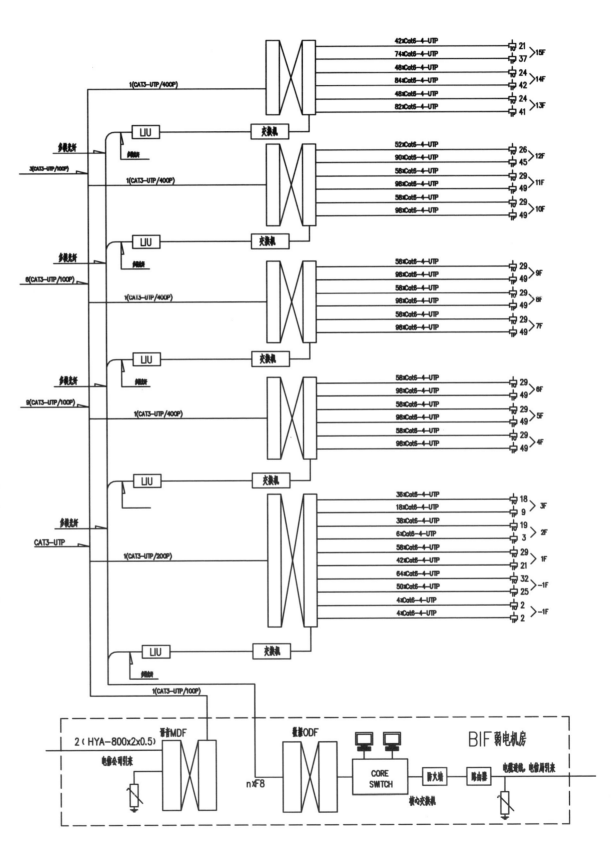

综合布线系统图

The Multi-professional Graduate Design
of the Architecture Department

跨界 · 融合

2018

课题一：
　　重庆市肿瘤医院住院综合楼设计

《住院新绿》

《Take a Breath》

课题二：
　　成都市锦城绿道上善居酒店设计

《清林驿》

《归野 · 染青》

《蜀城双院》

课题解读

用地详情

课题一：重庆市肿瘤医院住院综合楼设计

重庆市肿瘤医院住院综合楼设计是在重庆市肿瘤医院现址上的改扩建，需充分利用现有的地形地貌，建成集肿瘤预防、治疗、康复为一体的充分体现肿瘤专科诊疗特色的建筑群。项目要求对 300 个床位的新建外科住院综合大楼完成单体设计。

本项目用地紧邻城市主干道，呈不规则形状，地形复杂，高差变化大，约 15m。设计要求充分尊重医院院区规划，尊重医院院区的肌理，从整体出发进行整体的空间规划设计。

重庆肿瘤医院现状图片

课题二：成都市锦城绿道上善居酒店设计

项目地处成都市双流区绕城高速（即现在的四环路）西段外侧一块集中公园用地内，东侧为绕城高速，西侧为市政规划道路，南侧为成新蒲快速路，北侧为九江环保发电厂。根据上位规划，用地东侧与绕城高速之间将形成一条一级绿道、一条二级绿道以及一条规划水系。

成都锦城绿道现状图片

专业协同

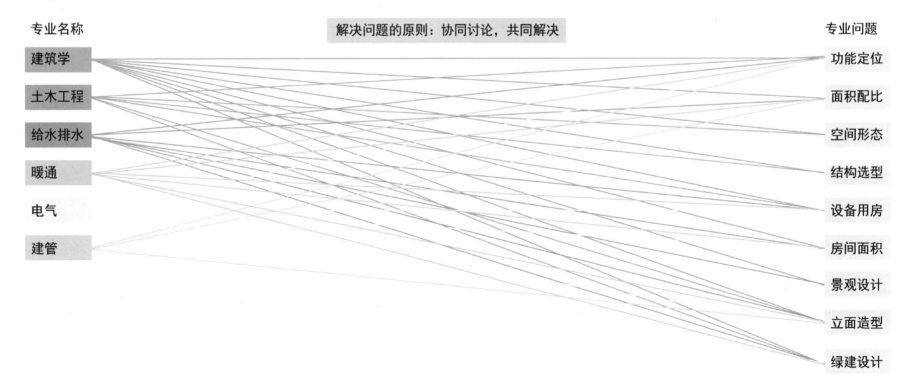

解决问题的原则：协同讨论，共同解决

专业名称		专业问题
建筑学		功能定位
土木工程		面积配比
给水排水		空间形态
暖通		结构选型
电气		设备用房
建管		房间面积
		景观设计
		立面造型
		绿建设计

调研成果

场地原始照片（石门大桥视角）

城市区位　　　　　城市交通

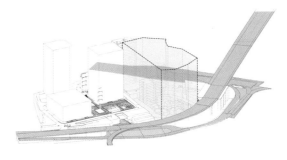

用地范围

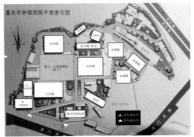

原肿瘤医院现状地图　　原肿瘤医院一期规划总图

原肿瘤医院一期规划地下医疗街

院区轴线与布局——主轴线

院区轴线与布局——次轴线

城市交通关系——场地进出口

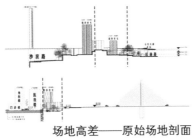

场地高差——原始场地剖面

场地内可保留植被

场地高差——南北高差大且集中

018 · 重庆

医院住院综合楼项目可行性研究报告节选

1. 建设规模

（1）病床规模

人口老龄化必然对重庆市的医疗卫生资源提出更高的需求，目前重庆市医疗服务供给还存在较大缺口，并且在未来几年内形势会更严峻，该缺口将由重庆市肿瘤医院扩建以及其他新建医院、原有医院扩建来弥补。

考虑到原镇区医院的改造升级能弥补一部分床位缺口，同时主要依靠扩建重庆市肿瘤医院来补充，根据该地区人口发展规划，结合区域现有医疗卫生资源情况，确定重庆市肿瘤医院扩建工程各科室病床设置如表1所示，项目病床设置规模为255张。

该项目各科室病床设置　　　表1

序号	科室	新增床位数
1	肿瘤放射治疗科	50
2	妇科肿瘤学科	30
3	肿瘤内科	5
4	血液肿瘤科	25
5	乳腺肿瘤中心	10
6	头颈肿瘤中心	5
7	肝胆胰肿瘤科	15
8	胸部肿瘤中心	20
9	神经肿瘤科	5
10	泌尿肿瘤科	5
11	胃肠肿瘤中心	10
12	普通内科	25
13	消化内科	15
14	综合科	
15	ICU	15
16	手术麻醉科	10

（2）用地规模

参考《综合医院建设标准》颁布的建设用地指标，同时考虑本扩建项目实际地形情况，扩建项目总用地面积为22000㎡，建筑占地面积不超过4000㎡。

（3）建筑规模

重庆市肿瘤医院总建筑面积参考《综合医院建设标准》，综合床均建筑面积指标按标准确定的80㎡/床计算，结合本住院综合楼项目情况、医院已有建筑面积和床位配比情况以及对其他医院住院楼床均建筑面积的参考，本扩建项目拟定建筑面积为39000㎡。

根据综合医院建设标准，结合本扩建项目的功能定位，主要建设内容包括：医技科室、设备用房、行政办公、住院部分以及其他配套设施等，其中：

住院部分：12000~15000㎡
医技部分：3000~4500㎡
行政办公：1200㎡
设备部分：800~1200㎡

2. 投资估算

（1）各项费用估算

包括重庆市肿瘤医院三期住院综合楼以及公用配套设施、平基土石方及环境工程，参照类似工程造价指标，结合本项目情况，工程费用估算为6238万元。

（2）工程建设其他费用

包括项目论证费用、工程勘察设计费及设计审查费、环境影响评价费、招标代理费、工程造价咨询服务费、工程监理费、城市建设配套费、建设单位管理费、其他行政事业性收费及设备购置、运行、保养等费用，共计1604.4万元。

（3）基本预备费用

按工程费用和工程建设其他费用和的10%计列，为784.25万元。

（4）流动资金

项目流动资金估算为624.47万元，其中铺底流动资金按流动资金需求量的30%计算，为188.27万元。

（5）估算结果

本项目总投资为9828.99万元（不含医疗设备）。其中工程费6238.05万元，工程建设其他费用1604.4万元（其中征地费887万元），基本预备费784.25万元，铺底流动资金188.27万元，绿建成本增量318.73万元。

3. 财务评价

（1）基础数据测算

1）预测期限：项目总经营期为50年，计算期为20年，即2018~2037年，其中：建设期13个月，经营期18年11个月。

2）基准年份：基础数据测算的基准年为2017年。

3）医疗收入估算：由于医院收入构成比较复杂，不确定因素多，较难准确预测。本报告本着稳妥可靠的原则，以类似综合医院近年统计分析资料（表2）为基础，结合医院运行后门诊量的趋势预测进行估算（医疗成本估算同理）。其中，门诊费估算为4495.5万元，住院费按基准年度估算，住院楼（300床规模）建成时基准收

入为15970.5万元。

重庆市类似综合医院近年门诊费统计表　　　表2

医院名称	平均门诊费用（元/人次）		2002-2007年平均增长率（%）
	2002年	2007年	
新桥医院	160.00	216.00	6.19%
西南医院	190.00	228.00	3.71%
大坪医院	140.70	182.91	5.39%
重医附一院	192.78	212.06	1.92%
重医附二院	111.48	167.22	8.45%
平均	158.99	201.24	5.13%

4）医疗成本估算：药品支出、医疗支出、能源费用、职工工资、奖金、福利、消耗性材料费、设备折旧费、维护费、行政管理费等费用，估算为9765.98万元。

5）医院总投资：项目基本建设投资、医疗设备投资和流动资金，总计为14695.43万元。

（2）财务评价

1）基本参数：①基准收益率取8%；②计算期20年，即2018~2038年；③不计取税金（营业税及附加、所得税）；④按2017年度基价进行评价，即不考虑物价上涨因素的影响。

2）财务指标：

项目主要财务指标　　　表3

序号	指标名称	单位	指标	备注
1	营业收入	万元	10312.65	达到设计规模后
2	总成本费用	万元	9300.79	达到设计规模后
3	年平均利润总额	万元	1011.86	达到设计规模后
4	总投资收益率	%	13.95%	计算期平均值
5	项目投资回收期	年	7.5	息税前
6	项目投资财务净现值	万元	2552.74	息税前
7	项目投资财务内部收益率	%	9.92%	息税前

3）结论：财务评价表明，项目具有良好的盈利能力，在经济上是可行的。

（3）盈亏平衡分析

1）计算公式：

$$BEP = \frac{年平均固定成本}{年平均收入-年平均可变成本} \times 100\%$$

2）盈亏平衡点：根据上述参数计算，当门诊达到预期的65.04%（7.8万人次/年）时，即可实现盈亏平衡。

（4）敏感性分析

假设项目投资、成本、收入几个因素，分别在-20%~+20%范围内变动，通过敏感性分析得出，项目对经营收入（包括门诊量和价格因素）变化较为敏感，对成本和投资的敏感性次之。其次，当收入为-20%，或成本、投资分别为+20%时，项目的财务指标仍可以接受，表明项目具有较好的抗风险能力。

住院新绿

——重庆市肿瘤医院住院综合楼设计

项目简介

　　重庆市肿瘤医院住院综合楼设计是在重庆市肿瘤医院现址上的改扩建，充分利用现有的地形地貌，建成集肿瘤预防、治疗、康复为一体的充分体现肿瘤专科诊疗特色的建筑群，为肿瘤患者提供个性化、规范化的综合医疗服务。项目要求对 300 个床位的新建外科住院综合大楼进行设计。

　　本项目用地紧邻城市主干道，呈不规则形状，地形复杂，高差变化大，约 15m。设计要求充分尊重医院院区规划，尊重医院院区肌理，根据整体的空间规划设计。

团队构成

建筑————张然 林秋阳 胡静诗————

土木————周鹏飞 关慧凝 姜大————

给水排水——陈路————

暖通————范钟引————

电气————李东珍————

建管————李蕙哲 蔡雨澄 谭孝芬————

技术经济指标

总用地面积：53758 ㎡（院区面积）　　总建筑面积：29835 ㎡　　其中：病房建筑面积：13446 ㎡　　车库建筑面积：8605 ㎡

容积率：2.4　　　　建筑密度：38%　　　绿地率：36.5%　　　停车位：机动车 135 个　其中地面停车位 25 个　　室内 110 个（6 个残疾人车位）

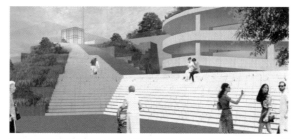

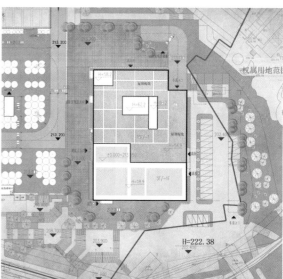

六层烧伤科平面图

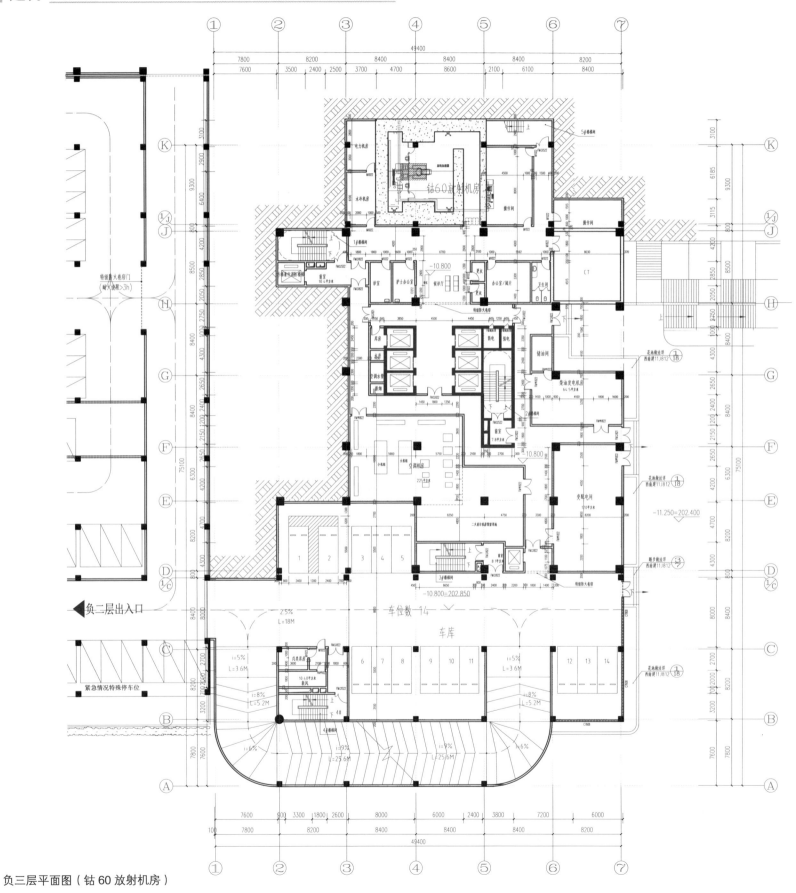

负三层平面图（钴60放射机房）

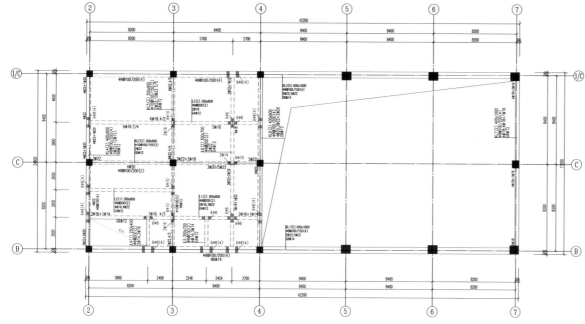

1. 剪力墙

在高层建筑中，剪力墙是建筑用于抵抗水平力的重要结构构件，常见于楼、电梯等交通空间及设备管道井等上下层贯通的部位。实际中，剪力墙虽然由钢筋混凝土组成，但仍可根据建筑、设备功能的需要，经过结构计算，在局部留设洞口。

2. 大跨度空间结构

对于建筑中出现的如报告厅等功能空间，普通的主次梁楼盖结构，一旦主梁发生了破坏，整个楼盖结构就近乎失效；而密肋梁楼盖即使损坏了一根梁，荷载仍可以由其他梁分担承载，具有更高的可靠性，适合处理大跨度空间。

裙楼一层梁平法施工图

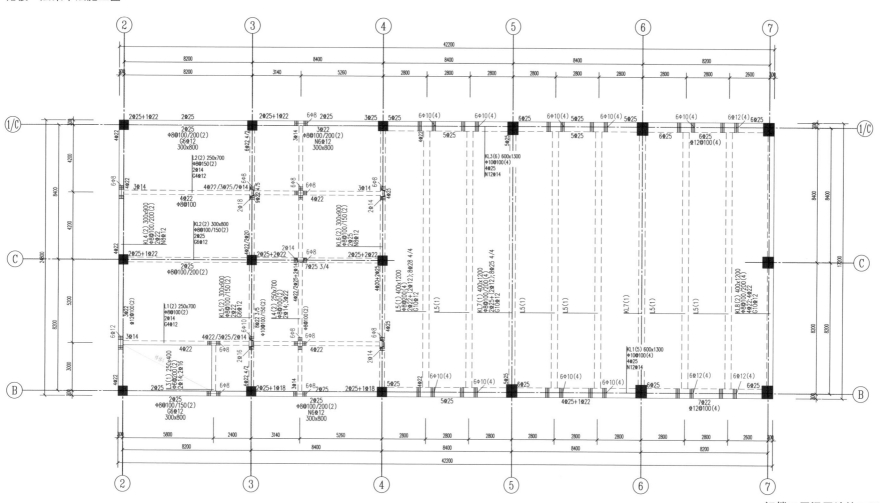

裙楼二层梁平法施工图

3. 消防水池设计

当消防水池的总容量超过 500 m³ 时，宜设两格能独立使用的消防水池；当大于1000m³ 时，应设置两个能独立使用的消防水池。本次设计中，设置一个消防水池，分为两格。

消防水池底标高距地面消防取水口距离不能超过 6m；池壁四边采用钢筋混凝土浇筑；布置于地下一层时，地下二层不能布置电器或其他不能在潮湿场所设置的功能房间；不能与柴油机房、配电间等设备用房相邻布置。

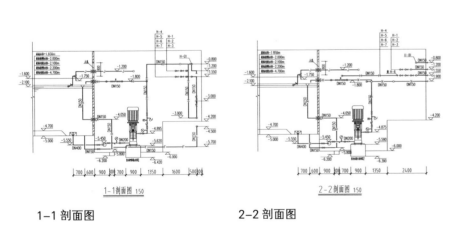

1—1 剖面图   2—2 剖面图

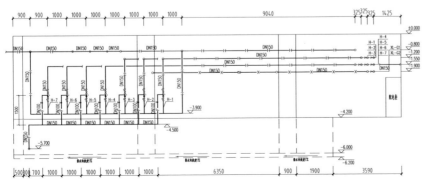

3—3 剖面图

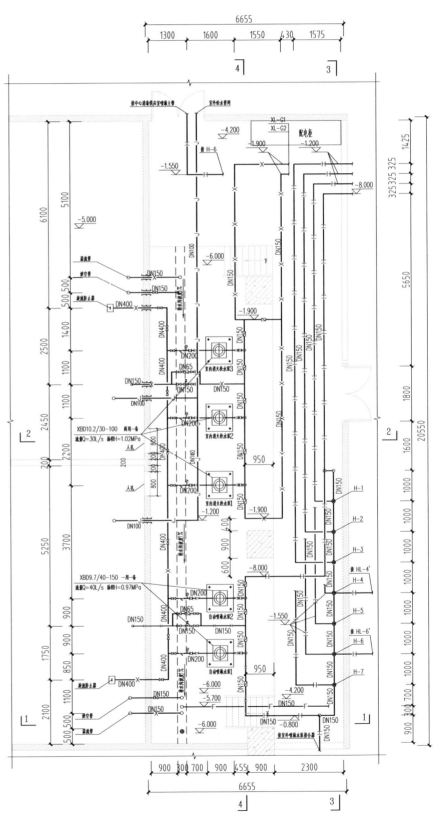

消防水泵房平面详图

4. 防排烟及通风空调系统防火设计

（1）防烟分区的划分

防烟分区划分的一般原则：根据《建筑设计防火规范》GB 50016-2014 的规定，设置排烟设施的通道、净高不超过 6m 的房间，应采用挡烟垂壁、隔墙或从顶棚下凸出的不小于 500mm 的梁或不燃物体来划分防烟分区。

（2）排烟系统方案设计

根据规范要求，结合实际情况，该工程需要排烟的位置为：①公共建筑中经常有人停留且建筑面积大于 100 ㎡ 的地上房间；②长度大于 20.0m 的内走道；③总建筑面积大于 200 ㎡ 或一个房间建筑面积大于 50 ㎡ 且经常有人停留或可燃物较多的地下、半地下建筑（室）及地上无窗房间。

本建筑负三层（地下一层）车库面积为 3220 ㎡，为一个防火分区，划分为 2 个防烟分区，负二层（地上一层）为设备房、钴 60 放射机房以及车库，分为 3 个防火分区。一层走道、超市，二层 ICU、病案中心走道，三层手术室等，四层产房、NICU 等需要机械排烟。二层中庭上部以及多功能厅上部采用自然排烟，设置电动排烟窗，由电气专业控制，并设置就地开启装置。五层以上病房可以自然排烟，走道采用机械排烟。

在划分防烟分区时，使每个防烟分区的面积尽量均匀，有利于减小排烟量，减小风机尺寸。

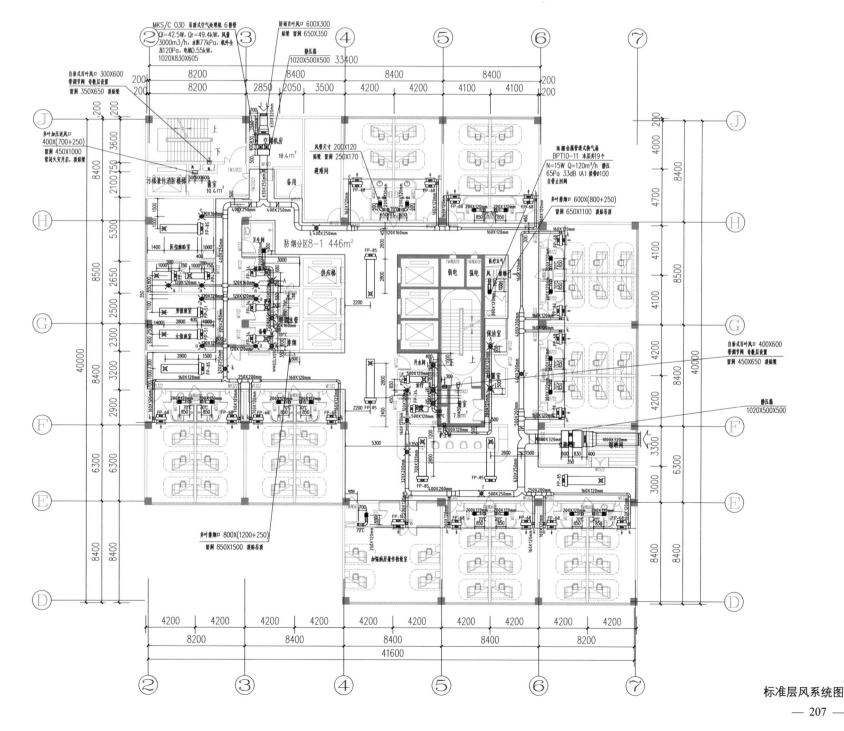

标准层风系统图

5. 弱电系统设计

（1）建筑设备监控系统设计

建筑设备监控系统亦即楼宇自动化系统，是智能建筑的重要组成部分之一。智能建筑通过楼宇自动化系统实现建筑物（群）内设备与建筑环境的全面监控与管理，为建筑的使用者营造一个舒适、安全、经济、高效、便捷的工作生活环境，并通过优化设备运行与管理，降低运营费用。

（2）系统原理

本设计中建筑设备监控系统采用集散型控制系统架构 (Distributed Control Systems，DCS)。

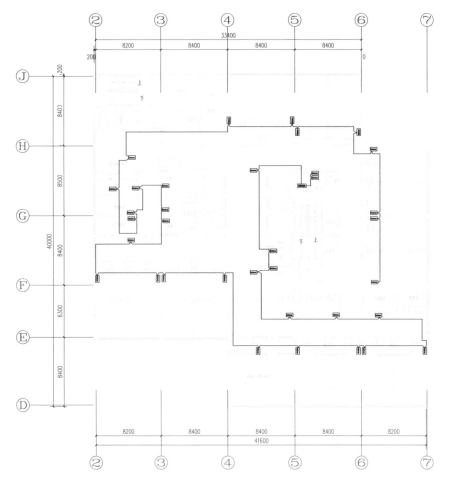

标准层建筑设备监控平面

建筑设备监控系统图

Take a Breath

——重庆市肿瘤医院住院综合楼设计

项目简介

　　开放——在场地规划设计中即摒弃传统医院"集中营"式布局，南侧结合汉渝路石门桥下空间，与原有石门大桥公园结合作为城市公共空间形成规模化的桥头公园，营造良好的就医住院环境。

　　自然——建筑融于场地，建筑内部营造良好的生态环境。场地设计结合场地地形，保留原生树木，增强绿地可达性；多个退台及架空层的设计，引入植被和活动空间；可呼吸式幕墙、拔风井、屋顶绿化等被动式绿色技术，为建筑提供舒适的内部环境；

　　方案充分尊重院区已有二期规划与现存建筑肌理，与二期地下规划医疗街形成完整院区流线，同时利用建筑西立面与原医技楼、门诊楼共同围合形成完整的集散中心广场。

团队构成

建筑 —————— 汤贤豪 郭岸 李怡霏 ———————

土木 —————— 袁野 梁蕾 杜干 ————————

给水排水 —— 杨蒙晰 —————————————

暖通 —————— 赖诗璇 ————————————

电气 —————— 吴佳林 ————————————

建管 —————— 黄山 严晗 黄婷婷 刘意 ———

总平面图

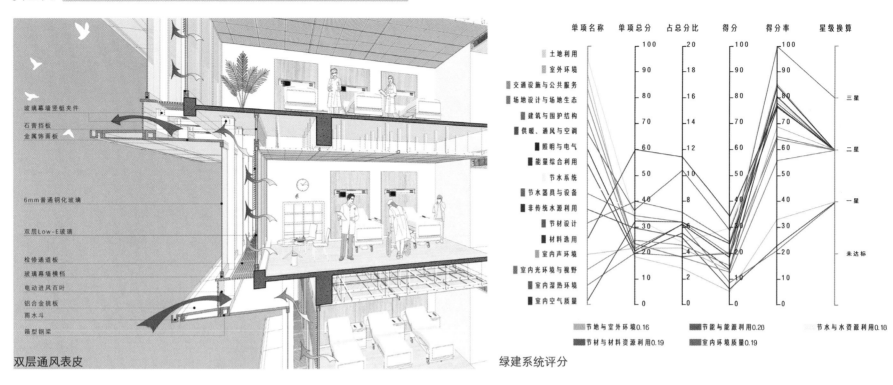

双层通风表皮

绿建系统评分

绿建系统分析图

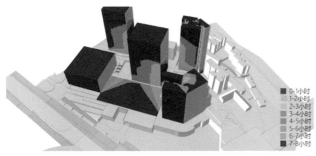

由于院区用地条件有限，可开发土地较小且已有建筑密度极大，因此在建筑总图布局时充分考虑其对周边建筑影响，同时通过形体的组合、退让、分割满足住院楼自身对于日照的需求。建筑内部功能的布局合理，建筑西南面日照充足，布置大部分的病房，北面日照较少，为办公和后勤用房。

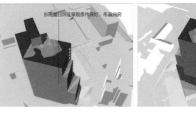

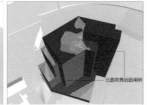

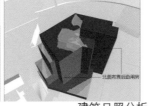

建筑日照分析

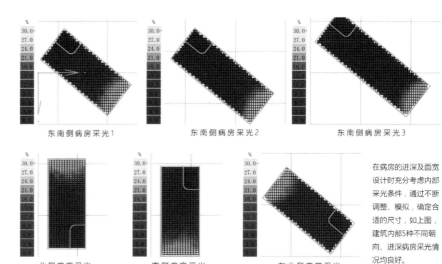

东南侧病房采光1　东南侧病房采光2　东南侧病房采光3

北侧病房采光　南侧病房采光　东北侧病房采光

在病房的进深及面宽设计时充分考虑内部采光条件，通过不断调整、模拟，确定合适的尺寸，如上图，建筑内部5种不同朝向、进深病房采光情况均良好。

病房采光分析

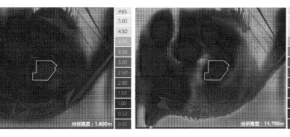

运用Ecotect的CFD（流体动力学）插件，对建筑内外部流体环境作分析。在方案初期模拟场地内部的微环境，同时考虑嘉陵江风对场地的影响，通过分析调整建筑形体，降低对周围建筑通风的影响。

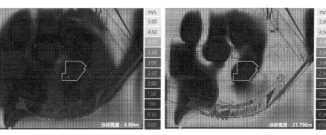

场地上形成旋风等。如右图，建筑西南侧21.7m标高以上高度通风环境较好，基本能达到平均风速的75%，而21.7m标高以下场地内风速变化较为，但风通道基本畅通。

建筑风环境分析

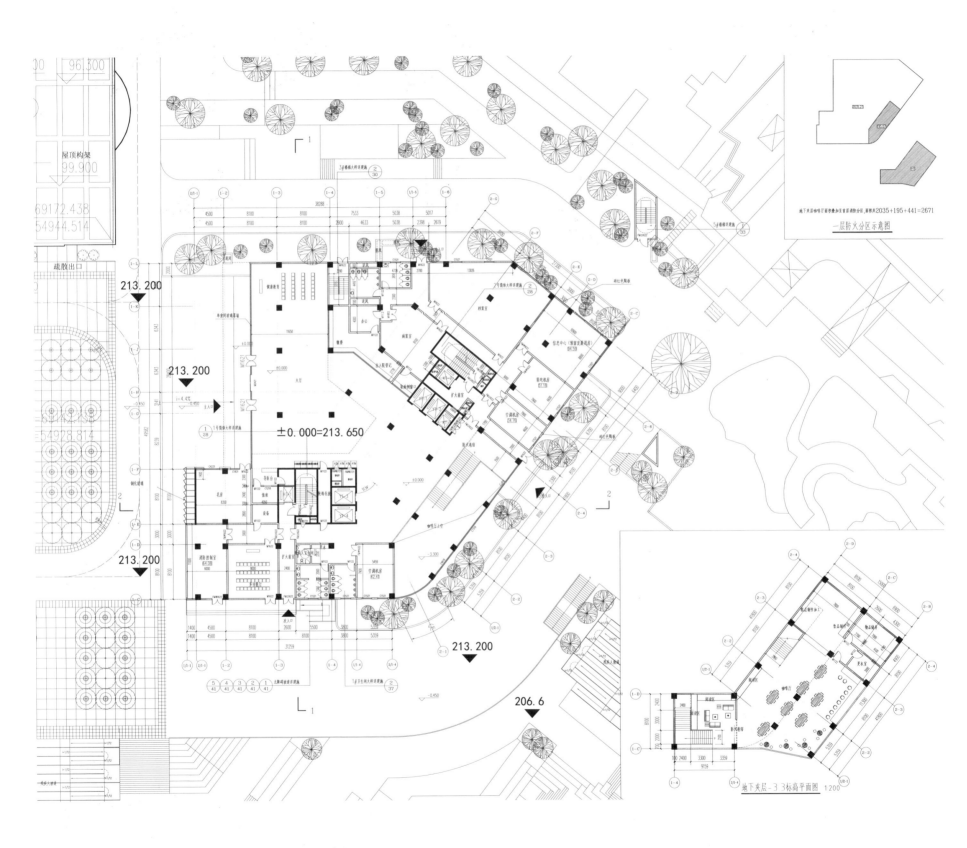

一层平面图

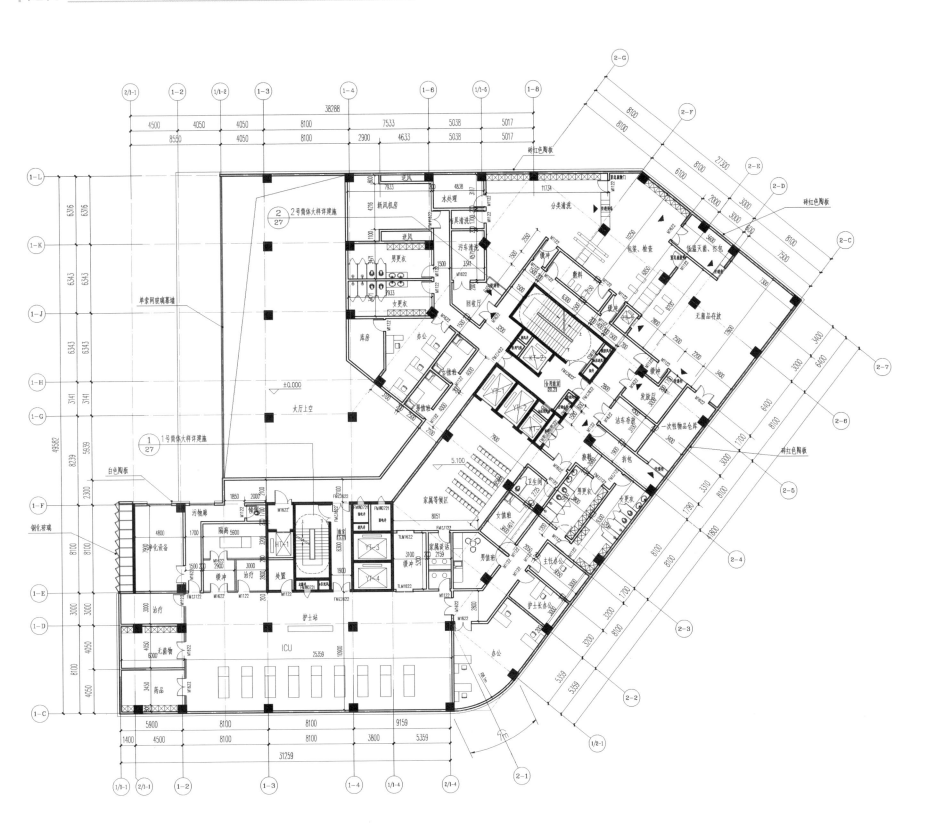

二层 ICU/ 中心供应平面图

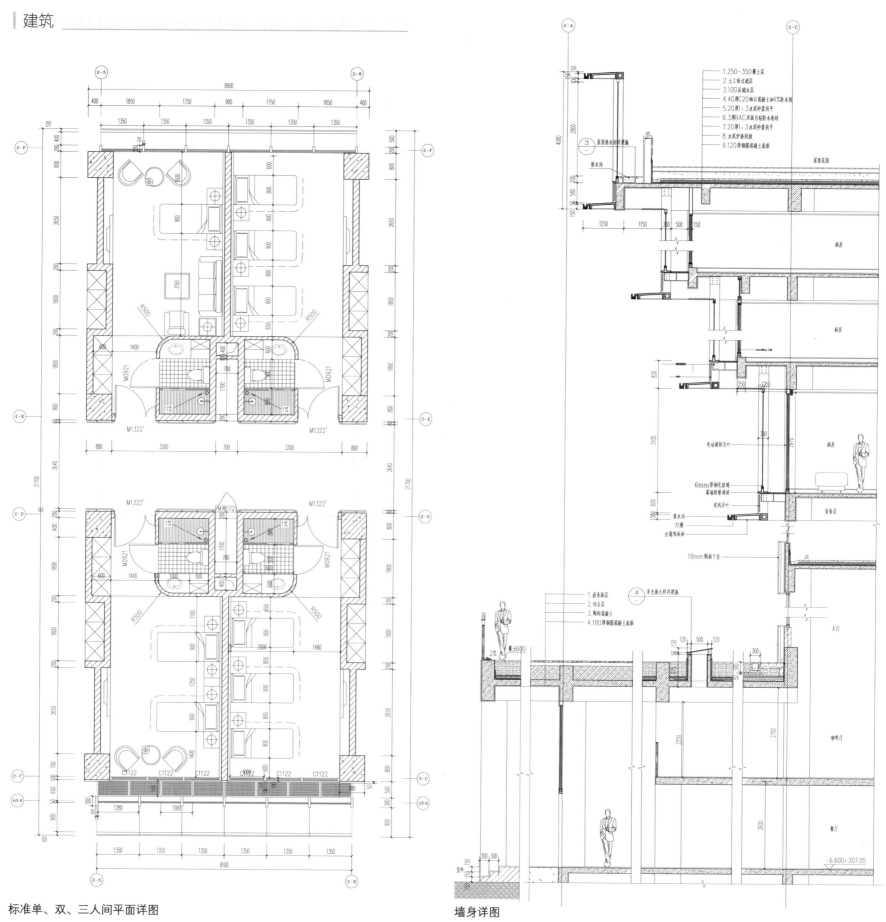

标准单、双、三人间平面详图

墙身详图

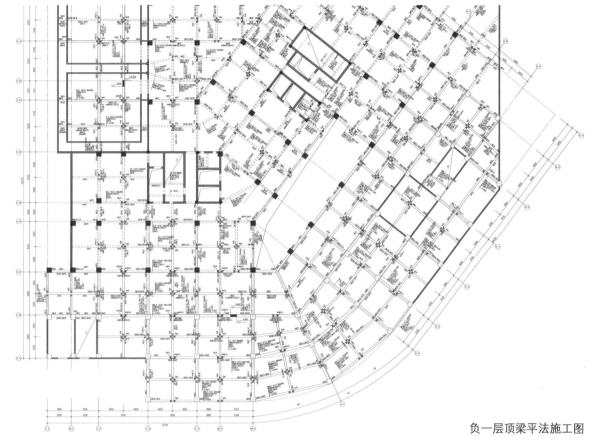

负一层顶梁平法施工图

1.消防车荷载与局部构件

消防车因为储水的关系通常具有较大的重量。实际项目中，有时因用地条件限制，消防车道、消防扑救场地可能会布置在地下层空间的楼板上部，这时结构设计就会将消防车作为重要的楼面活荷载纳入结构计算（根据《建筑结构荷载规范》GB 50009 – 2012 第 5.1.1 条，消防车荷载根据楼盖单、双向板不同，通常取 35kN/㎡ 或 20kN/㎡）。相应地，这可能会造成下部结构构件尺寸的增大，对空间设计及设备管线安装造成影响。

在该方案中，塔楼的消防扑救场地恰好位于负一层餐厨空间的上部，为了保证梁板体系的承载力，该处主次梁均加大了构件尺寸，在相应的梁平法施工图中可见，主梁尺寸达到了 400mm×1200mm，次梁尺寸达到了 300mm×800mm。

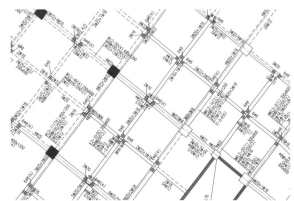
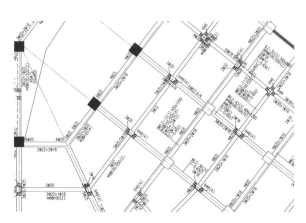

负一层顶梁平法施工图局部及放大

2. 标准层平面布置与建筑专业的协同

1）标准层应提供给建筑专业核心筒内水井需要的长、宽（单排布管易于检修）。

2）病房卫生间井道宽度与深度应提前与建筑专业沟通确定，确保立管能够布置完全。

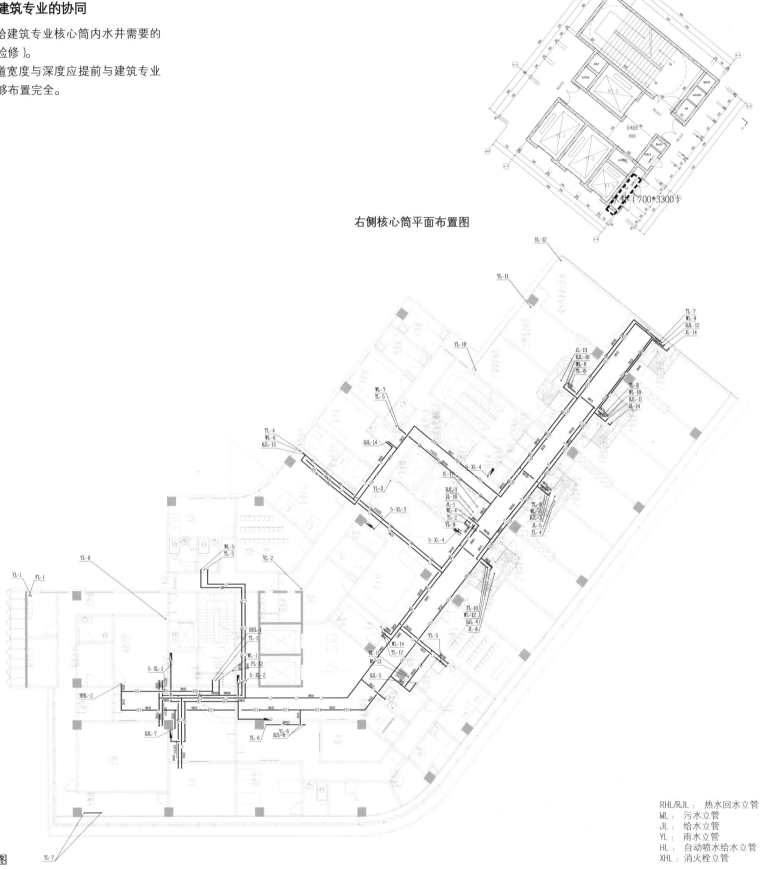

右侧核心筒平面布置图

5 层井道转换平面布置图

RHL/RJL：热水回水立管
WL：污水立管
JL：给水立管
YL：雨水立管
HL：自动喷水给水立管
XHL：消火栓立管

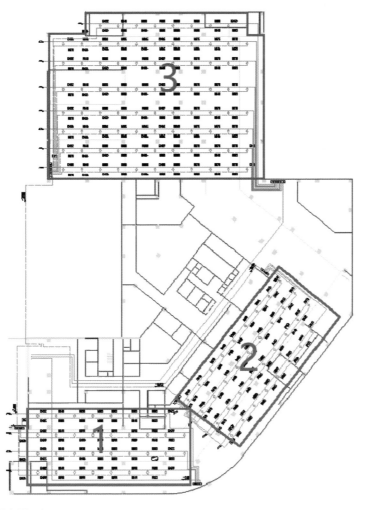

地埋管系统平面图

3. 地埋管地源热泵系统方案

（1）冷热水侧：**闭式两管制、一次泵变流量系统、水平/竖向同程兼异程**

  −2F~3F 裙房部分——竖向异程，水平同程或异程。

  5F~15F 塔楼部分——水平同程，竖向同程，分层计量。

  冷凝水：就近接入地漏。

  冷热源侧：地埋管循环水，每组环路同程布置。

（2）三个地埋管分区

  地埋管井 155 口，置于地下车库二层下面，占地面积约 2700 ㎡。

（3）三组二级分集水器

  二级分集水器 1 共 4 组环路，每组 8~9 口地埋管井。

  二级分集水器 2 共 4 组环路，每组 8~9 口地埋管井。

  二级分集水器 3 共 8 组环路，每组 9~11 口地埋管井。

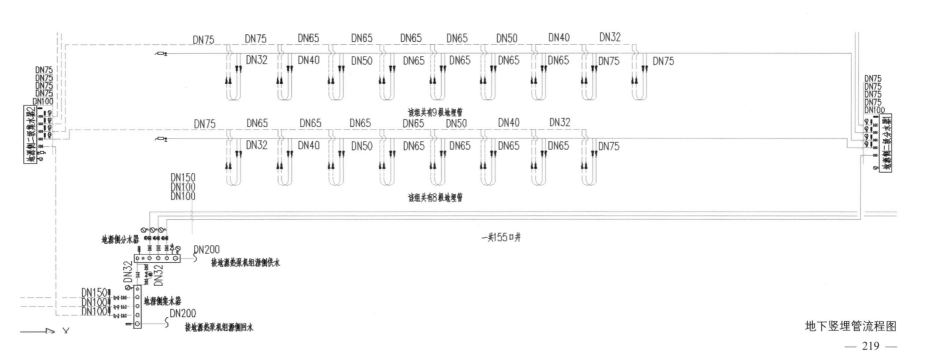

地下竖埋管流程图

4. 照明系统设计

（1）医院灯具的特殊要求

对于医院，由于其使用功能的特殊性，在照明方面也有特殊的要求。例如室内同一场所一般照明光源的色温、显色性宜一致；除配合治疗用的特殊照明外，其他一般照明不应采用彩色光，室内装饰照明不宜采用彩色光。

（2）照明节能

按建筑使用条件和天然采光状况采取分区、分组控制措施，并按需要采取调光或降低照度的控制措施；在灯具布置时，医护办公和示教会议室北侧是外窗，平行于窗的照明统一控制。这样，当室外亮度能够满足室内照度要求时，可将靠近外窗的灯统一关闭，达到节能的目的。

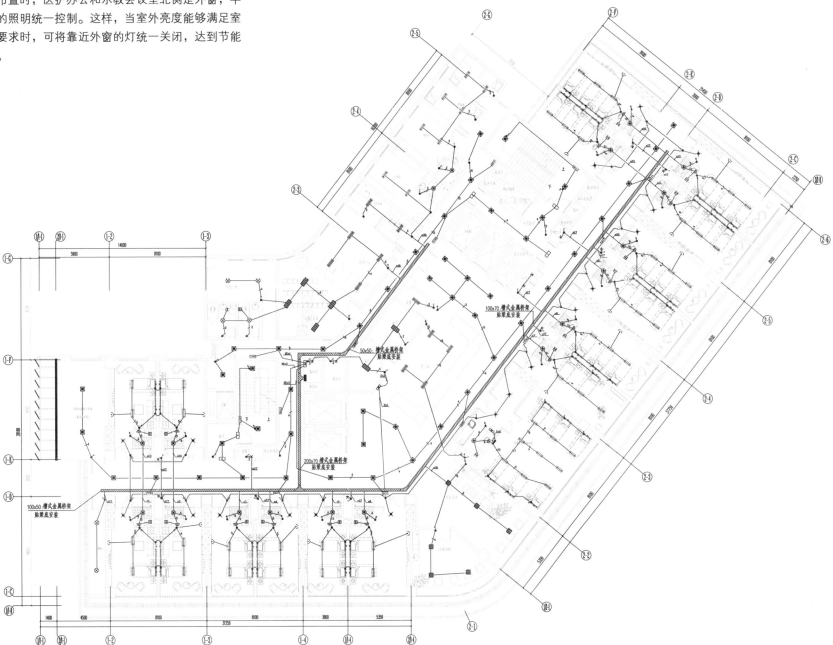

标准层照明平面图

成都市锦成录道

上善居酒店

2018・成都

调研成果

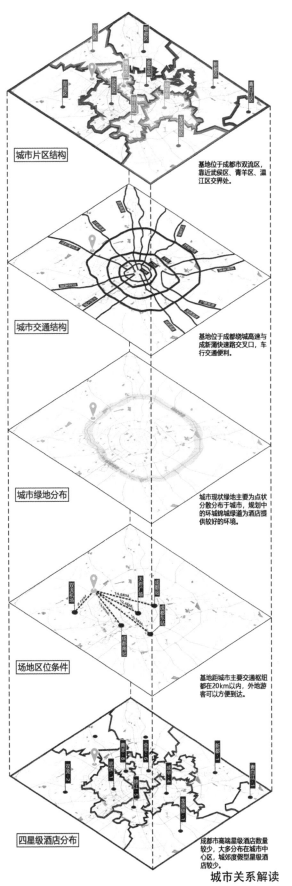

城市片区结构

基地位于成都市双流区，靠近武侯区、青羊区、温江区交界处。

城市交通结构

基地位于成都绕城高速与成新蒲快速路交叉口，车行交通便利。

城市绿地分布

城市现状绿地主要为点状分散分布于城市，规划中的环城锦城绿道为酒店提供较好的环境。

场地区位条件

基地距城市主要交通枢纽都在20km以内，外地游客可以方便到达。

四星级酒店分布

成都市高端星级酒店数量较少，大多分布在城市中心区，城郊度假型星级酒店较少。

城市关系解读

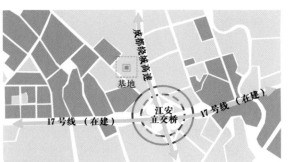

场地周边交通

场地周边人群

场地行为分析

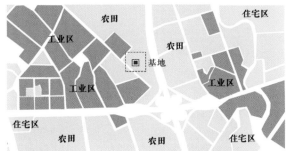

周边业态分析

场地周边现状解读

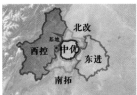

要求一：绿色发展

要求二：扩大城区

要求三：多核联动

要求四：锦城绿道

上位规划解读

— 221 —

绿建专项分析节选

1. 绿色建筑评分表

（1）节地与室外环境

子项	编号	条文	分数	不参评	达标/得分
控制项	4.1.1	项目选址应符合所在地城乡规划,且应符合各类保护区、文物古迹保护的建设控制要求。	—		达标
	4.1.2	场地应无洪涝、滑坡、泥石流等自然灾害的威胁,无危险化学品、易燃易爆危险源的威胁,无电磁辐射、含氡土壤等危害。	—		达标
	4.1.3	场地内不应有排放超标的污染源。	—		达标
	4.1.4	建筑规划布局应满足日照标准,且不得降低周边建筑的日照标准。	—		达标
土地利用	4.2.1	节约集约利用土地。	19		15
	4.2.2	场地内合理设置绿化用地。	9		2
	4.2.3	合理开发利用地下空间。	6		6
室外环境	4.2.4	建筑及照明设计避免产生光污染。	4		4
	4.2.5	场地内环境噪声符合现行国家标准《声环境质量标准》GB 3096 的有关规定。	4		4
	4.2.6	场地内风环境有利于室外行走、活动舒适和建筑的自然通风。	6		6
	4.2.7	采取措施降低热岛强度。	4		3
交通设施与公共服务	4.2.8	场地与公共交通设施具有便捷的联系。	9		9
	4.2.9	场地内人行通道采用无障碍设计。	3		3
	4.2.10	合理设置停车场所。	6		0
	4.2.11	提供便利的公共服务。	6		6
场地设计与场地生态	4.2.12	结合现状地形地貌进行场地设计与建筑布局,保护场地内原有的自然水域、湿地和植被,采取表层土利用等生态补偿措施。	3		3
	4.2.13	充分利用场地空间合理设置绿色雨水基础设施,对大于10hm²的场地进行雨水专项规划设计。	9		6
	4.2.14	合理规划地表与屋面雨水径流,对场地雨水实施外排总量控制。	6		3
	4.2.15	合理选择绿化方式,科学配置绿化植物。	6		6
总分			100		76

折算后得分 __12.16__

（2）节能与能源利用

子项	条文编号	条文	分数	不参评分	达标/得分
控制项	5.1.1	建筑设计应符合国家现行相关建筑节能设计标准中强制性条文的规定。	—		达标
	5.1.2	不应采用电直接加热设备作为供暖空调系统的供暖热源和空气加湿热源。	—		达标
	5.1.3	冷热源、输配系统和照明等各部分能耗应进行独立分项计量。	—	不参评	
	5.1.4	各房间或场所的照明功率密度值不应高于现行国家标准《建筑照明设计标准》GB 50034 规定的现行值。	—		达标
建筑与围护结构	5.2.1	结合场地自然条件,对建筑的体形、朝向、楼距、窗墙比等进行优化设计。	6		6
	5.2.2	外窗、玻璃幕墙的可开启部分能使建筑获得良好的通风。	6		4
	5.2.3	围护结构热工性能指标优于国家现行相关建筑节能设计标准的规定。	10		5
供暖、通风与空调	5.2.4	供暖空调系统的冷、热源机组能效均优于现行国家标准《公共建筑节能设计标准》GB 50189 的规定以及现行有关国家标准能效限定值的要求。	6		6
	5.2.5	集中供暖系统热水循环泵的耗电输热比和通风空调系统风机的单位风量耗功率符合现行国家标准《公共建筑节能设计标准》GB 50189 等的有关规定,且空调冷热水系统循环水泵的耗电输冷(热)比比现行国家标准《民用建筑供暖通风与空气调节设计规范》GB 50736 规定值低20%。	6		6

续表

子项	编号	条文	分数	不参评	达标/得分
照明与电气	5.2.6	合理选择和优化供暖、通风与空调系统。	10		10
	5.2.7	采取措施降低过渡季节供暖、通风与空调系统能耗。	6		6
	5.2.8	采取措施降低部分负荷、部分空间使用下的供暖、通风与空调系统能耗。	9		9
	5.2.9	走廊、楼梯间、门厅、大堂、大空间、地下停车场等场所的照明系统采取分区、定时、感应等节能控制措施。	5		5
	5.2.10	照明功率密度值达到现行国家标准《建筑照明设计标准》GB 50034 中规定的目标值。	8		8
	5.2.11	合理选用电梯和自动扶梯,并采取电梯群控、扶梯自动启停等节能控制措施。	3		3
	5.2.12	合理选用节能型电气设备。	5		5
能量综合利用	5.2.13	排风能量回收系统设计合理并运行可靠。	3		3
	5.2.14	合理采用蓄冷蓄热系统。	3	不参评	
	5.2.15	合理利用余热废热解决建筑的蒸汽、供暖或生活热水需求。	4		4
	5.2.16	根据当地气候和自然资源条件,合理利用可再生能源。	10		10
总分			100	3	90

折算后得分 __25.2__

（3）节水与水资源利用

子项	编号	条文	分数	不参评	达标/得分
控制项	6.1.2	给水排水系统设置应合理、完善、安全	—		达标
	6.1.3	应采用节水器具。	—		达标
节水系统	6.2.1	建筑平均日用水量满足现行国家标准《民用建筑节水设计标准》GB 50555 中的节水用水定额的要求。	10	10(设计阶段不参评)	
	6.2.2	采取有效措施避免管网漏损。	7		7
	6.2.3	给水系统无超压出流现象。	8		8
	6.2.4	设置用水计量装置。	6		6
	6.2.5	公用浴室采取节水措施。	4		0
节水器具与设备	6.2.6	使用较高用水效率等级的卫生器具。	10		5
	6.2.7	绿化灌溉采用节水灌溉方式。	10		8
	6.2.8	空调设备或系统采用节水冷却技术。	10		6
	6.2.9	除卫生器具、绿化灌溉和冷却塔外的其他用水采用节水技术或措施。	5		3
非传统水源利用	6.2.10	合理使用非传统水源。	15		10
	6.2.11	冷却水补水使用非传统水源。	8		0
	6.2.12	结合雨水利用设施进行景观水体设计,景观水体利用雨水的补水量大于其水体蒸发量的60%,且采用生态水处理技术保障水体水质。	7		5
总分			100	10	58

折算后得分= __10.44__

（4）节材与材料资源利用（略）
（5）室内环境质量（略）

总分	100	20	61

折算后得分= __11.59__

2. 绿色建筑增量成本分析

（1）绿色建筑建设期增量成本

绿色建筑在建设期的增量成本主要来源于绿色建筑技术的应用。在 2008~2015 年获得绿色建筑标识的 3000 多个项目中,不同星级的住宅建筑和公共建筑的增量成本如下图所示。二星级公共建筑共统计 629 项,增量成本为 111.47 元 / ㎡。

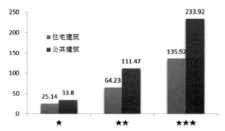

图1 2018~2015 年不同星级的住宅建筑和公共建筑的增量成本

二星级公共绿色建筑 2011~2015 年单位面积增量成本如下图所示。

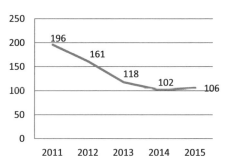

图2 二星级绿色建筑 2011~2015 年增量成本

综上,预估拟建项目的建设期投资增量成本为 110 元 / ㎡,按投资进度比例在建设期投入。

（2）绿色建筑运营期增量成本

根据大型公共建筑物长期运行的数据统计,其生命期（70 年）的成本分配如图3所示,其中运行与管理费用约占生命期成本（LCC）总费用的 85% 以上,而一次建设费仅为 15%。

图3 公共建筑物生命期成本中各项费用的比例

清林驿

——成都市锦城绿道上善居酒店设计

项目简介

经过详尽的调查分析，本项目定位于四星级休闲度假酒店，集会议、餐饮、亲子、农林等主题特色于一体，并提供精致的定制化服务。其中亲子主题和全过程的农林体验为酒店特色。

通过前期对成都周边交通、环境人群以及市场定位的详尽分析，我们以退台的方式，将客房主楼布置在场地南边，最大化利用东侧绿道景观、公共空间资源等。酒店的特别之处在于酒店大堂放置在第三层，通高两层，具有良好的景观视线。底部架空形成风通道，使场地内具有良好的环境。以大堂作为分区界限，大堂以上为客房区，以下为公共区，分区明确，既保证了客房的私密性也保证了公共区的易达性。

团队构成

建筑 —————— 叶昕 刘涵 李姿默 ——————

土木 —————— 刘浪 朱竞高 ——————

给水排水 —— 赵博 ——————

暖通 —————— 杨璨 ——————

电气 —————— 尹司唯 ——————

建管 —————— 张若辰 苏妍 李亚培 ——————

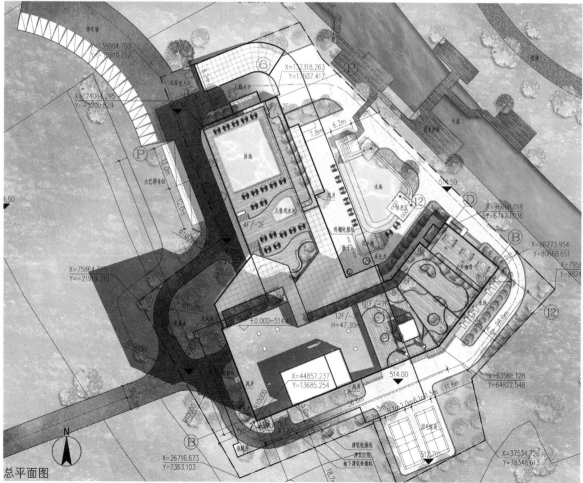

总平面图

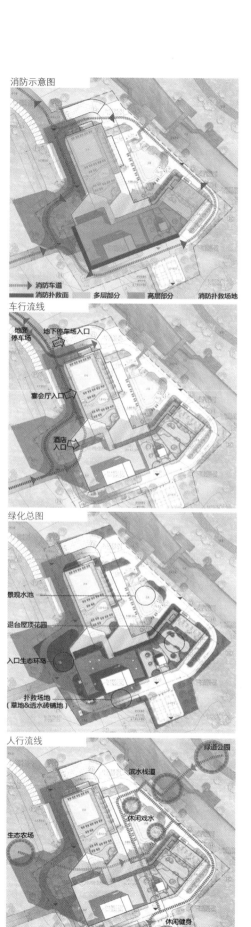

消防示意图

车行流线

绿化总图

人行流线

总平面分析

西向豪华标间 A0

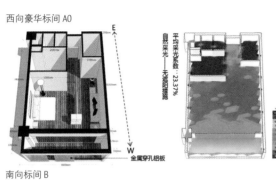

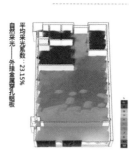

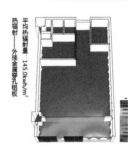

自然采光分析：
西向豪华标间模拟参考平面距楼面750mm，由于采用大面积落地玻璃窗，外设穿孔金属板等措施缓解西晒，客房采光平均系数23.15%（标准值2.0%），客房内整体采光效果良好，分布均匀，穿孔板对客房采光影响不大。
热辐射分析：
由对比可看出，穿孔板可有效降低客房热辐射，提高舒适度。

南向标间 B

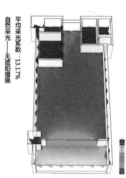

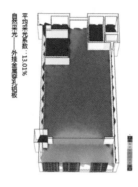

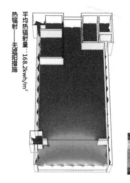

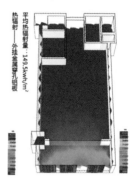

自然采光分析：
南向标间模拟参考平面距楼面750mm，南侧设有穿孔板，客房采光平均系数13.01%（标准值2.0%），客房内整体采光效果良好，分布均匀，穿孔板对客房采光影响不大。
热辐射分析：
穿孔板的使用使室内热辐射由168.2kwh/m²降为149.5kwh/m²可有效降低建筑热能耗。

客房采光分析

整体风环境 3D 示意图

成都地处夏热冬冷地区，属于静风区，全年平均风速1m/s，主导风向为北偏东，模拟选取主导风向风速约5m/s，其中夏季风速较大，冬季较小。

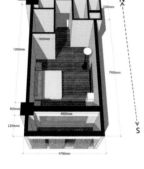

模拟选取三个典型水平切面进行风环境分析，分别为底部架空层、空中泳池公共区域和顶部客房层。分析建筑风环境对室内外舒适度的影响，以及不同空间功能的影响。
建筑主入口处及南侧的架空，整体为向外开口式布局，可顺利引导风进入场地，北向可分流穿过整个建筑，带走建筑热量。

底部架空层（H=1200mm）风环境模拟分析

风速平面图

风速剖面透视图

风速矢量图

由模拟结果可看出，建筑底部风速分布在0.2-0.7m/s之间，中央公共休闲区平均处于0.8m/s，均处于人体舒适度范围内，整体舒适度良好。由于建筑主入口处及南侧的架空，整体为向外开口式布局，可顺利引导风进入场地，未产生涡流。

空中泳池层（H=25000mm）风环境模拟分析

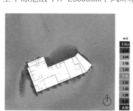

风速平面图

风速剖面透视图

风速矢量图

由模拟结果可看出，建筑空中泳池部分整体风速在1m/s左右，满足人体舒适度要求，夏季可为客人创作怡人的室外风环境。客房部分周边风速在0.8m/s左右，可为室内提供良好的通风条件，建筑南侧小部分区域风速较小，转角处风速加大，无涡流产生。

客房层（H=45000mm）风环境模拟分析

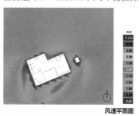

风速平面图

风速剖面透视图

风速矢量图

由模拟结果可看出，建筑上部客房层无涡流产生。东侧的室外平台处由于核心筒的影响出现风速稍加大的情况，夏季可提供良好室外风环境。

建筑整体风环境模拟

承重柱
钢筋混凝土
900*900

电气照明
光源：
荧透型荧光灯，暖色
TLD30W/29

强电桥架
桥架
200*100

弱电桥架
桥架
200*100

热水管
不锈钢管，50厚保温
DN65
平均温度53.2℃
循环流量58.05L/s

给水管
不锈钢管
DN50
流速0.85m/s

通气管
UPVC管
DN100

污水管
排水管
DN100
设计秒流量2.5L/s

废水管
排水管
DN100
设计秒流量2.3L/s

主&次梁
钢筋混凝土
主梁:350*900
次梁1:250*700
次梁2:200*500

非承重隔墙
轻集料混凝土小型空
心砌块

风井

水井

金属穿孔铝板

窗帘盒

真空复合中空Low-E钢化玻璃

透水木板地面

灯槽

防火石膏板材吊顶

喷淋管
镀锌钢管
DN100
DN32   DN25   DN50

风机盘管
495*230*600
型号：FP-51
风量：380m³/h
制冷量：2585W

排气管
塑料波纹管
φ100
排风量100m³/h

风管
镀锌钢管
120*120
160*120

门禁系统

客房专业协同剖透视

B-P轴立面图

Solar

South

蒸发

蒸发

垂直绿化(攀援植物)

降雨

屋顶绿化集水组水系统

遮阳穿孔金属板

室内环境控制
智能空调控制系统
智能客房控制系统

屋顶绿化集水排水系统

真空复合中空Low-e玻璃

地面雨水收集系统

水池

空中大堂呼吸式玻璃幕墙

地下层自然采光

透水铺装下渗

生活水池

热水加热机房

绝热金属板

地板辐射热水

透水铺装地面

冷热通风机房

雨水调蓄池

200m 埋地敷设

透水铺装下渗

利用水泵将农集到的
雨水用于植物的浇灌

绿建系统分析图

热源烟气引入管   高区冷水管
热源水引入管   低区冷水管
冷水管   中水系统
地板辐射热水管   冷热水回管
冷热水   蒸水管

— 227 —

一层平面图

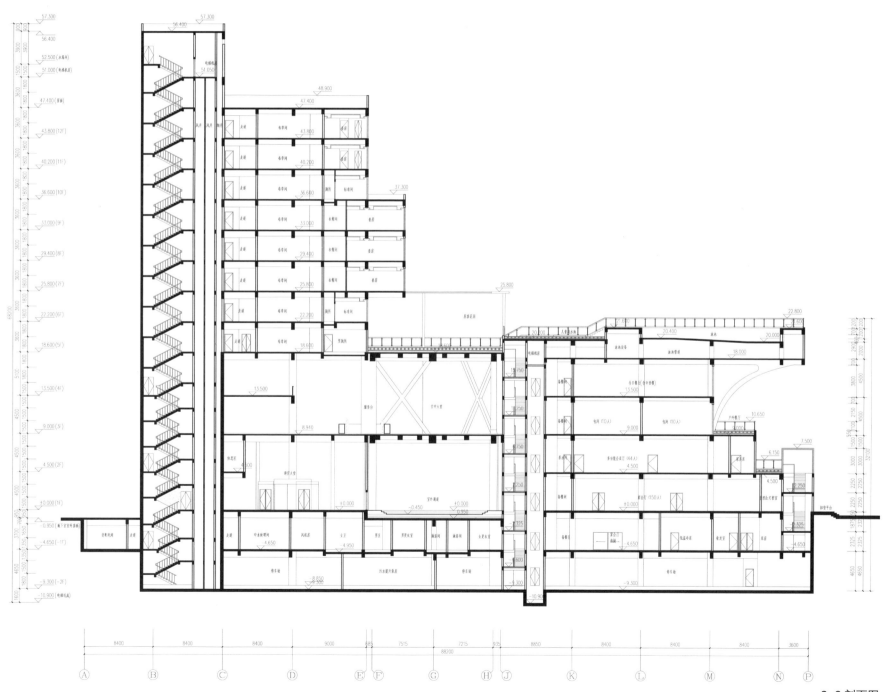

2-2 剖面图

建筑 FACULTY OF ARCHITECTURE AND URBAN PLANNING

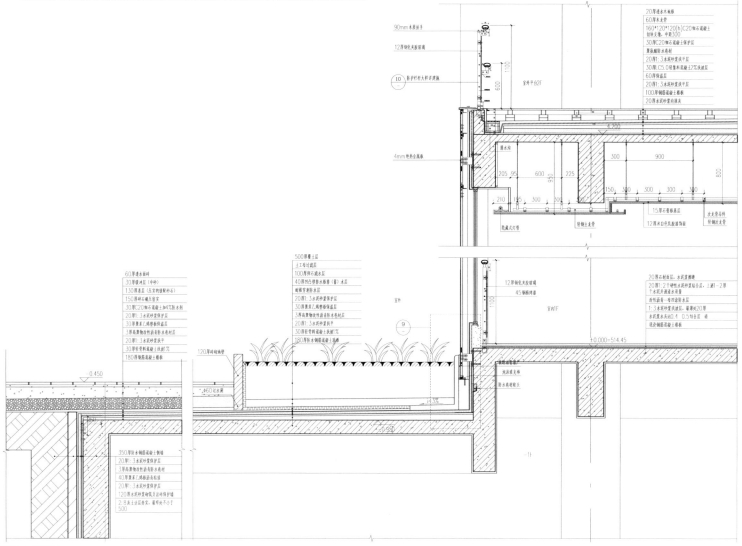

墙身详图（局部）

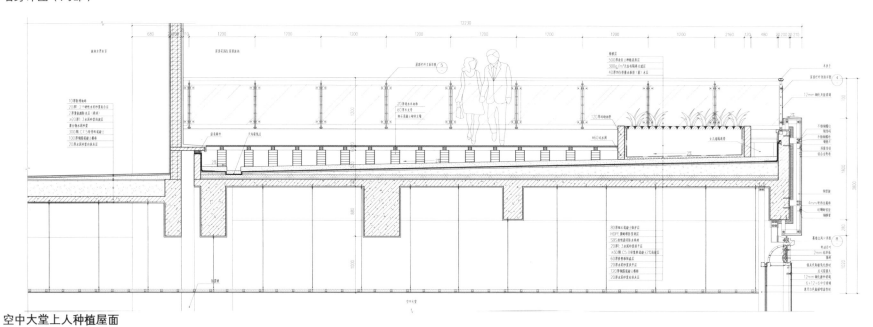

空中大堂上人种植屋面

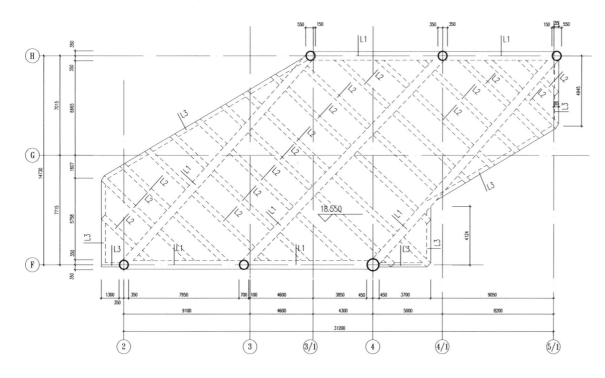

18.550 结构平面布置图（初步设计）

1. 空中大厅结构方案

（1）设计难点

1）楼板为异形板，沿板跨度方向的弯折角度较大，两侧柱子之间无法以正交梁系连接，则布梁困难。

2）楼盖跨度为 16.8m，横向尺寸为 23.7m，梁的截面尺寸较大。

3）出于建筑需求，该结构不得增设落地的竖向构件，形成了三块悬挑板，则板的挠度较难控制。

（2）梁系布置

异形板难免会有许多梁相互斜交，但应通过合理的传力路线，使板的挠度尽可能小。如图1，沿板的跨度方向布置了 3 根截面为 600mm×1000mm 的主梁。B区域的两块四边形板各有四点支承，较稳定；而针对A、C 区域悬挑板的情形，将梁布置成鱼刺状，即次梁大致沿与主梁垂直的方向，从主梁上若干个大致等距的点上平行伸出，则该区域的悬挑板可视为由多条平行的悬挑梁承担荷载，悬挑梁再将荷载传导至主梁。整个梁系较为规则，受力合理。

（3）支撑布置

既要防止悬挑板的自由端过度下挠，又不能在结构一层设置斜撑而破坏景观效果。经与建筑专业协商，最终采用在结构二层设置交叉斜撑，来托举一、二层楼板的方案。具体地，在图 1 的悬挑板 A 上布置两组交叉斜撑，在悬挑板 B 上布置一组交叉斜撑，如左图 2。

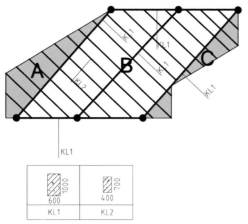

图 1 异形板的梁系布置

图 2 结构二层的交叉斜撑

2. 热水系统方案比选

（1）热源选择

本设计热媒来源于发电厂可循环的废热水，所以采用容积式加热器换热。

（2）分区供水方式选择

共有集中式与分散式两种供水方式，本设计采用全日制、集中式、同程、机械循环的闭式热水系统，管道采用上供下回的方式布置。其中高区为立管循环，低区为干管循环的供水方式。

3. 热水系统设计流程

（1）竖向分区（同冷水给水系统）

低区供应 −2~4 层，冷水水源来自市政管道直接供给；高区 5~12 层，冷水水源均来自高位冷水箱。

（2）确定用水定额

（3）分区内热量（包括耗热量与供热量计算）与热水量计算

（4）水加热器选型，加热器热量及水量计算

（5）热水配水管网水力计算，膨胀管、膨胀罐以及冷热水压力校核

（6）热水循环管网水量分配与水力计算

（7）循环水泵选型与校核

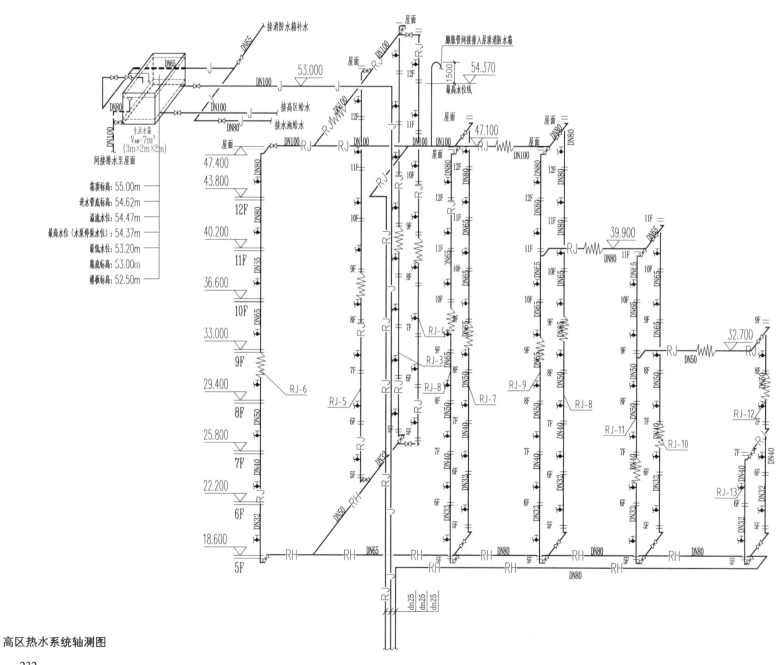

高区热水系统轴测图

4. 暖通冷热源技术性方案比选

（1）地表水地源热泵

地表水地源热泵是利用了地表水体所储藏的太阳能资源进行能量转换的供暖空调系统，利用江、河水代替常规水冷式冷水机组的冷却塔，高效节能。

（2）地埋管地源热泵

地埋管地源热泵是利用大地中的低品位热源的热泵系统，冬季通过热泵将大地中的低品位热能提取到室内，对建筑供暖，同时将冷量储存在大地中，以备夏季制冷用，夏季反之。

（3）空气源热泵

空气源热泵机组以室外空气为冷热源，由于空气在任何时候任何地方都易于获得，并为热泵机组提供所需的冷热量，对换热设备无害，应用极为方便，且省去了冷却水系统，可安装在室外、阳台或屋顶，节约了冷热源机房及初投资。

（4）烟气型吸收式冷热水机组

烟气型吸收式冷热水机组是一种利用废热制冷制热的机组，夏季通过引入机组的大于300℃的烟气进行制冷，冬季同样通过引入机组的大于300℃的烟气用于制热，耗电量仅为同制冷量水冷冷水机组的1/30，且使用烟气（工业废热）是100%的绿色能源，采用天然的水和溴化锂为介质，而非氟利昂，极为环保。

从技术层面上认为使用烟气机组是最为经济合理的方式，一方面绿色节能，极大地节省了运行费用，另一方面合理利用发电厂废烟气，可以有助于减少发电厂散发的白烟，有助于提升酒店外围景致。

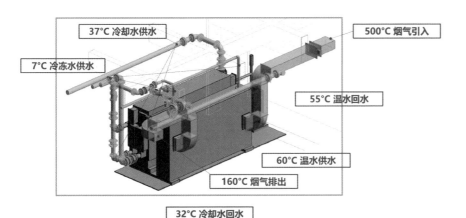

- 37℃ 冷却水供水
- 500℃ 烟气引入
- 7℃ 冷冻水供水
- 55℃ 温水回水
- 60℃ 温水供水
- 160℃ 烟气排出
- 32℃ 冷却水回水
- 12℃ 冷冻水回水

烟气机组方案图

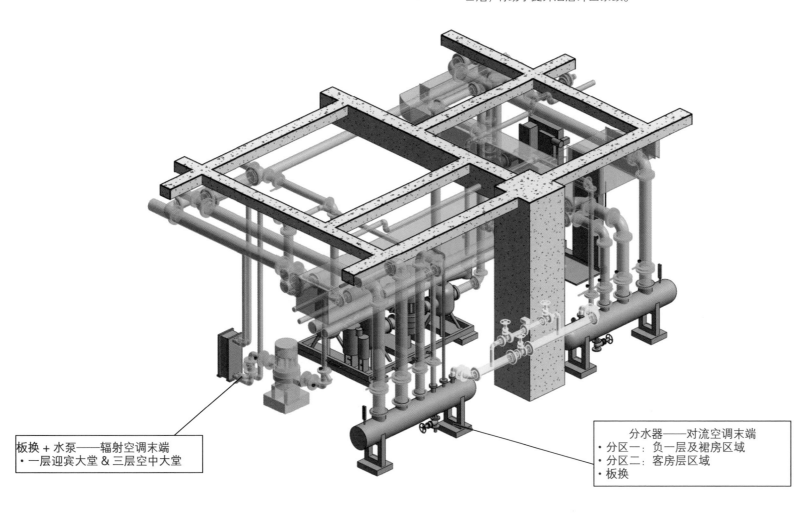

板换 + 水泵——辐射空调末端
- 一层迎宾大堂 & 三层空中大堂

分水器——对流空调末端
- 分区一：负一层及裙房区域
- 分区二：客房层区域
- 板换

末端方案图

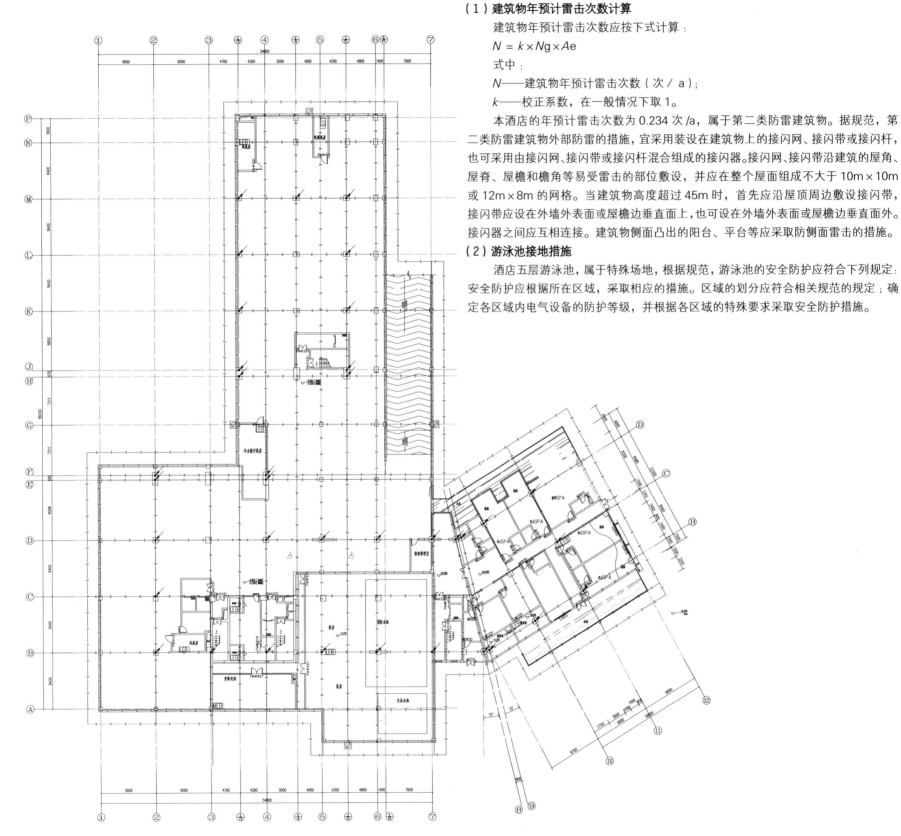

防雷接地平面图

5. 强电系统设计

（1）建筑物年预计雷击次数计算

建筑物年预计雷击次数应按下式计算：

$$N = k \times Ng \times Ae$$

式中：

N——建筑物年预计雷击次数（次／a）；

k——校正系数，在一般情况下取 1。

本酒店的年预计雷击次数为 0.234 次 /a，属于第二类防雷建筑物。据规范，第二类防雷建筑物外部防雷的措施，宜采用装设在建筑物上的接闪网、接闪带或接闪杆，也可采用由接闪网、接闪带或接闪杆混合组成的接闪器。接闪网、接闪带沿建筑的屋角、屋脊、屋檐和檐角等易受雷击的部位敷设，并应在整个屋面组成不大于 10m×10m 或 12m×8m 的网格。当建筑物高度超过 45m 时，首先应沿屋顶周边敷设接闪带，接闪带应设在外墙外表面或屋檐边垂直面上，也可设在外墙外表面或屋檐边垂直面外。接闪器之间应互相连接。建筑物侧面凸出的阳台、平台等应采取防侧面雷击的措施。

（2）游泳池接地措施

酒店五层游泳池，属于特殊场地，根据规范，游泳池的安全防护应符合下列规定：安全防护应根据所在区域，采取相应的措施。区域的划分应符合相关规范的规定；确定各区域内电气设备的防护等级，并根据各区域的特殊要求采取安全防护措施。

归野·染青

——成都市锦城绿道上善居酒店设计

项目简介

    酒店定位为四星级休闲度假酒店，主要针对来蜀旅游人群以及成都市区度假人群。策划部分房间作自主产权房，针对度假常住人群且利于快速回本。

    建筑主体量南北布置，通过体量扭转解决了场地景观朝向与日照朝向的矛盾。裙楼顺应车流、人流布置，面向规划公园开放。

    形态构思以景观为切入点，建筑面向景观作退台处理，削弱体量的同时有效利用屋顶空间，同时形成丰富的造型特点。此外，横向挑板也是造型要素之一。

团队构成

建筑 ———— 何广 夏婷婷 杨森琪

土木 ———— 张世东 李苡松

给水排水 —— 蒋莹朵

暖通 ———— 刘昕悦

电气 ———— 宿清玉

建管 ———— 刘海璇 辛志伟 于欢 陈诺

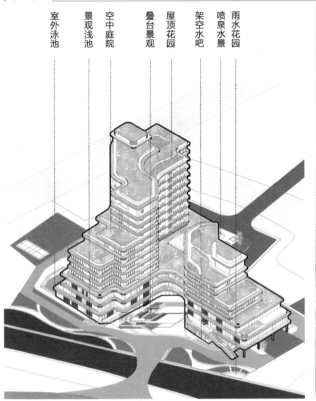

室外泳池
景观浅池
空中庭院
叠台景观
屋顶花园
架空水吧
喷泉水景
雨水花园

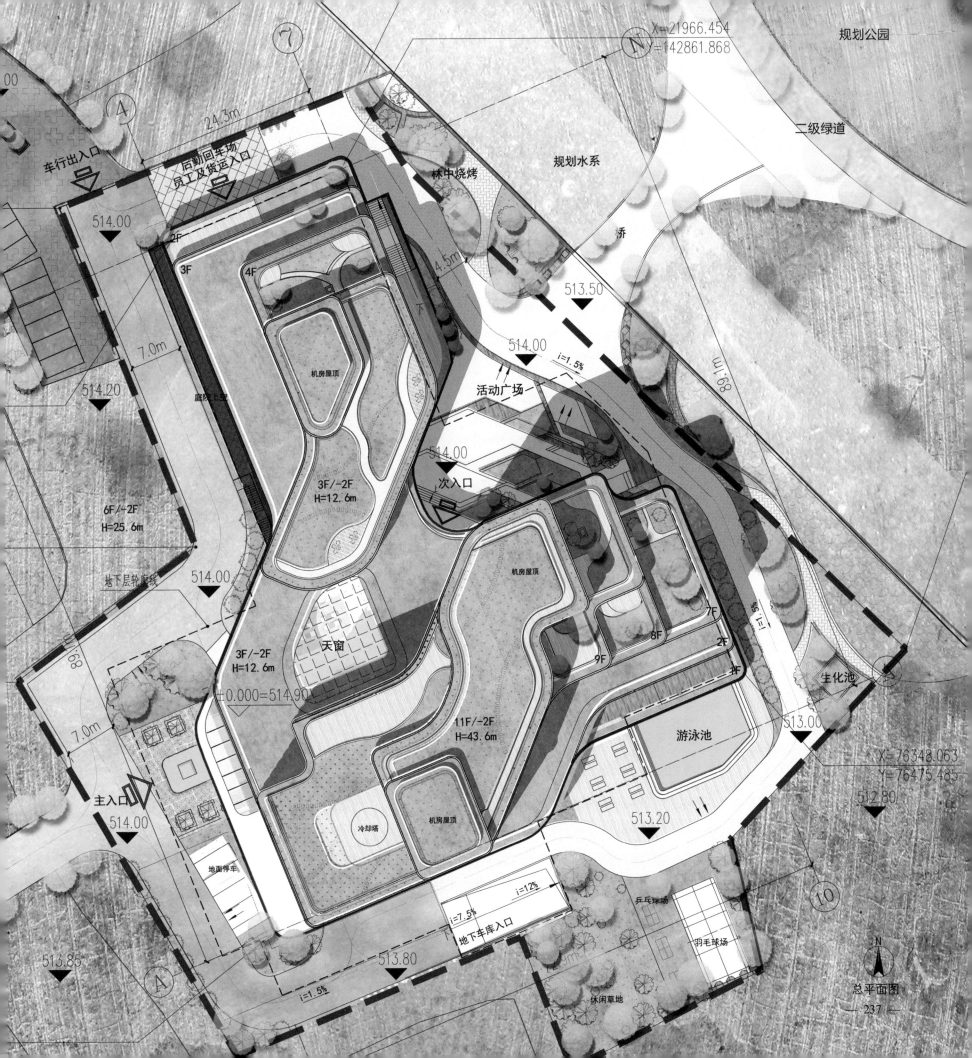

车行出入口

后勤回车场
员工及货运入口

规划公园

二级绿道

规划水系

林中烧烤

乔

X=21966.454
Y=142861.868

24.3m

514.00

2F

3F

4F

机房屋顶

4.5m

513.50

514.00

i=1.5%

活动广场

514.00

次入口

89.1m

7.0m

庭院上空

6F/-2F
H=25.6m

地下层轮廊线

514.00

3F/-2F
H=12.6m

天窗

3F/-2F
H=12.6m

±0.000=514.90

机房屋顶

7F

8F

9F

2F

i=1.5%

生化池

X=76348.063
Y=76475.485

513.00

512.80

7.0m

11F/-2F
H=43.6m

游泳池

513.20

主入口

514.00

地面停车

冷却塔

机房屋顶

i=12%

乒乓球场

10

513.85

i=1.5%

513.80

i=7.5%

地下车库入口

羽毛球场

休闲草地

总平面图

A

N

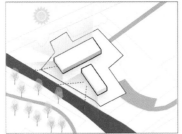

1. 总体布局

建筑主要面向良好朝向和主要景观面布置

2. 形体转折

形体适当转折以获取更大的景观面和朝向

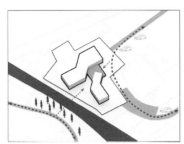

3. 大堂位置

根据两个方向的人流来向确定大堂位置

4. 形态优化

减少北向建筑面积，优化大堂衔接方式

5. 塔楼确定

南向升起塔楼，转折错开两个体量采光

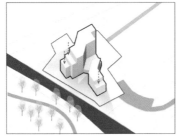

6. 建筑退台

沿景观面退台，形成公共观景平台

7. 延伸裙房

建筑向外延伸裙房，适应功能组织

方案生成

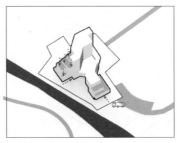

8. 调整退台

进一步调整退台和形体凹凸呼应场地环境

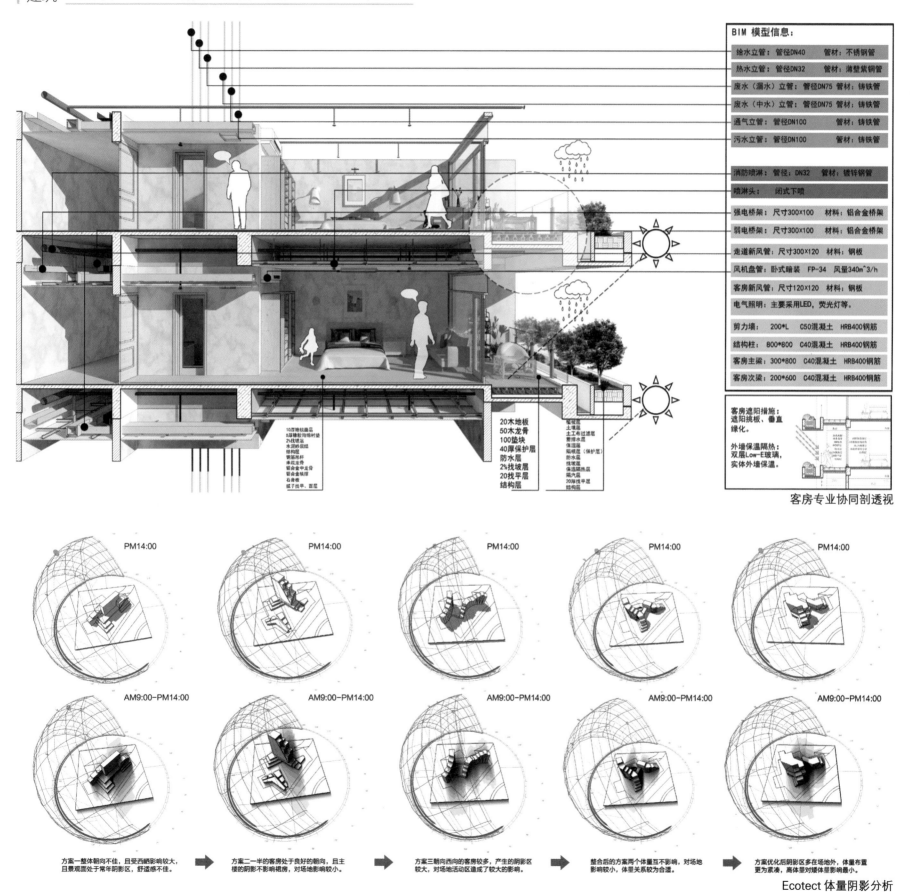

BIM 模型信息：

给水立管：管径DN40	管材：不锈钢管
热水立管：管径DN32	管材：薄壁紫铜管
废水（漏水）立管：管径DN75	管材：铸铁管
废水（中水）立管：管径DN75	管材：铸铁管
通气立管：管径DN100	管材：铸铁管
污水立管：管径DN100	管材：铸铁管
消防喷淋：管径：DN32	管材：镀锌钢管
喷淋头：闭式下喷	
强电桥架：尺寸300×100	材料：铝合金桥架
弱电桥架：尺寸300×100	材料：铝合金桥架
走道新风管：尺寸300×120	材料：钢板
风机盘管：卧式暗装 FP-34 风量340m³/h	
客房新风管：尺寸120×120	材料：钢板
电气照明：主要采用LED，荧光灯等。	
剪力墙：200*L C50混凝土 HRB400钢筋	
结构柱：800*800 C40混凝土 HRB400钢筋	
客房主梁：300*800 C40混凝土 HRB400钢筋	
客房次梁：200*600 C40混凝土 HRB400钢筋	

客房遮阳措施：
遮阳挑板、垂直
绿化。

外墙保温隔热：
双层Low-E玻璃，
实体外墙保温。

10厚橡胶面品
8厚橡胶泡沫衬垫
2%找坡层
水泥砂浆结
钢构层
钢筋吊杆
承托龙骨
铝合金中龙骨
铝合金横撑
石膏板
抵子找平、面层

20木地板
50木龙骨
100垫块
40厚保护层
防水层
2%找坡层
20找平层
结构层

植碎层
土填层
土工布过滤层
蓄排水层
保温层
隔热层（保护层）
防水层
找坡层
保温隔热层
隔内层
20厚找平层
结构层

客房专业协同剖透视

PM14:00　　PM14:00　　PM14:00　　PM14:00　　PM14:00

AM9:00-PM14:00　　AM9:00-PM14:00　　AM9:00-PM14:00　　AM9:00-PM14:00　　AM9:00-PM14:00

方案一整体朝向不佳，且受西晒影响较大，且景观面处于常年阴影区，舒适感不佳。

→ 方案二一半的客房处于良好的朝向，且主楼的阴影不影响裙房，对场地影响较小。

→ 方案三朝向西向的客房较多，产生的阴影区较大，对场地活动区造成了较大的影响。

→ 整合后的方案两个体量互不影响，对场地影响较小，体量关系较为合适。

→ 方案优化后阴影区多在场地外，体量布置更为紧凑，高体量对矮体量影响最小。

Ecotect 体量阴影分析

一层平面图

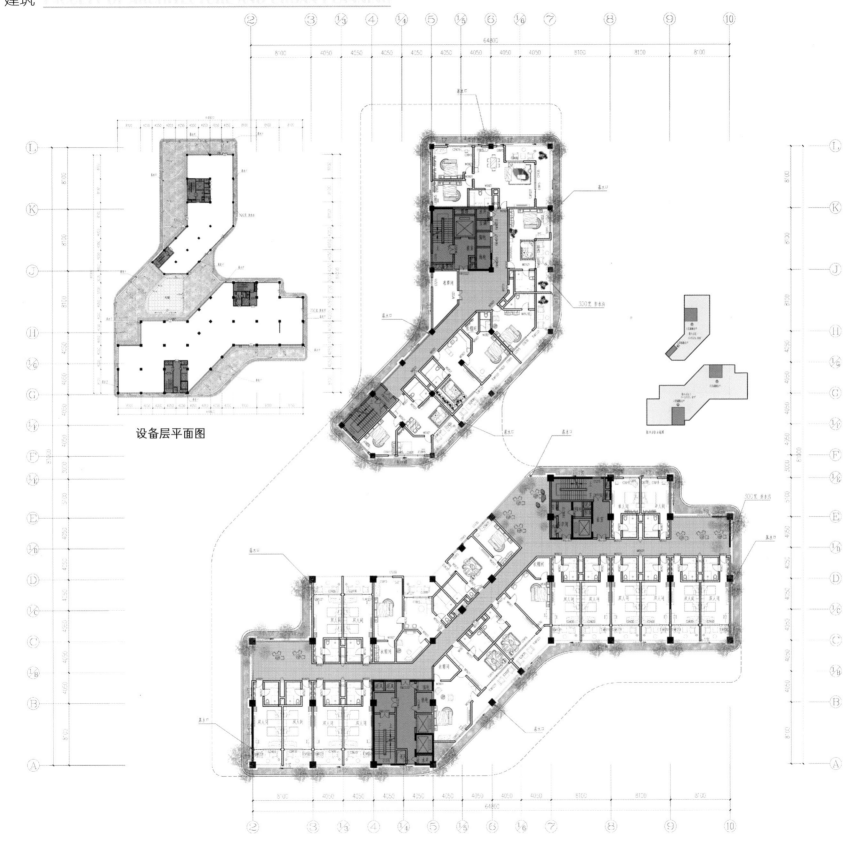

设备层平面图

四层平面图

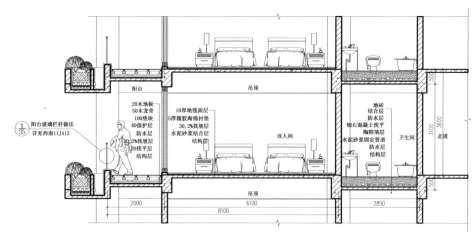

客房阳台剖面详图

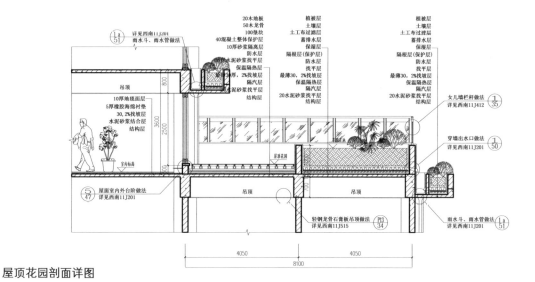

屋顶花园剖面详图

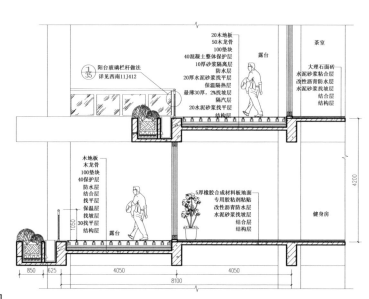

露台剖面详图

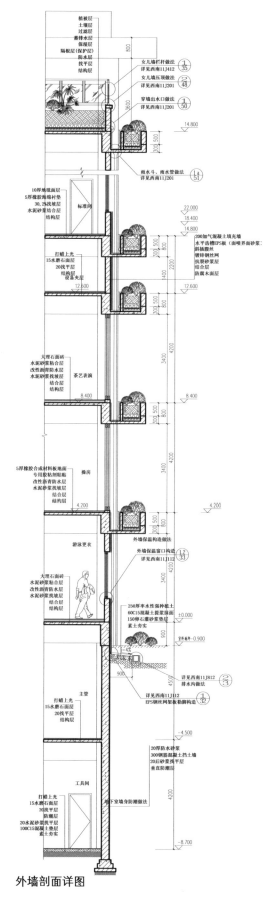

外墙剖面详图

1. 水平结构布置原则

（1）水平结构布置

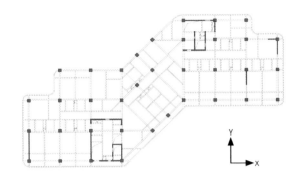

由于主塔楼局部在大堂之上，建筑对大堂有较为严格的净空要求，故在主塔楼的一部分区域不可以设置剪力墙，无法达到剪力墙均匀、周围的要求。但是通过与建筑专业在前期的沟通，在核心筒的位置，该项目基本做到了沿 X、Y 向对称布置，有利于结构整体抗扭转。

主塔楼在整体平面尺寸上长 76m，宽 24.3m，结构在 Y（宽）方向上 3 跨抗侧力较为薄弱，在结构布置时向建筑专业争取到了较多 Y 向剪力墙位置，多位于建筑客房中的隔墙，在考虑下层裙房的使用功能后布置。

X 向剪力墙布置在本次设计过程中面临不少问题：首先，在 X 方向建筑本身不规则，无法有效布置剪力墙；第二，X 方向为酒店景观面，建筑有景观面要求；第三，X 方向在地下室多为停车位，布置剪力墙多会影响地下室的使用。在此情况下，结构布置充分使用核心筒部分，在核心筒中多布置 X 方向剪力墙，同时为了平衡 X 方向刚度偏心，在相应位置布置 X 向剪力墙。

（2）竖向结构布置

由于该项目为 4 星级酒店，在给水排水和暖通方面有较高要求，故在 4 层设置层高为 2.2m 的设备转换层，导致在该层出现结构刚度突变，给结构竖向布置带来困难，在此我们采用将设备层以下的裙房和地下室的剪力墙适当延长的方法来应对和解决设备层带来的刚度突变问题。

在裙房的局部，应建筑要求，采用了小范围的框支结构，针对这个竖向结构不连续，由于是单层和小范围，故在计算过程中采取将内力放大的方式去考虑。

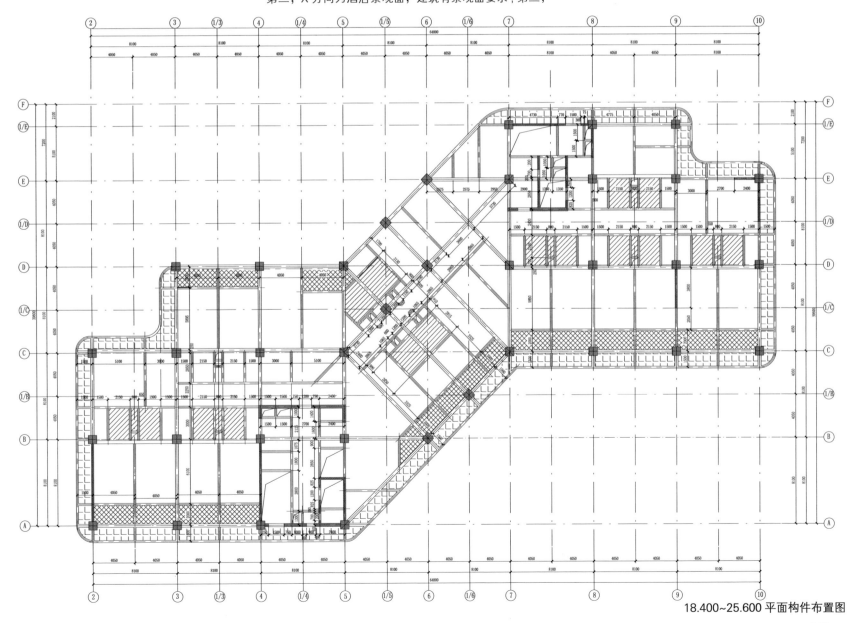

18.400~25.600 平面构件布置图

2.地下设备房间与其他专业的协同

1）变配电房、柴油机房、制冷机房均不能与水相关的设备用房贴邻（详见下图），也不能位于水用房的下部，以防漏水产生更大安全隐患。

2）应提前与建筑专业协调，给水排水用房布置尽量贴近市政管道，尽量避免管道穿越消防分区。

下图为地下一层给水排水平面布置图与建筑平面图对比。

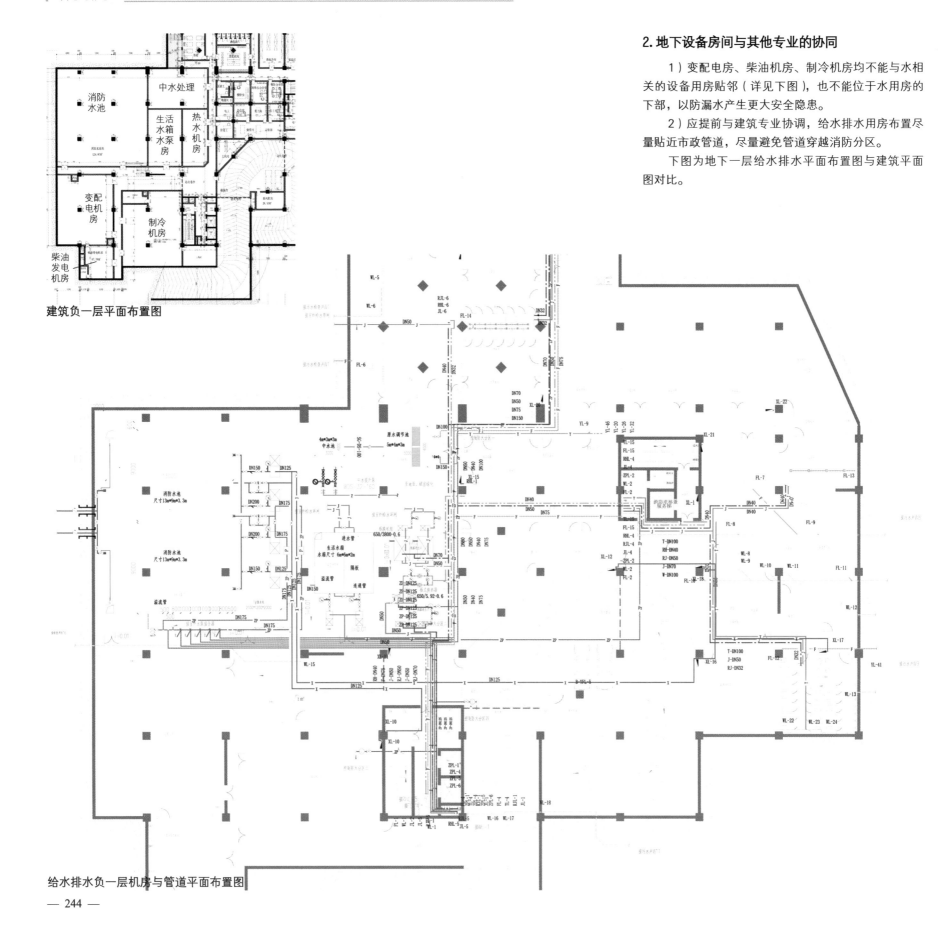

建筑负一层平面布置图

给水排水负一层机房与管道平面布置图

各房间系统划分明细表

系统编号	区域	功能	空调系统
K-B2	员工活动房间区域	办公、休闲	风机盘管+独立新风
K-B1-1	员工寝室区域	办公、休闲	风机盘管+独立新风
K-B1-2	办公及洗衣房区域	办公、休闲	风机盘管+独立新风
K-1-1	咖啡厅、西餐厅、进门区域	休闲	一次回风全空气机组
K-1-2	酒店大堂、文化展览	休闲	一次回风全空气机组
K-1-3	理疗室、游泳池房间	更衣、spa、淋浴	风机盘管+独立新风
K-2-1	二楼宴会厅	餐饮	一次回风全空气机组
K-2-2	备餐间、贵宾室、宴会厅前厅	休闲、餐饮	风机盘管+独立新风
K-2-3	中间休息大厅，景观区域	休闲	一次回风全空气机组
K-2-4	办公室、亲子游乐区、健身区域	办公、休闲、健身	风机盘管+独立新风
K-3-1	三楼宴会厅	餐饮	一次回风全空气机组
K-3-2	包间、宴会厅前厅	休闲、餐饮	风机盘管+独立新风
K-3-3	KTV包房、棋牌室、舞池	娱乐	风机盘管+独立新风
K-3-4	餐厅	餐饮	一次回风全空气机组
K-4~12	5-12层客房	休息	风机盘管+独立新风

3. 空调风系统设计

（1）房间系统划分依据

全空气系统属于集中式，适用于房间面积大或多层、多室而热湿负荷变化情况类似的房间。而一次回风系统处理流程简单，操作管理方便，机器露点较高，有利于冷源选择与运行节能。因此，公共区域的健身房、休息区等，都拟采用全空气一次回风系统，采用散流器送风。

风机盘管+新风系统属于半集中式系统，适用于空调房间较多，空间较小，且各房间要求单独调节温度的情况，比较适合酒店的客房。两种送风方式：百叶侧送风和散流器送风。

（2）负荷计算

1）夏季冷负荷

房间冷负荷由围护结构冷负荷、室内热源散热冷负荷和新风负荷组成。

其中，围护结构冷负荷包括外墙、外窗、外门、屋顶、内围护结构（内门、内墙、楼板）冷负荷，室内热源散热冷负荷包括人体、照明、设备冷负荷。

2）夏季湿负荷

①人体散湿量；②人体散湿形成的湿负荷。

3）冬季热负荷

①围护结构基本耗热量；②围护结构的附加耗热量；③冷风渗透和冷风侵入耗热量；④室内热源散热量；⑤新风热负荷。

4）空调计算冷负荷

①空调房间计算冷负荷；②空调建筑计算冷负荷。

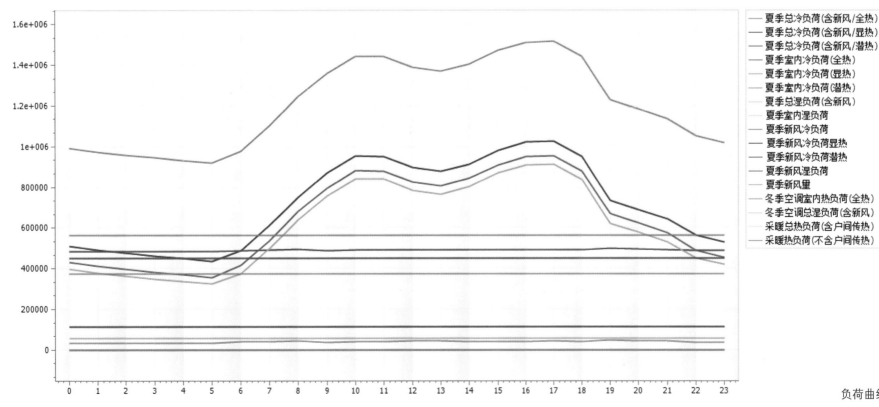

| 夏季总冷负荷(含新风/全热) |
| 夏季总冷负荷(含新风/显热) |
| 夏季总冷负荷(含新风/潜热) |
| 夏季室内冷负荷(全热) |
| 夏季室内冷负荷(显热) |
| 夏季室内冷负荷(潜热) |
| 夏季总湿负荷(含新风) |
| 夏季室内湿负荷 |
| 夏季新风冷负荷 |
| 夏季新风冷负荷显热 |
| 夏季新风冷负荷潜热 |
| 夏季新风湿负荷 |
| 夏季新风量 |
| 冬季空调室内热负荷(全热) |
| 冬季空调总湿负荷(含新风) |
| 采暖总热负荷(含户间传热) |
| 采暖热负荷(不含户间传热) |

负荷曲线

4. 变配电所设计

（1）所址选择

本工程的变配电室设置在负一层，面积为 207.23m²，与柴油发电机房紧邻，周围是冷热机房、生活水泵房和车库等，靠近负荷中心，达到节能目的。

（2）变压器种类选择

常用的配电变压器有油浸式、气体绝缘和干式三种类型。一般正常环境的变配电所可采用油浸式变压器，民用建筑主体内的变配电所应采用干式或气体绝缘变压器。本工程选用 2 台环氧树脂浇注绝缘干式变压器，型号为 SCB10–800/10/0.4kV。

（3）主接线及电气设备选择

本工程中的两台变压器互为备用，平时正常工作时，两台变压器分列运行，联络开关断开；当其中任意一台变压器故障时，可通过联络开关的投切，保证重要负荷的连续供电。10K 电源进线开关选用 SF6 断路器保护，并装设避雷器及绝缘监测装置。

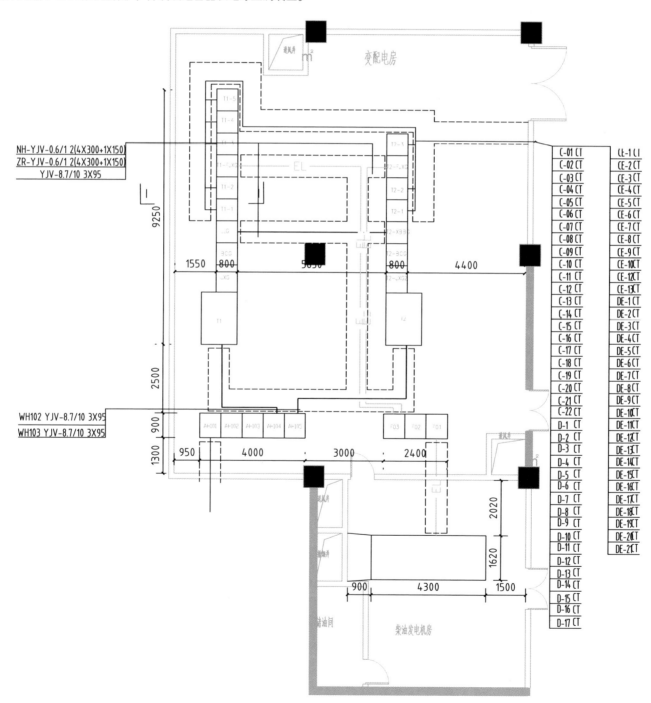

变配电室平面图

蜀城双院

——成都市锦城绿道上善居酒店设计

项目简介

　　设计以蜀地传统院落空间为原型，在空间游历中融入园林体验，以此作为文化功能的容器，易引起旅客对传统空间与文化的心理共鸣。

　　设计将传统自然材料和现代材料结合，延续传统色彩与肌理，唤起视觉、触觉记忆；景观配置采用"满竹院"的形式，是对蜀竹文化的充分回应，有利于"蜀风雅韵"清雅氛围的营造；功能配置为具有蜀文化特色的活动，有利于传统文化民俗的传承，同时与大文化公园片区内形成良好的功能互补。

团队构成

建筑 ——— 赖杨婷　蔡为哲　姚汉

土木 ——— 林晨　叶美琳

给水排水 ——— 李亚男

暖通 ——— 张译支

电气 ——— 张文爽

建管 ——— 张潇冉　胡万萍　牛得爽　韦善芳

建筑

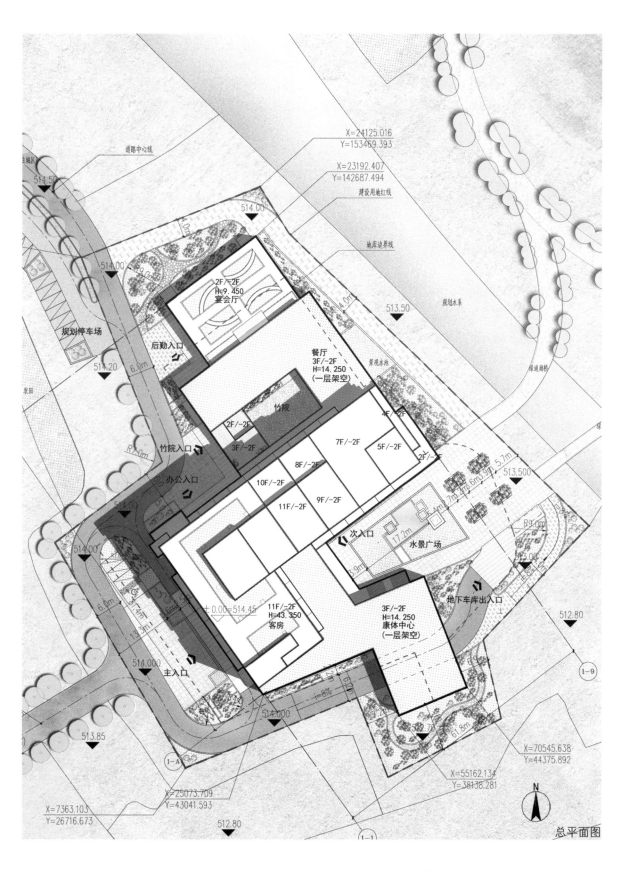

总平面图

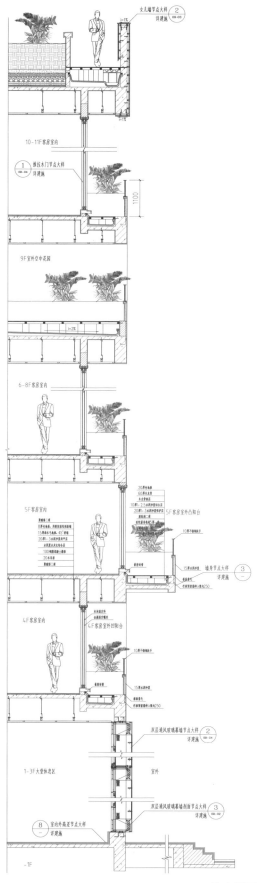

墙身详图

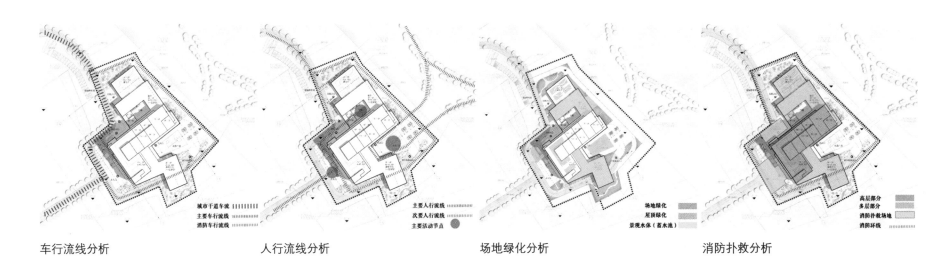

车行流线分析   人行流线分析   场地绿化分析   消防扑救分析

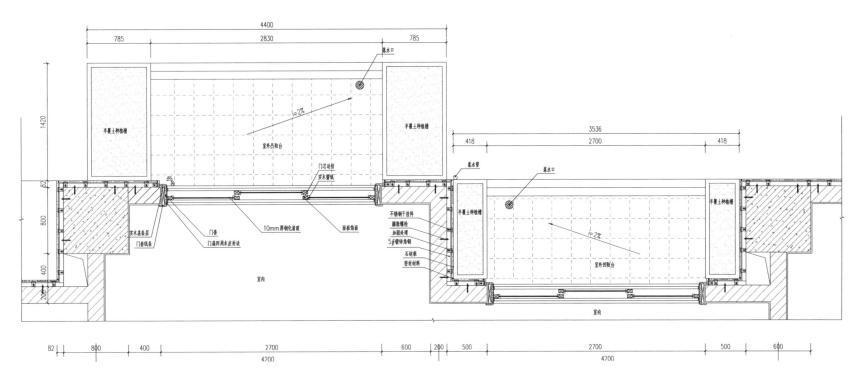

墙身平面详图

建筑剖透视图

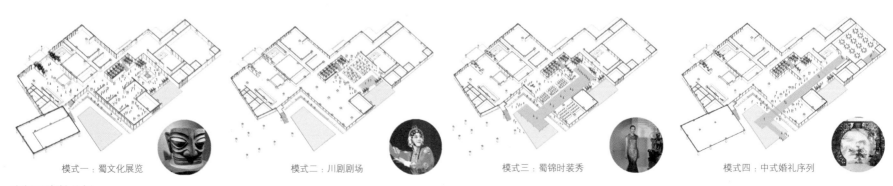

模式一：蜀文化展览　　　　　模式二：川剧剧场　　　　　模式三：蜀锦时装秀　　　　　模式四：中式婚礼序列

空间可变性分析

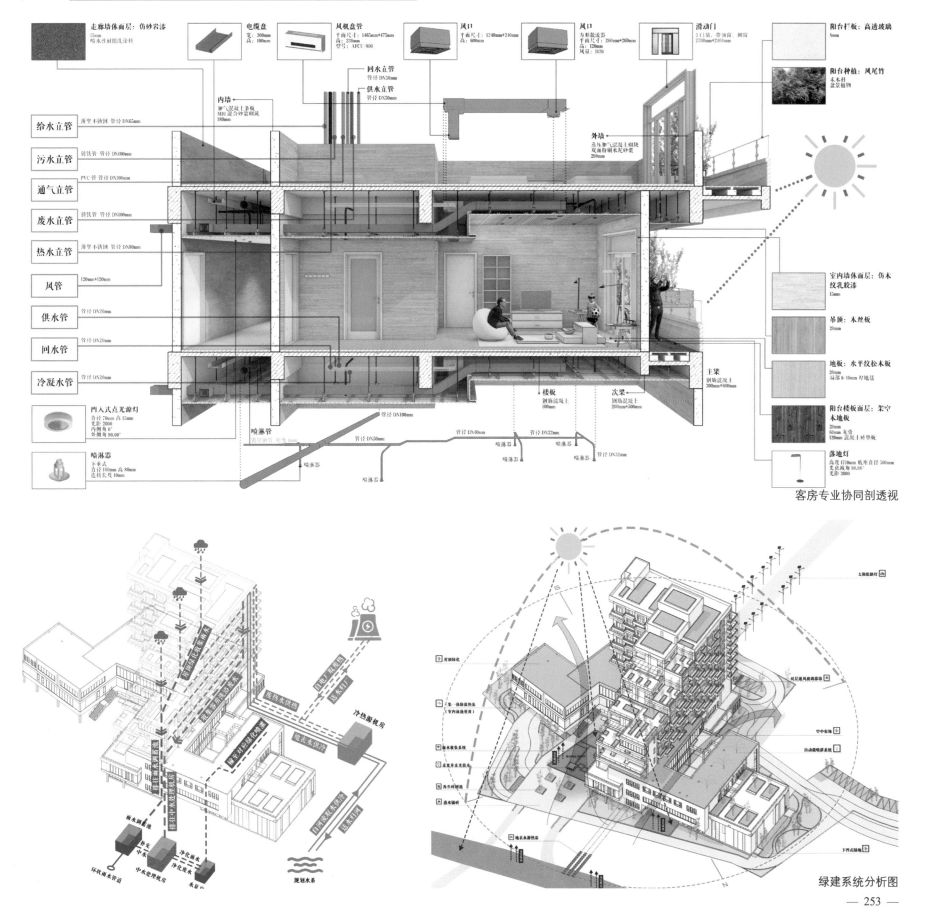

走廊墙体面层：仿砂岩漆
15mm
喷水性耐擦洗涂料

电缆盘
宽：300mm
高：100mm

风机盘管
平面尺寸：1465mm*475mm
高：258mm
型号：AFCU-800

风口
平面尺寸：1240mm*240mm
高：600mm

风口
方形散流器
平面尺寸：250mm*250mm
高：120mm
风量：1030

滑动门
2.1 口厚、带油窗、钢窗
2700mm*2400mm

阳台栏板：高透玻璃
8mm

阳台种植：凤尾竹
禾本科
盆景植物

给水立管
薄型不锈钢 管径 DN65mm

污水立管
铸铁管 管径 DN100mm

通气立管
PVC 管 管径 DN100mm

废水立管
铸铁管 管径 DN100mm

热水立管
薄型不锈钢 管径 DN80mm

风管
120mm*120mm

供水管
管径 DN20mm

回水管
管径 DN20mm

冷凝水管
管径 DN20mm

内墙
加气混凝土薄板
M10 混合砂浆刷浆
180mm

回水立管
管径 DN50mm

供水立管
管径 DN50mm

外墙
蒸压加气混凝土砌块
双面粉刷水泥砂浆
200mm

室内墙体面层：仿木
纹乳胶漆
15mm

吊顶：木丝板
20mm

地板：水平纹松木板
20mm
局部 8-10mm 厚地区

阳台楼板面层：架空
木地板
20mm
60mm 龙骨
120mm 混凝土对垫板

嵌入式点光源灯
直径 70mm 高 15mm
光束：2000
内侧角 0°
外侧角 90.00°

喷淋器
下垂式
直径 100mm 高 80mm
连接长度 10mm

喷淋管
选注钢管 厚度 1mm

管径 DN100mm

管径 DN50mm

管径 DN40mm

管径 DN32mm

喷淋芯

主梁
钢筋混凝土
300mm*500mm

楼板
钢筋混凝土
100mm

次梁
钢筋混凝土
200mm*500mm

落地灯
高度 1710mm 底座直径 500mm
光束区域 90.00°

客房专业协同剖透视

绿建系统分析图

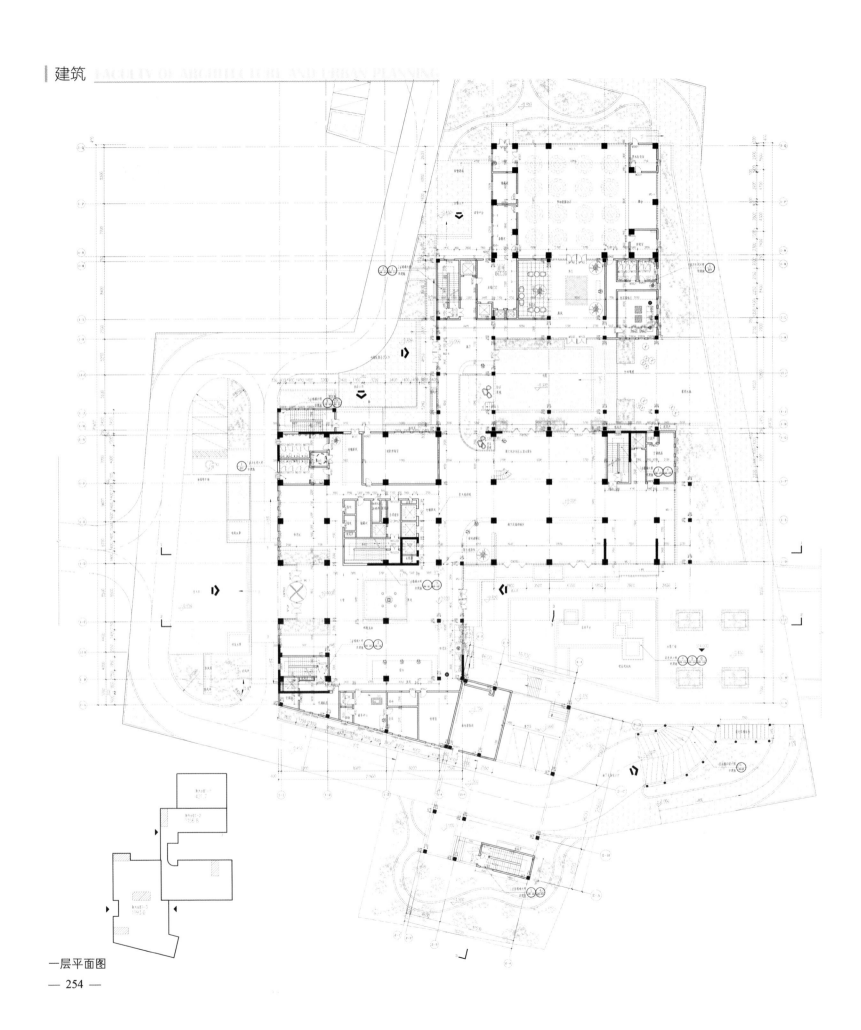

一层平面图

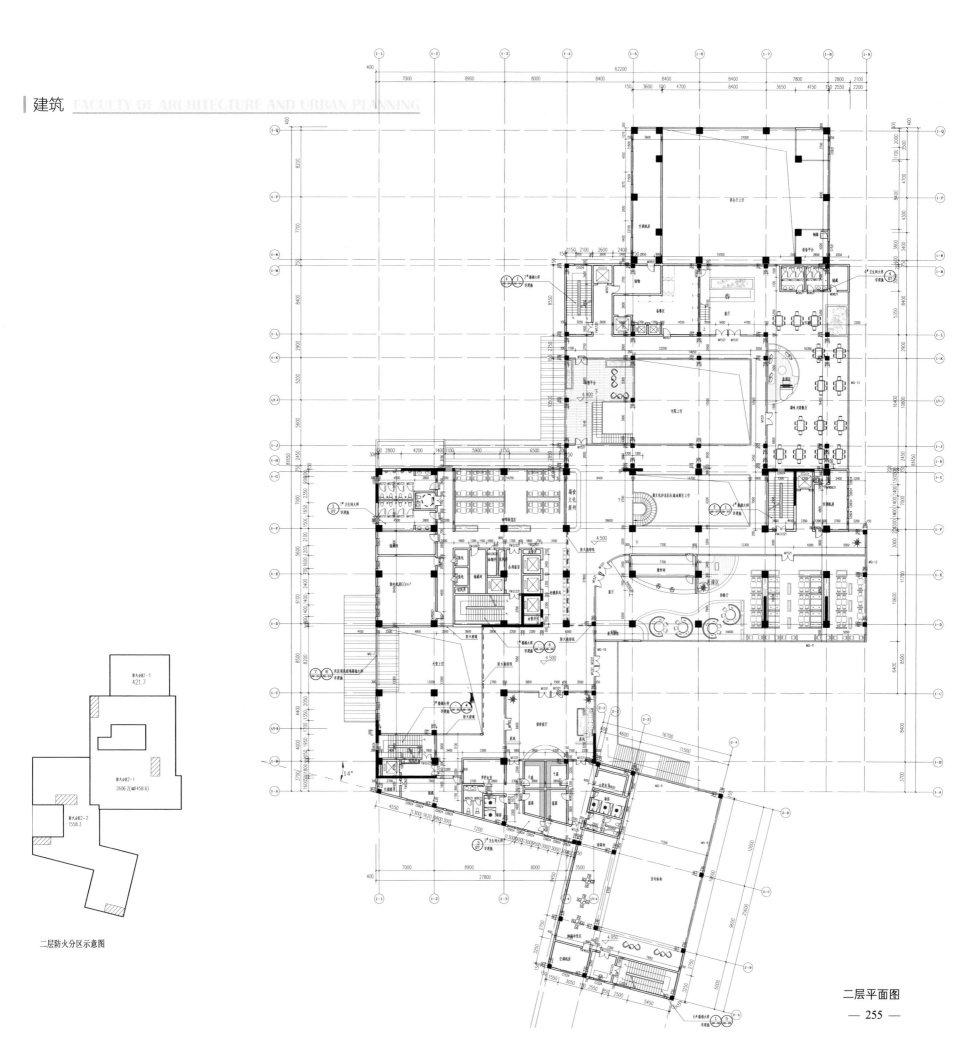

二层防火分区示意图

二层平面图

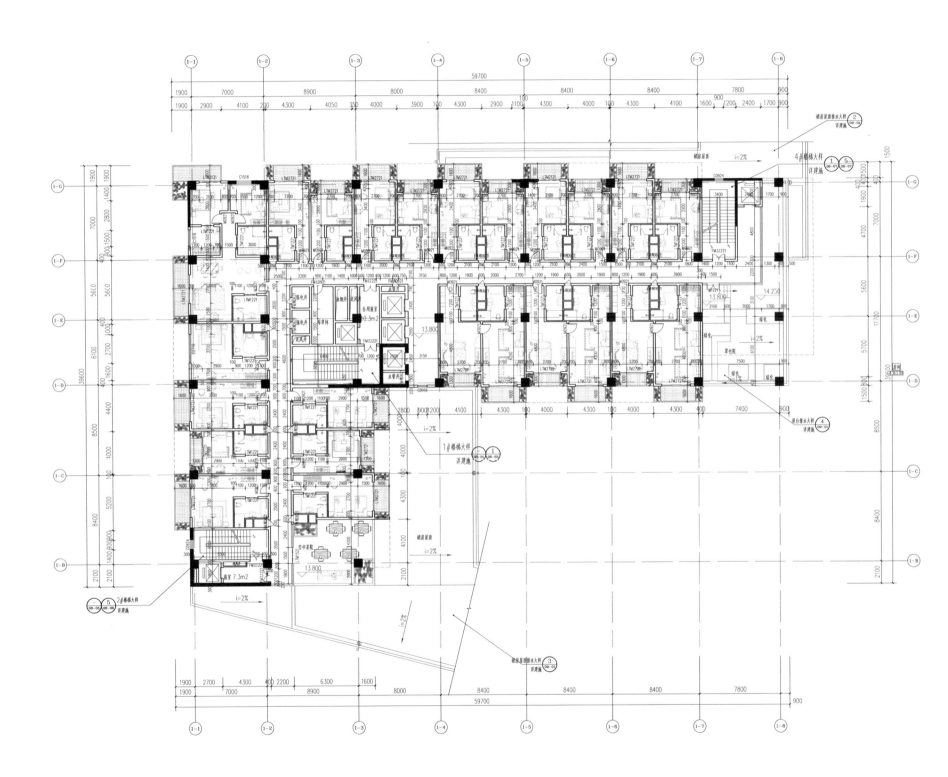

四层平面图

1.楼板局部不连续造成结构不规则

（1）楼板局部不连续的判定

有效楼板宽度 / 该层楼板典型宽度 =(27.1−12.5)/27.1=53.9%>50%（满足）；

开洞面积 / 该层楼面面积 =243.1/ 1122.6=21.7%<30%（满足）；

在扣除开洞后，楼板在任意方向的最小净宽度不宜小于 5m，且开洞后每一边的楼板净宽度不应小于 2m（洞口左边不满足）。

（2）针对楼板不连续的处理

开洞使楼板有较大削弱，楼板可能产生显著的面内变形，故：

1）采用考虑楼板变形影响的计算方法（本层设弹性膜）。

2）加厚洞口附近楼板。

3）采用双层双向配筋。

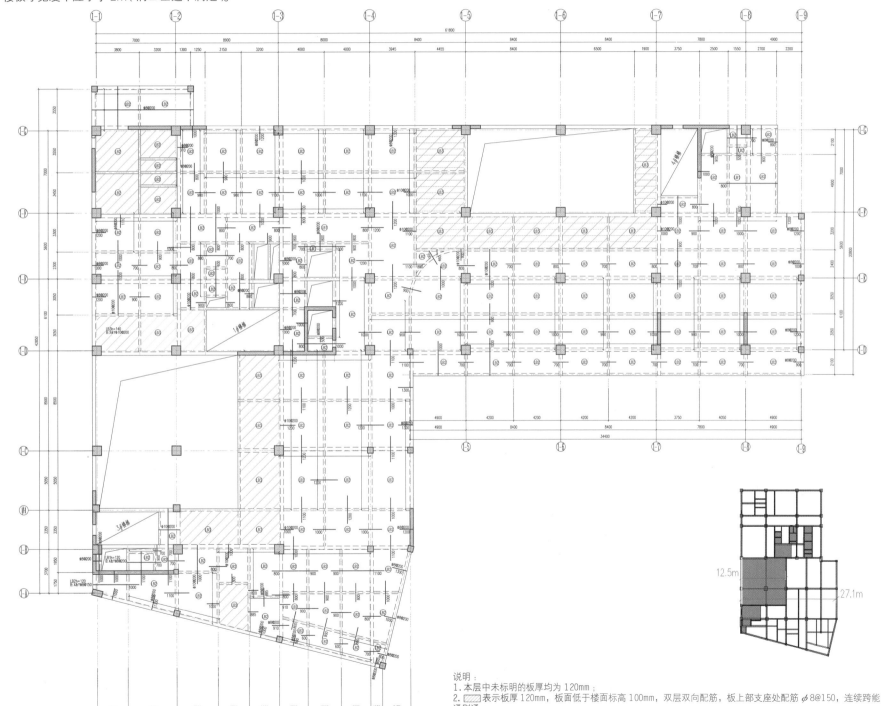

说明：
1.本层中未标明的板厚均为120mm；
2. 表示板厚120mm，板面低于楼面标高100mm，双层双向配筋，板上部支座处配筋 φ8@150，连续跨能通则通。
3. 表示板厚140mm，双层双向配筋，板上部支座处配筋 φ10@200，板下部支座处配筋 φ10@200，连续跨能通则通。

4.500 板平法施工图

2. 自动喷水灭火系统与其他专业的协同

1）根据建筑专业功能与空间高度合理确定自动喷水灭火系统方案。最常用的为湿式自动喷水灭火系统。

2）标准层走道内横向走管应与暖通专业协调管道标高（水管不能处于风管的上方），同时与建筑专业、结构专业协调走道吊顶内所需高度，保证空间净高。

在吊顶高度超过800mm，且吊顶内有可燃物时，吊顶内增加喷淋，如公共走道部位。

3）管径小于200mm的管道（如有保温，应计算保温厚度）可穿梁进入客房。

右图为给水排水自动喷水灭火平面布置图与建筑功能平面图对比。

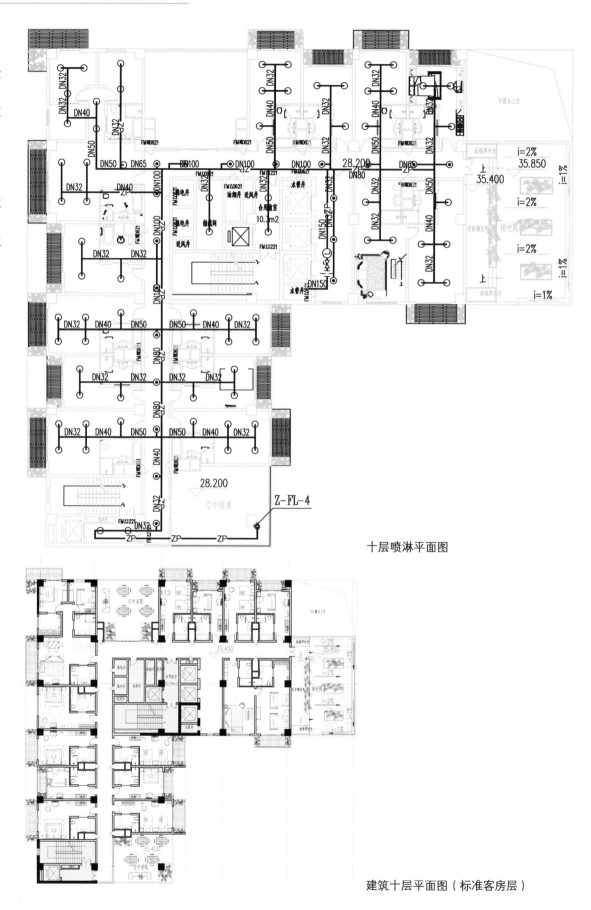

十层喷淋平面图

建筑十层平面图（标准客房层）

3. 冷热源方案可行性分析

各方案费用汇总				
序号	冷热源方案	初投资（万）	运行费（万）	相对投资回收期（年）
方案一	冷水机组 + 锅炉	133.7	155.9	1.7
方案二	地表水地源热泵	171.8	94.5	5.0
方案三	地下水地源热泵	173.8	83.3	2.0
方案四	地下水 + 电厂废热水地源热泵	180.8	80.1	1.0

如上表，就四种方案的经济性对比而言，方案四更优。

4. 空调运行策略

夏季：塔楼采用热湿分控，井水与循环水通过板换换热后，冷媒可直接为风机盘管供冷。

塔楼新风机由热泵机组制备 7~12℃水进行供冷。

裙房及地下室均由热泵机组提供 7~12℃冷水进行供冷。

根据逐时负荷曲线，夜间使用一台大机组，白天负荷升高到大机组的额定制冷量的 1.1 倍时，开启小机组。当负荷降低，大机组可以满足冷量需求时，关闭小机组，负荷进一步降低时，可只开启小机组。

冬季：一台大机组足以满足热负荷需求，使用发电厂废热水制热。

生活热水：生活热水机组全年使用发电厂废热水间接换热制热。

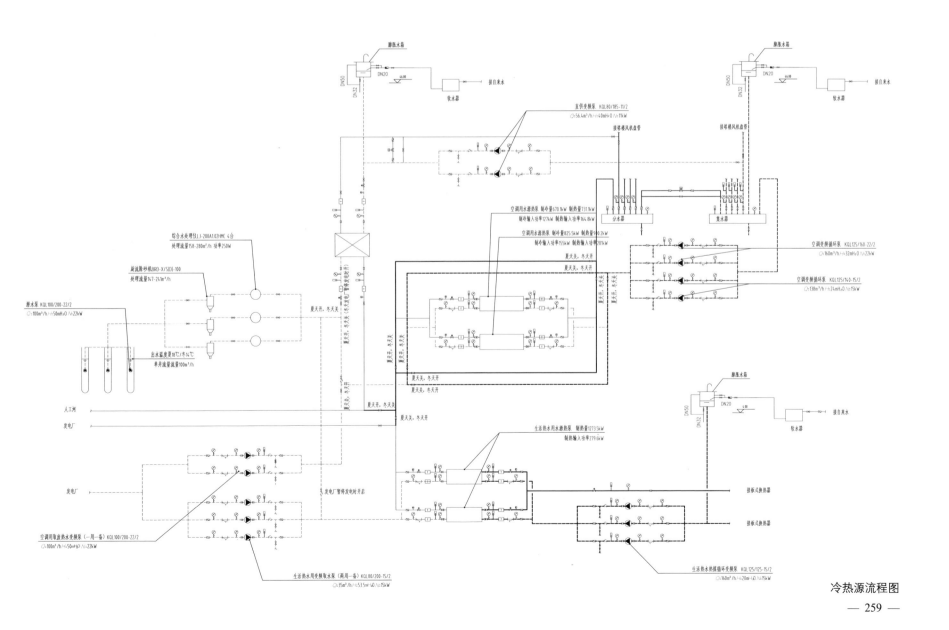

冷热源流程图

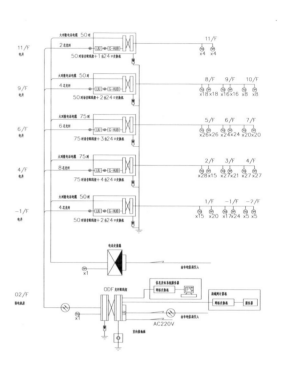

综合布线系统图

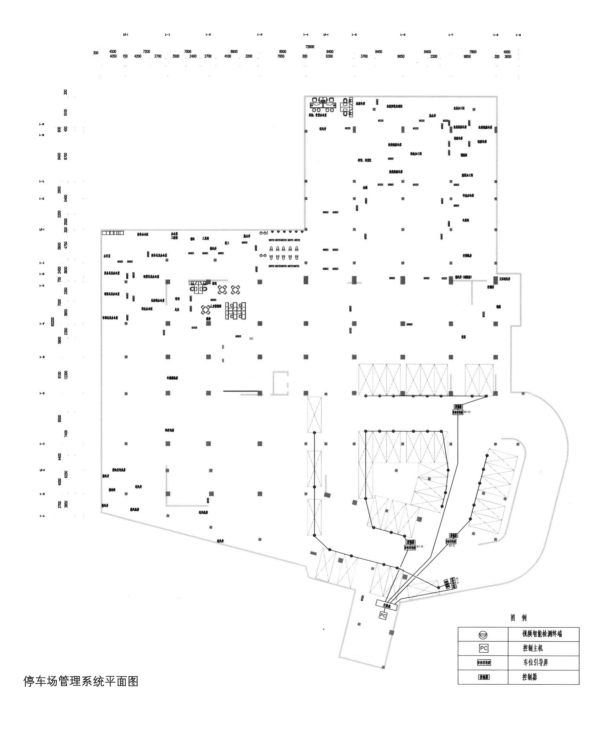

停车场管理系统平面图

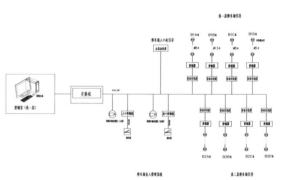

停车场管理系统图

图 例

⊖	视频智能检测终端
PC	控制主机
	车位引导屏
	控制器

The Multi-professional Graduate Design
of the Architecture Department

跨界 · 融合

201 **9**

课题一：　济南市金科世界城商业综合体设计

《白云出岫，流水下滩》

《Flow in Cube》

课题二：　成都市锦城湖酒店设计

《锦城藝》

《锦湖苑》

课题解读 PROJECT INTERPRETATION

用地详情

课题一：济南市金科世界城商业综合体设计

济南金科世界城商业综合体地块属济南市西客站片区，距泉城广场约 11.5km，距济南西站交通枢纽 2km。西邻齐鲁大道，东接齐州路，南侧为经十路，北侧横支 15 号路为城市支路。地块西侧有地铁 R1 线，南侧有地铁 M3 线，西南侧为地铁大杨庄换乘站，可直通项目用地内部，交通便利，具有高度可达性。基地呈规则的"L"形，南北长约 240 m，东西长约 300 m。地块西侧、南侧为城市绿化带，场地内部较为平整。

课题二：成都市锦城湖酒店设计

成都锦城湖酒店项目地处成都市高新区锦城湖公园西北角，北邻锦城大道，西邻成昆铁路，南侧、东侧均匀布被锦城湖公园环抱。地理位置优越，区域交通十分便利。本项目属于锦城湖区域的重要建筑，需展示出成都的新形象、新风貌。建筑布局应充分考虑周围环境的影响，合理利用地形地貌，尽量使较多的客房能够享受湖景资源。功能上应满足高端商务及城市休闲旅客的住宿要求，并可满足一定规模的会务要求。

济南金科世界城区位条件

成都锦城湖区位条件

专业协同

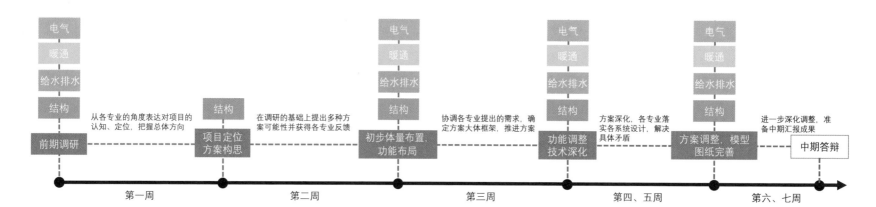

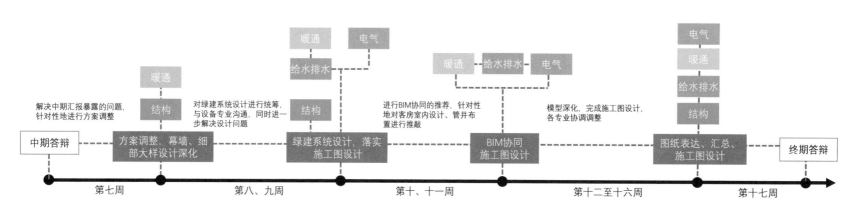

| 任务要求 **MISSION REQUIREMENT**

教学要求

　　要求学生具备建筑学专业五年级学生所应掌握的专业基础知识；熟悉城市综合体、绿色建筑、酒店建筑等方面的设计要点及技术要求；相关案例收集，参考书目和设计规范的前期准备；提前对已建成类似建筑进行实地调研、考察及分析；熟练掌握绘图、建模软件及模型制作技能；具备端正的学习态度，科学严谨的工作方法。

　　■　根据项目总体定位、可行性论证分析完成前期策划，确定城市综合体与酒店规模以及相应的功能指标组成，完成任务书的二次细化设计，并制定设计流程进度计划，设计应具有一定的前瞻性，能考虑区域酒店业发展的要求。

　　■　基于城市环境（周边建成区、道路等）的整体分析和城市规划管理的相关规定，合理进行总体布局、空间构成、流线组织及造型设计，营造良好的室内、外空间环境，使建筑与周围环境融为一体。

　　■　结合技术与自然的绿色建筑设计研究，充分考虑当地的气候特征，注重建筑节能和室内外生态环境设计，利用建筑或技术手段解决自然通风、日照控制等问题，采用低能耗的先进设备和可再生能源，营造适宜的建筑声、光、热环境，满足建筑智能化、人性化、环保节能的要求。

　　■　培养学生独立思考与综合研究、"全过程"设计与团队协调配合的能力。

设计内容（仅为建议，需具体策划制定）

　　主要功能包括商业裙房、酒店、公寓（或酒店式公寓）、办公楼。

总图设计

　　通过城市设计方法，明确不同功能体（办公、酒店、公寓）主体建筑的位置、外轮廓线与建筑高度；根据场地周边城市道路条件，规划不同功能的车行流线、进出口、停车区和门厅位置；酒店区域需要考虑出租车和大巴车的临时停放。

商业部分

　　商业裙房的主要交通节点设计和零售、休闲、服务等功能的规模与分区。

酒店部分

　　客房区：

　　　1）客房楼层：标准客房、无障碍客房、套房等；

　　　2）行政楼层：行政酒廊、商务客房、小会议室、接待室、总统套房等。

　　公共区：

　　　1）大堂：门厅、前台区、休息等候区、大堂吧（咖啡厅）、商务中心等；

　　　2）餐饮空间：中餐厅、全日制餐厅、特色餐厅、酒吧间等；

　　　3）宴会空间：多功能宴会厅、贵宾室、会议厅等；

　　　4）康体娱乐：SPA、KTV、舞厅、健身房、室内游泳池、美容美发等；

　　　5）其他：酒店部分商业功能可考虑结合商业裙房综合设置。

　　后勤区：

　　　1）行政办公区：前台办公、经理室、办公室、会议室、接待室等；

　　　2）员工生活区：员工餐厅、更衣室、休息室、培训室、活动室等；

　　　3）食物加工区：中央厨房、干货库、冷藏库、酒水库、储藏库等；

　　　4）其他：消防控制中心、洗衣房、垃圾房、库房、维修及设备用房等。

设计指标

　　用地性质为商业商务用地，设计需满足《济南市城乡规划管理技术规定》。规划要求地上容积率不大于 6.0，不小于 3.0，地下容积率不大于 2.7，建筑密度不大于 40%，绿地率不小于 25%。规划主体办公建筑高度控制在 180 m 左右。

　　　规划部分：总用地面积：40205 ㎡

　　　　　　　　总建筑面积：36.1 万 ~ 36.2 万 ㎡（其中，总计容建筑面积 34.2 万 ㎡左右）

　　　　　　　　容积率、建筑密度、绿地率：场地内平衡

　　　建筑设计部分：酒店总建筑面积：2.4 万 ~ 2.7 万 ㎡

　　　　　　　　客房数：200~240 间左右

　　建议酒店建筑的高度不超过 100m，服务标准定位为四星级及以上的多功能型商务酒店；可利用商业裙房屋顶设置酒店服务设施，并兼顾对外使用。停车位根据《济南市城乡规划管理技术规定》确定停车位数量。建议按 0.5 辆 / 每客房数设置停车位数量，其中 80% 地下、20% 地面，需考虑若干大客车停车位。

1 城市片区结构 | Urban Area Structure

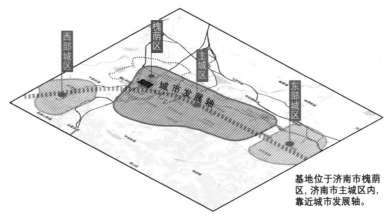

基地位于济南市槐荫区，济南市主城区内，靠近城市发展轴。

2 城市交通结构 | Urban Traffic Structure

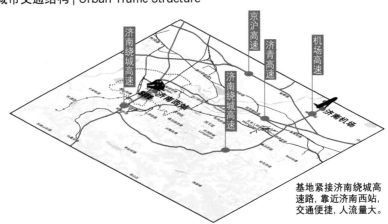

基地紧接济南绕城高速路，靠近济南西站，交通便捷，人流量大。

3 城市绿地分布 | Urban Green Space Distribution

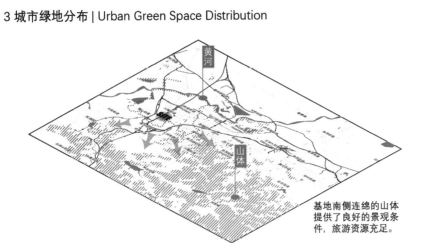

基地南侧连绵的山体提供了良好的景观条件，旅游资源充足。

4 酒店分布情况 | Hotel Distribution

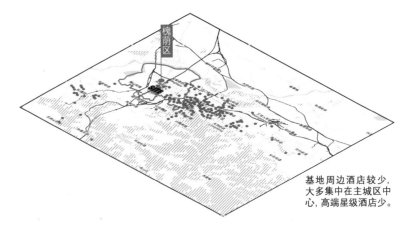

基地周边酒店较少，大多集中在主城区中心，高端星级酒店少。

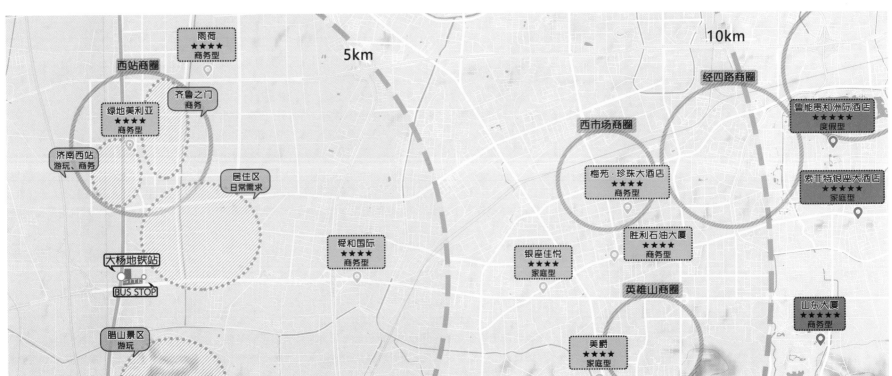

白云出岫，流水下滩

——济南市金科世界城商业综合体设计

项目简介

    济南金科世界城商业综合体地块属济南市西客站片区，距泉城广场约 11.5 km，距济南西站交通枢纽 2 km。西邻齐鲁大道，东接齐州路，南侧为经十路，北侧横支 15 号路为城市支路。

    地块西侧有地铁 R1 线，南侧有地铁 M3 线，西南侧为地铁大杨庄换乘站，可直通项目用地内部，交通便利，具有高度可达性。基地呈规则的"L"形，南北长约 240 m，东西长约 300 m。地块西侧、南侧为城市绿化带，场地内部较为平整。

团队构成

建筑 ——————	林涌波　黎彦希　沙越儿 ——————
土木 ——————	陈傲　高亮　刘蔚 ——————
给水排水 ——	柳井顺　赖鸿伟 ——————
暖通 ——————	田昊洋 ——————
电气 ————	张耀 ——————

矛盾与解决策略

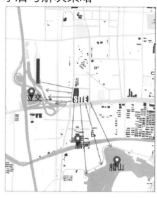

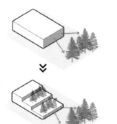

景观距离场地较远，低层裙房景观资源差。

利用裙房屋顶设置景观，形成多维体验式综合体。

景观视线

场地南向日照良好，但会对北侧住宅区日照形成遮挡。

裙房屋顶采用退台形式，根据日照模拟数据进行体量优化。

采光日照

场地呈 L 形，对东北侧的住宅呈包围趋势，形成大量消极空间。

以下沉广场为主体，在裙房上设置开放体验空间。

场地开放性

场地被城市快速干道包围，步行条件差。

灵活接取轻轨和公共交通，形成100%步行街区。

步行可达性

方案生成逻辑

1. 场地限定条件下的红线范围
2. 根据需求设置裙房
3. 根据周边高层确定塔楼位置
4. 根据人群主要来向退让广场作为引入空间
5. 根据人群分类区分功能和各部分入口
6. 调整酒店塔楼形态，获取最佳朝向及景观视线
7. 在场地内部交通汇集处退让缓解车流压力
8. 退台处理裙房，加入人群步行系统
9. 退台处理塔楼，呼应裙房
10. 主入口形成下沉广场和下沉庭院
11. 根据酒店受力体系设计立面，调整受力情况
12. 根据酒店塔楼及裙房形态深化立面

   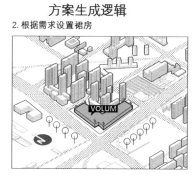  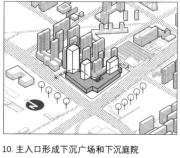  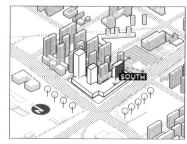  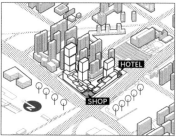 

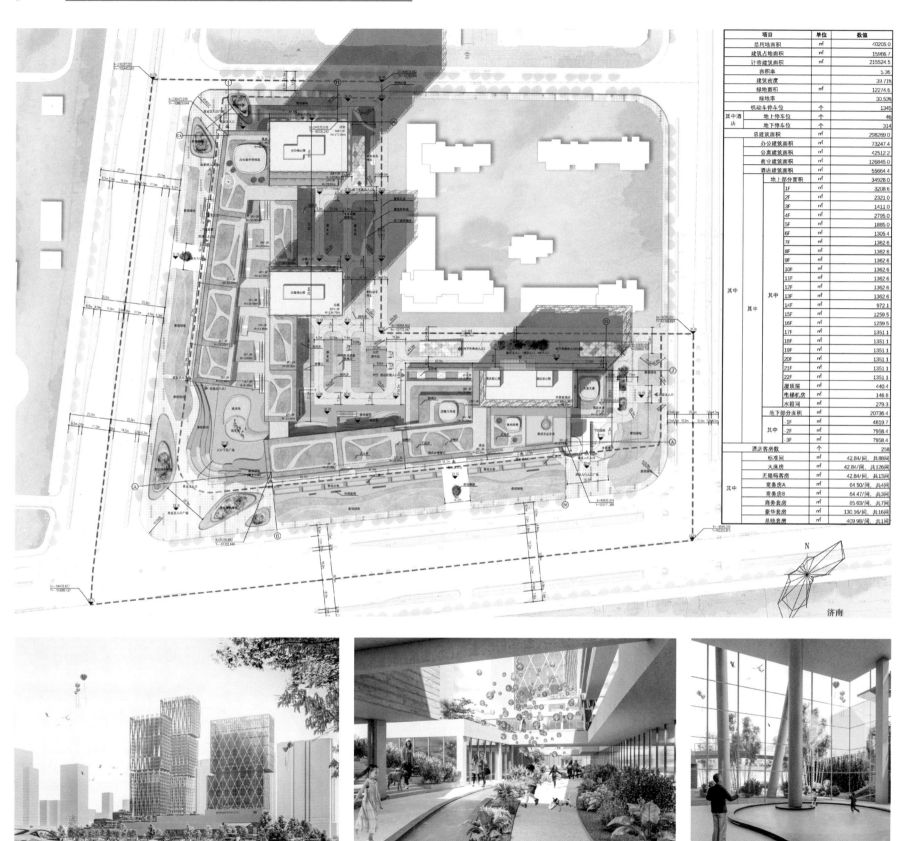

项目	单位	数值
总用地面积	m²	40205.0
建筑占地面积	m²	15966.7
计容建筑面积	m²	215524.5
容积率		5.36
建筑密度		39.71%
绿地面积	m²	12274.6
绿地率		30.53%
机动车停车位	个	1345
其中酒店 地上停车位	个	46
地下停车位	个	314
总建筑面积	m²	298269.0
其中 办公建筑面积	m²	73247.4
公寓建筑面积	m²	42512.2
商业建筑面积	m²	126845.0
酒店建筑面积	m²	55664.4
地上部分面积	m²	34928.0
1F	m²	3208.6
2F	m²	2321.0
3F	m²	1411.0
4F	m²	2795.0
5F	m²	1885.0
6F	m²	1305.4
7F	m²	1362.6
8F	m²	1362.6
9F	m²	1362.6
10F	m²	1362.6
11F	m²	1362.6
12F	m²	1362.6
13F	m²	1362.6
14F	m²	972.1
15F	m²	1259.5
16F	m²	1259.5
17F	m²	1351.1
18F	m²	1351.1
19F	m²	1351.1
20F	m²	1351.1
21F	m²	1351.1
22F	m²	1351.1
屋顶层	m²	440.4
电梯机房	m²	146.8
水箱间	m²	279.3
地下部分面积	m²	20736.4
-1F	m²	4819.7
-2F	m²	7958.4
-3F	m²	7958.4
酒店客房数	个	258
其中 标准间	m²	42.84/间，共88间
大床房	m²	42.84/间，共126间
天睿玛客房	m²	42.84/间，共13间
商务房A	m²	64.50/间，共4间
商务房B	m²	64.47/间，共3间
商务套房	m²	85.63/间，共7间
豪华套房	m²	130.16/间，共16间
总统套房	m²	409.98/间，共1间

济南

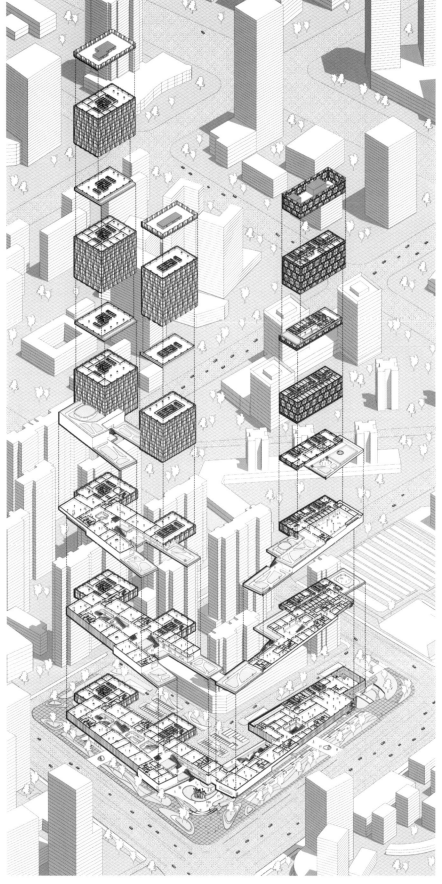

07 绿色建筑设计
ECOLOGICAL ARCHITECTURE DESIGN
7.1 商务套房 BIM 模拟 | BIM Simulation

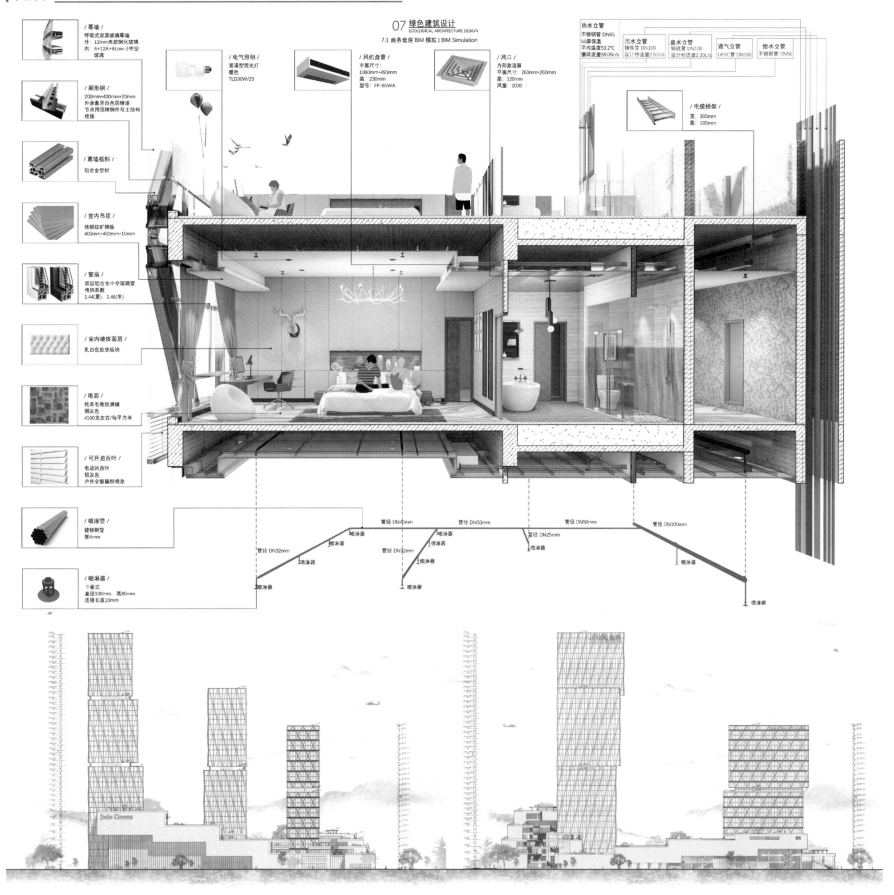

/ 幕墙 /
呼吸式双层玻璃幕墙
外: 12mm夹胶钢化玻璃
内: 6+12A+6Low-E中空
玻璃

/ 厢形钢 /
200mm×400mm×20mm
外涂象牙白色防锈漆
节点用挂焊钢件与主结构
栓接

/ 幕墙框料 /
铝合金型材

/ 室内吊顶 /
桉桃纹矿棉板
400mm×400mm×10mm

/ 窗扇 /
双层铝合金中空玻璃窗
传热系数
1.44(夏), 1.46(冬)

/ 室内墙体面层 /
乳白色软垫板块

/ 地面 /
纯羊毛地毯满铺
烟灰色
4500克左右/每平方米

/ 可开启百叶 /
电动风百叶
银灰色
户外全聚酯粉喷涂

/ 喷淋管 /
镀锌钢管
厚4mm

/ 喷淋器 /
下垂式
直径100mm, 高80mm
连接长度10mm

/ 电气照明 /
紧凑型荧光灯
暖色
TLD30W/29

/ 风机盘管 /
平面尺寸:
1060mm×493mm
高: 230mm
型号: FP-85WA

/ 风口 /
方形散流器
平面尺寸: 260mm×260mm
高: 120mm
风量: 1030

/ 电缆桥架 /
宽: 300mm
高: 100mm

热水立管
不锈钢管 DN65
50厚保温
平均温度53.2℃
循环流量58.05l/s

污水立管
铸铁管 DN100
设计秒流量2.51l/s

废水立管
铸铁管 DN100
设计秒流量2.30L/s

通气立管
UPVC管 DN100

给水立管
不锈钢管 DN50

管径 DN40mm
管径 DN50mm
管径 DN50mm
管径 DN100mm
管径 DN32mm
管径 DN25mm
管径 DN32mm

喷淋器
喷淋器
喷淋器
喷淋器
喷淋器
喷淋器
喷淋器
喷淋器
喷淋器

Jinke Cinema

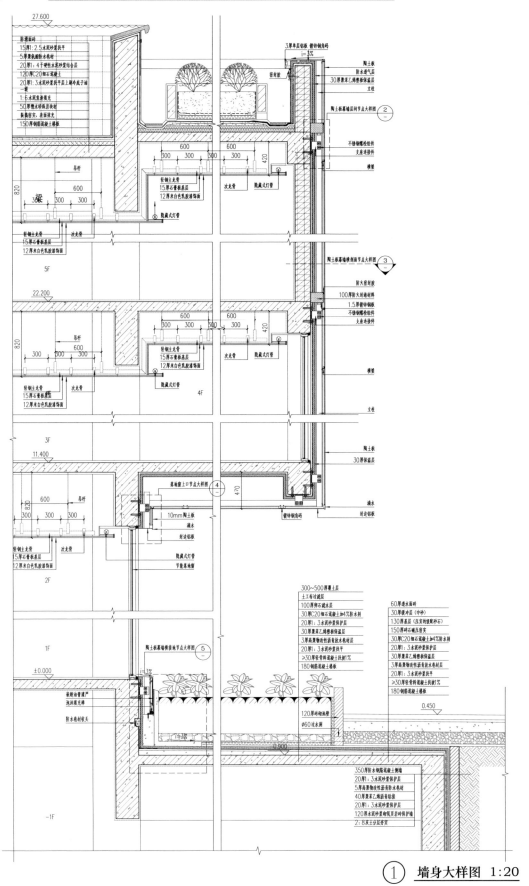

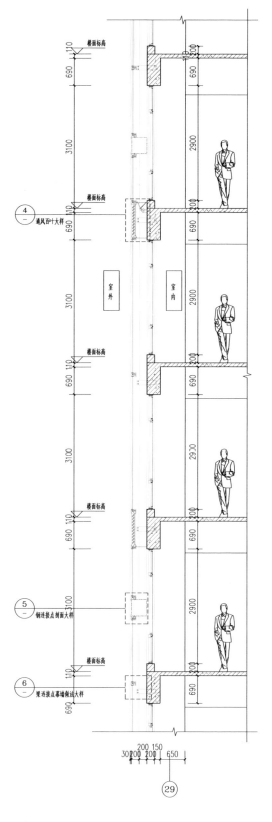

① 墙身大样图 1:20

② 幕墙剖面大样A 1:50

结构 SCHOOL OF CIVIL ENGINEERING

1. 钢斜撑的利用与设计

（1）层间斜撑

1）塔楼南正立面全部布置钢斜撑（14F 除外）以将整体的刚心向形心方向偏移，减小偏心。

2）在北背立面，为保证立面造型统一，设置"装饰性斜撑"。

3）在东、西两侧面，塔楼部分（西立面 14F、15F 除外）布置钢斜撑，以增大 Y 向侧向刚度。

这些立面钢斜撑简称为"层间斜撑"，布置在结构立面外侧，且在全部主体结构施工完毕后，再进行安装施工，以减少内力。

（2）层内斜撑

在局部楼层内布置少量钢斜撑，以保证上下刚度的连续或增强楼层侧向刚度，此斜撑简称为"层内斜撑"，布置在梁柱剪力墙间，同样在全部主体结构施工完毕后，再进行安装施工。

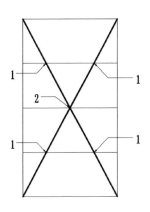

一类节点（两节点）：
两个平行斜撑相交

二类节点（四节点）：
四个斜撑相交

两节点设计

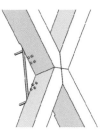

四节点设计

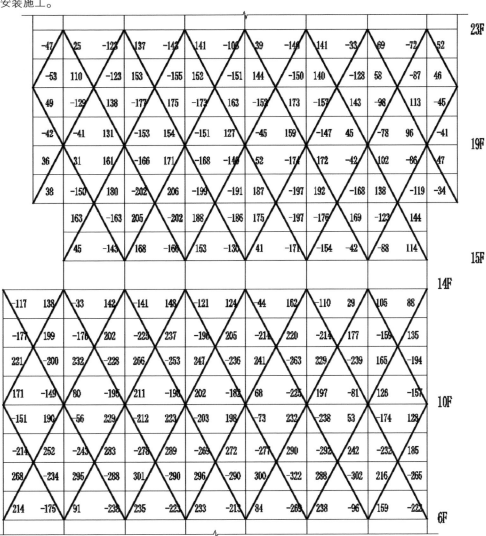

钢斜撑内力设计值分布图

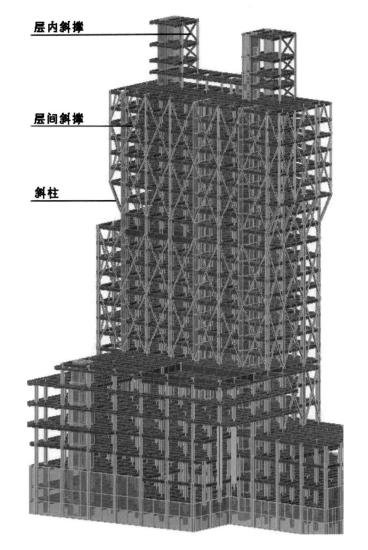

层内斜撑
层间斜撑
斜柱

结构模型透视图

2. 热水系统方案比选

（1）供应范围

整栋建筑的用水点均有热水供应。

（2）系统选择

分区与给水分区一致，采用冷热水同源形式。高、中区采用机械立管循环系统，采取保温措施；低区采用机械双立管循环系统，设置膨胀罐。本工程生活热水由负一层水源热泵提供，经过容积式换热器后供水温度为60℃，回水温度为50℃。热水系统的制热设备不少于两台，当一台检修时，其余设备能供应50%以上的设计用水量；系统通过温度传感器及容积式加热器上的电子液位仪来控制循环水泵及水源热泵的运行，以保证系统24小时不间断提供热水。本次热水循环管道采用同程循环。

（3）耗热量及用水量

高区：设计小时用水量（56℃）为4.7m³/h；设计小时耗热量为283.687kW。
中区：设计小时用水量（56℃）为6.2m³/h；设计小时耗热量为347.567kW。
低区：设计小时用水量（56℃）为19.5m³/h；设计小时耗热量为1261kW。

（4）管材

室内热水管道均选用薄壁不锈钢管，采用卡压式连接。

（5）加热设备

本次设计利用热水锅炉机组产生98℃热媒，经容积式水加热器，将冷水直接加热到60℃后直接使用，详细参数见暖通工种设计说明书。

（6）换热设备

本设计在-1层热水机房设置容积式水加热器，高区为两台RV-04-3.0，中区和低区均为两台RV-04-4.0，互为备用。

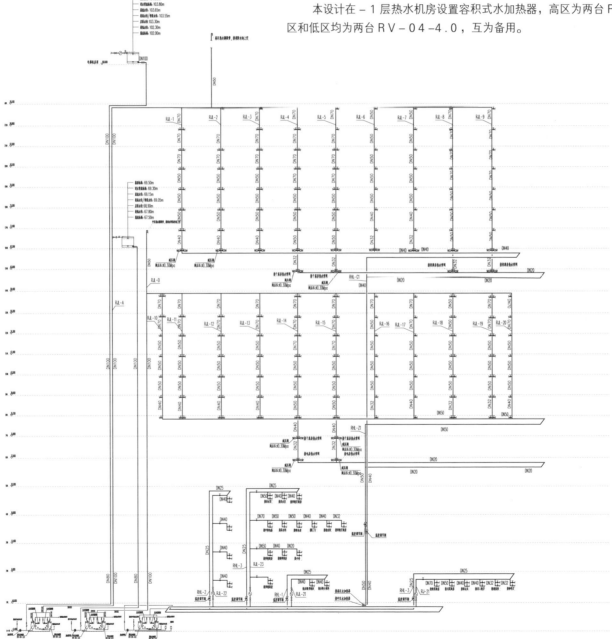

热水系统原理图

3. 暖通冷热源技术性方案比选

（1）冷热源设计容量

确定冷热源机组的装机容量时，应充分考虑不同用途房间的同时使用时间。建筑同时使用系数可取 0.9~1。

故本次设计中冷源设计容量为 4336.183kW，热负荷为 4072.147kW。

（2）冷热源系统选择

冷热源系统类型选择

本次设计项目可选择的冷热源系统形式有：

1）冷水机组 + 燃气锅炉系统；
2）冷水机组 + 市政供热系统；
3）地埋管地源热泵系统。

（3）冷热源优缺点比较

针对三种冷热源系统的技术成熟度、适用范围、对环境的影响等方面进行分析，对比三种冷热源系统的优缺点，如表 1 所示。

冷热源优缺点比较　　　　　　　　　　表 1

方案	优势	不足
令水机组+燃气热水锅炉	①技术成熟、可靠 ②投资较小 ③安装方便	①不能实现单台机组供冷供热 ②要额外设置锅炉房 ③需额外设置冷却塔及冷却水系统
冷水机组+市政供热	①技术成熟、可靠 ②已有市政热网 ③安装方便	①不能实现单台机组供冷供热 ②市政供热费用高 ③需额外设置冷却塔及冷却水系统
地源热泵	①受外界环境影响小 ②以岩土体为冷、热源 ③利用可再生能源，环境效益显著	①传热性能受土壤性质影响较大 ②土壤热导率较低，换热面积较大 ③初投资较高

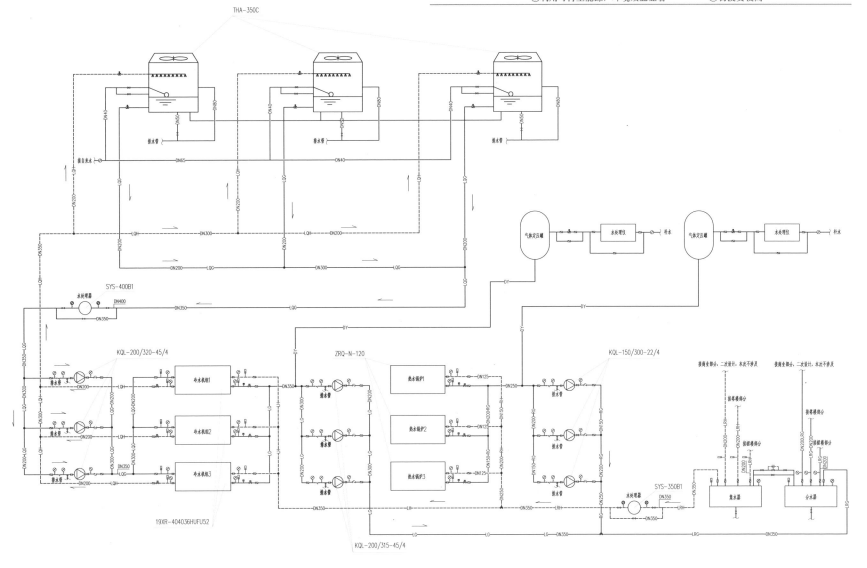

冷热源流程图

4. 车位引导系统

1）系统主要由车位引导服务器、中心控制器、节点控制器、车位诱导控制机组成。

2）系统采用超声波一体化设备，各设备之间采用 RS485 通信。

3）每个车位诱导控制机可控制 32 个探测器。

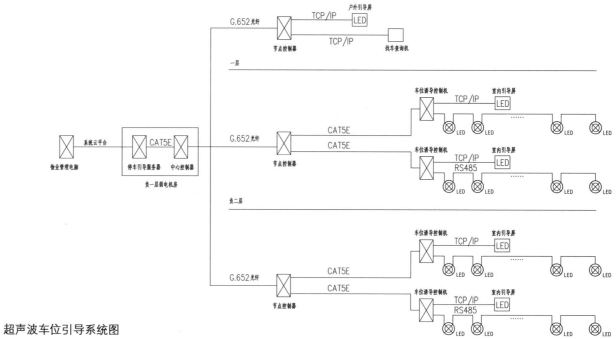

超声波车位引导系统图

负二层超声波车位引导图

Flow in Cube

——济南市金科世界城商业综合体设计

项目简介

　　济南金科世界城商业综合体地块属济南市西客站片区，距泉城广场约 11.5km，距济南西站交通枢纽 2km。西邻齐鲁大道，东接齐州路，南侧为经十路，北侧横支 15 号路为城市支路。地块西侧有地铁 R1 线，南侧有地铁 M3 线，西南侧为地铁大杨庄换乘站，可直通项目用地内部，交通便利，具有高度可达性。基地呈规则的 "L" 形，南北长约 240 m，东西长约 300 m。地块西侧、南侧为城市绿化带，场地内部较为平整。

团队构成

建筑 ———— 袁沁心 刘存理 宋亦旻 ————————

土木 ———— 王钧 李远百 王叶涵 ————————

给水排水 —— 修正飞 ————————————————

暖通 ———— 谢文进 ————————————————

电气 ———— 俞佳遥 ————————————————

建筑 FACULTY OF ARCHITECTURE AND URBAN PLANNING

总用地面积（m²）	40205
总建筑面积（m²）	189846
总占地面积（m²）	13907
建筑密度	34.59%
容积率	4.72
地下车库一层面积（m²）	26515
地下建筑面积（m²）	103618
地下容积率	2.58
绿地面积	12127.5
绿地率	30.16%
地下停车数	1892
地面停车位	58
地面非机动车停车数	176

酒店客房指标	
客房数量（间）	294
客房面积（含交通）（m²）	23634
客房占比（含地下）（m²）	57.3%
地下功能与设备用房面积（m²）	6323
平均客房面积（m²）	80.39
标准层交通占比	26.90%
标准层客房占比	69.70%
单间客房综合面积比（m²/间）	118.6258503
地下停车位	547
地面停车位	47
大堂建筑面积（m²）	542.9
餐饮部分建筑面积（m²）	2303.7
健身娱乐建筑面积（m²）	1932.3
宴会厅建筑面积（m²）	500
宴会厅座席数	400
会议室、多功能厅间数	9
会议室、多功能厅建筑面积（m²）	380.4
公共部分交通面积（m²）	1395

Flow in Cube b

城市绿色建筑——建筑学部多专业联合毕业设计

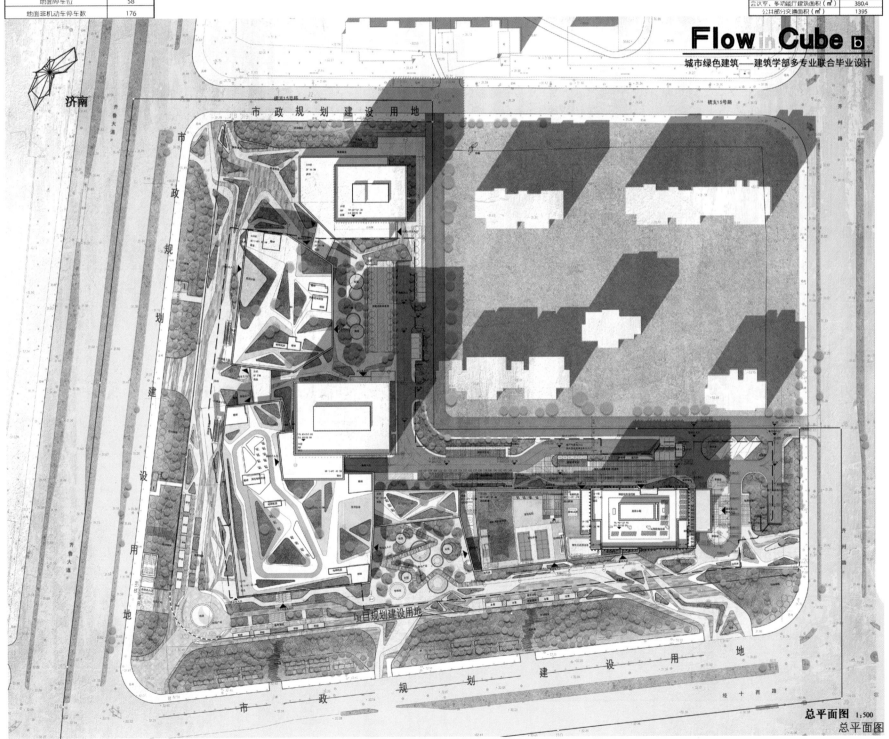

总平面图 1:500

总平面图

客房采光模拟

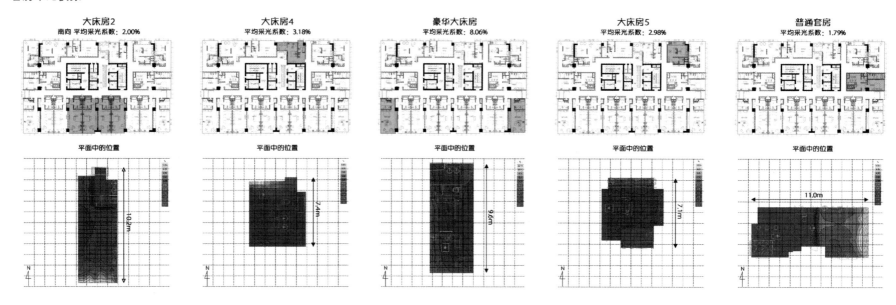

大床房2	大床房4	豪华大床房	大床房5	普通套房
南向 平均采光系数：2.00%	平均采光系数：3.18%	平均采光系数：8.06%	平均采光系数：2.98%	平均采光系数：1.79%
平面中的位置	平面中的位置	平面中的位置	平面中的位置	平面中的位置

客房 BIM 模型

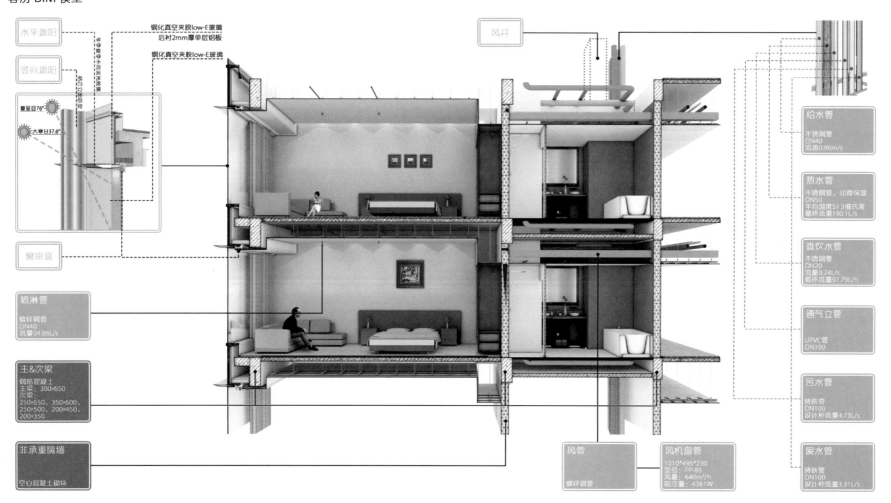

节地与室外环境 透水地面、屋顶花园、合理地下室、室外风

□ 透水地砖/合理地下室

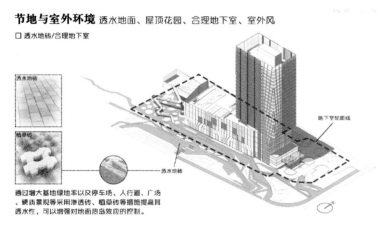

透水地砖

植草砖

通过增大基地绿地率以及停车场、人行道、广场、硬质景观等采用渗透砖、植草砖等措施提高其透水性，可以增强对地面热岛效应的控制。

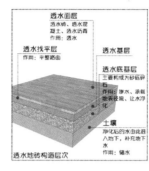

透水面层
透水砖、透水混凝土、透水沥青
作用：透水

透水找平层
作用：平整路面

透水基层

透水底基层
主要构成为砂砾碎石
作用：透水、承载、蓄水径流、让水净化

土壤
净化后的水由此进入地下，补充地下水
作用：储水

透水地砖构造层次

□ 屋顶花园/阳台绿化/下凹式绿地

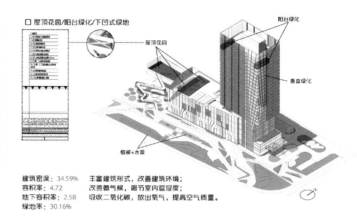

建筑密度：34.59%
容积率：4.72
地下容积率：2.58
绿地率：30.16%

主要建筑形式，改善建筑环境；
改善微气候，调节室内温湿度；
吸收二氧化碳，放出氧气，提高空气质量。

节能与能源利用 综合遮阳体系、综合通风系统、合理朝向

□ 综合遮阳系统

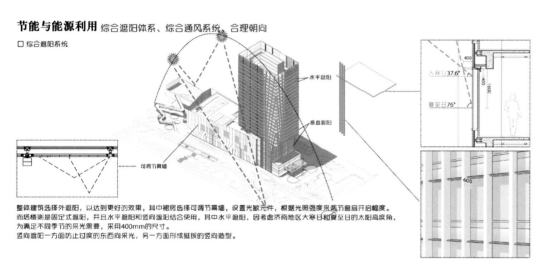

水平遮阳

垂直遮阳

可调节幕墙

整体建筑选择外遮阳，以达到更好的效果，其中裙房选择可调节幕墙，设置光敏元件，根据光照强度来调节窗扇开启幅度。
而塔楼侧是固定式遮阳，并且水平遮阳和竖向遮阳结合使用，其中水平遮阳，因考虑济南地区大寒日和夏至日的太阳高度角，为满足不同季节的采光需要，采用400mm的尺寸。
竖向遮阳一方面防止过度的东西向采光，另一方面形成挺拔的竖向造型。

□ 综合通风系统

建筑表面积：21796m²
建筑体积：172724m³
体形系数：0.13

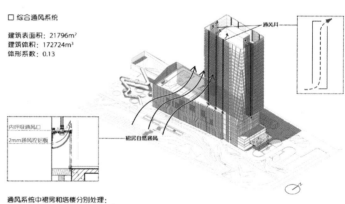

通风井

裙房自然通风

通风系统中裙房和塔楼分别处理：
裙房中采用双层幕墙，外侧为穿孔板，内侧为平开窗扇，既满足造型中实墙的要求，又可以有选择地进行采光与观景。
而塔楼中则除走廊自然通风外，还设置一定数量的通风井（南、西），帮助房间通风换气及夏季降温。

节水与水资源利用 雨水利用、其他节水措施

□ 中水处理系统

结合屋面排水系统收集裙楼屋顶雨水，收集的雨水经管线含流至地下雨水调蓄池。收集的雨水，经处理后用于室外绿化浇灌，以及广场中草喷泉的少量用水。

济南降水情况

2016北方各省会降水统计（8-8点）

669.1 北京
539.9 哈尔滨
890.8 长春
968.1 沈阳
609.2 天津
531.2 呼和浩特
264.9 乌鲁木齐
388.1 银川
444.1 西宁
332.3 兰州
455.9 西安
528.3 太原
712.6 石家庄
1008.1 济南
833.0 郑州

济南每月降水统计

	1月	2月	3月	4月	5月	6月
济南	7.8	32.6	0	4	49	168.4
	7月	8月	9月	10月	11月	12月
济南	311.4	339.2	2.7	51.6	22.4	14.1

• 2016年，济南市区（不含黄河北）降雨量为1008mm，是青岛的一倍以上，是北方区第一名。比成都都要高（成都市区去年为980mm）。
• 2015年，济南市区降雨量是北方区第二名。
• 从1951年至2014年，济南夺得20年的降雨北方区冠军。

□ 幕墙拔风井原理

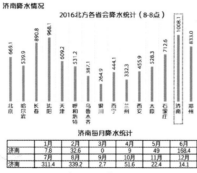

排出 排出 排出

加热上升 加热上升 加热上升 空腔扩展

加热上升 加热上升 空腔扩展

西 南

□ 势能电梯

因：
公用建筑的电梯用电量占建筑总用电量的17%~25%以上；
电动机拖动负载消耗的电缆占电梯耗电量的70%以上。

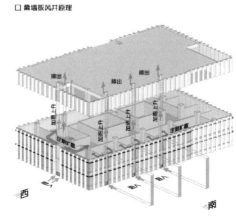

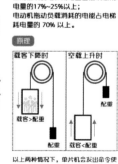

载客下降时

载客＞配重

配重

空载上升时

载客＜配重

配重

以上两种情况下，单片机会发出命令使电动机不再工作，节省电梯消耗的电能。

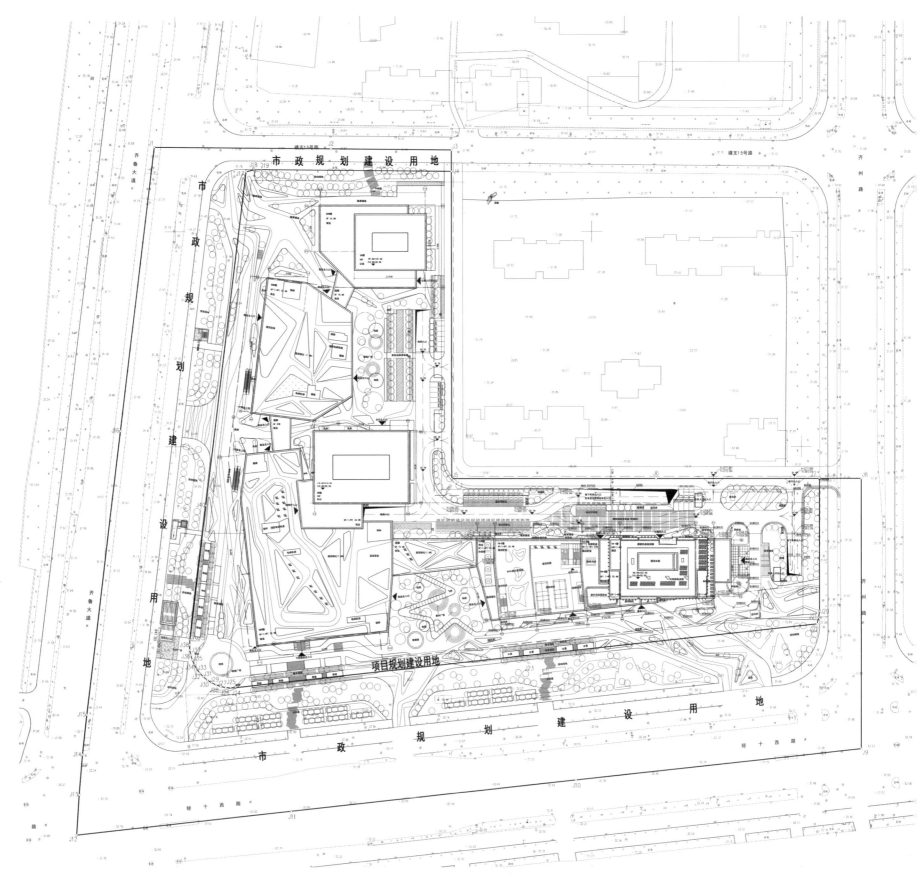

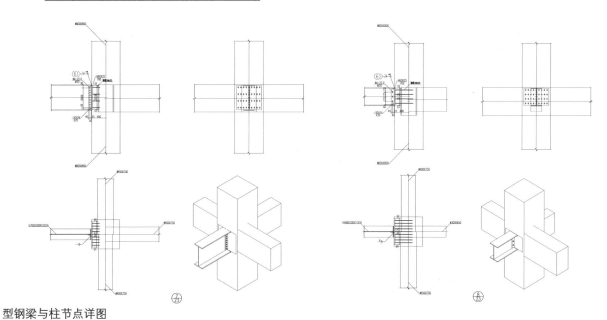

型钢梁与柱节点详图

1.地质情况，结构形式与局部构件

（1）工程地质

　　拟建场地为拆迁场地，地形起伏不大。场地地貌单元属山前冲洪积平原，第四系覆盖层为冲洪积成因的黏性土、粉土、砂性土及卵石，地层分布稳定，场地及附近无滑坡、泥石流、采空区等不良地质作用。因此该场地属于稳定场地，适宜本工程的建设。

（2）建筑结构形式

　　三座塔楼分别采用框架剪力墙、框架核心筒、筒中筒结构，配套裙楼采用框架或者框剪结构。

（3）裙房局部处理

　　采用组合型钢梁，设计型钢与原结构的搭接模式，处理塔楼与裙房中部分悬挑结构。

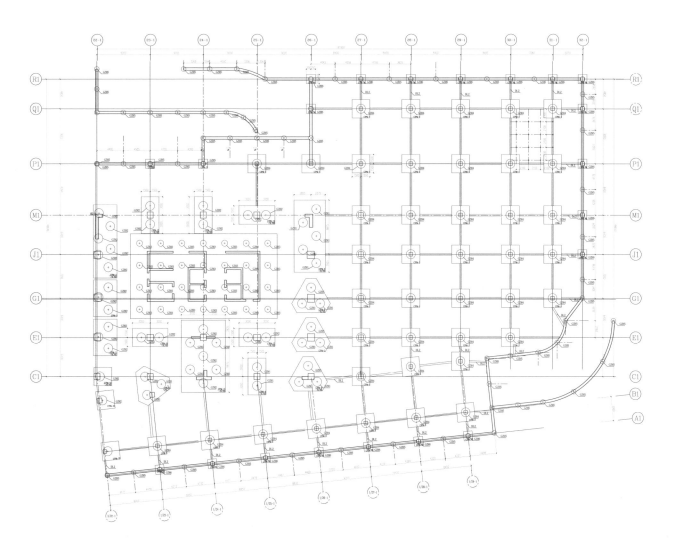

塔楼基础平面布置图

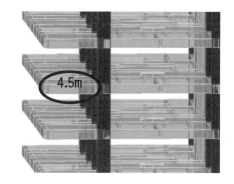

塔楼悬挑

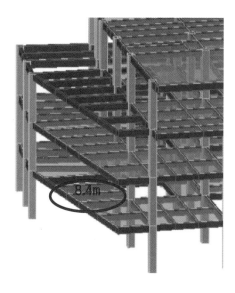

裙房悬挑

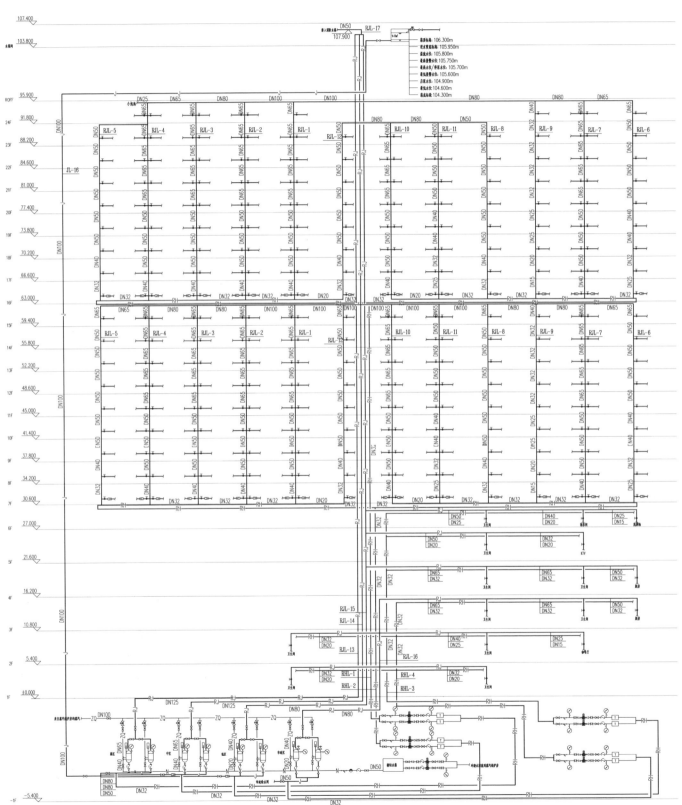

给水排水热水系统原理图

2.热水系统

（1）供应范围

地上建筑用水点均有热水供应。

（2）系统选择

分区与给水分区一致，采用冷热水同源形式，采用机械立管循环系统，采取保温措施。本工程生活热水由负一层蒸汽提供热量，经容积式换热器后供水温度为６０℃，回水温度为５０℃。热水系统的制热设备不少于两台，当一台检修时，其余设备能供应５０％以上的设计用水量。本次热水循环管道采用同程循环。

（3）耗热量及用水量

建筑设计小时用水量为２７.４２m³/h；设计小时耗热量为６３２１５７７.２８kJ/h。

（4）管材

室内热水管道均选用薄壁不锈钢管，采用卡箍式连接。

（5）加热设备

本次设计热水蒸气热媒，经容积式加热器，将冷水间接加热到６０℃后直接使用。

（6）换热设备

本设计在－１层冷热机房设置８台容积式水加热器，每区各２台，互为备用。

（7）加压设备

各区的循环泵均选用IS５０-３２-１２５的立式单级单吸管道式热水离心泵，流量３.７５m³/h，扬程５.４m，电机功率０.５kW，一用一备。

（8）保温

热水给水管道须用硬聚氨酯材料保温，保温材料厚３０mm外包铝箔。

3. 空调风系统设计

结合本建筑的使用功能定位，判定本建筑不存在需同时供冷供热的情况，故空调水系统采用双管制系统，冷水、热水共同使用一个管路，冬夏季切换。

冷热源机组的夏季供、回水温度为 7~12℃，冬季供回水温度为 50~60℃。本系统由分集水器分出 5 根供水立管，5 号管为酒店配套商业预留。结合系统使用时间、建筑高度等因素进行水系统分区：1 号管接裙房 3~6 层以及地下 1 层和地下二层空调器；2 号管接裙房 1~2 层以及塔楼 7~24 层空调器；3 号管接塔楼 7~24 层风机盘管；4 号管接塔楼 7~24 层以外楼层的风机盘管。裙房以及地下层水系统为异程式，塔楼水系统为水平竖向同程式。

从节能的角度考虑，本工程所有末端设备回水管均装电动二通阀或比例积分调节阀，供、回水总管之间装压差旁通装置，即采用主机定流量、负荷侧变流量的一次泵变流量系统运行方式。

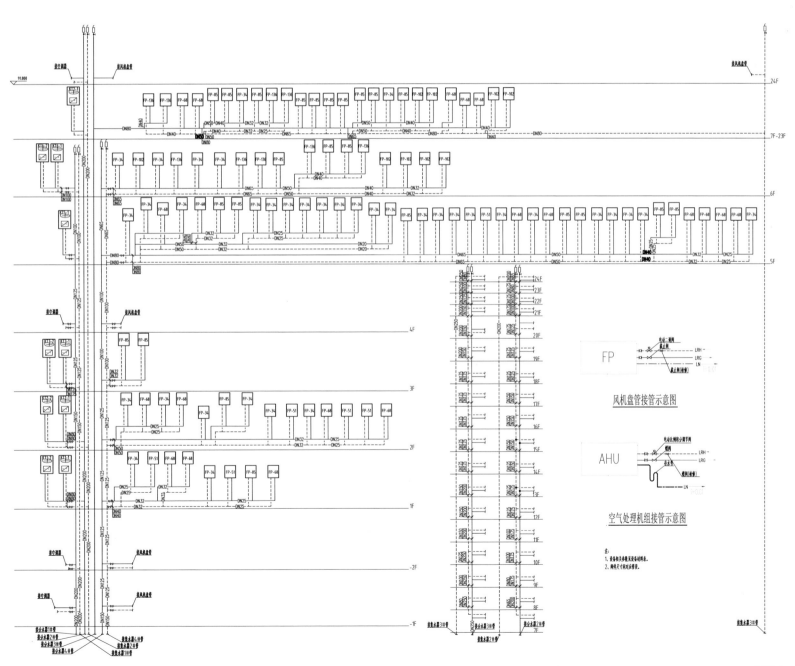

空调水系统原理图

4. 照明系统设计

本次建筑电气设计内容包括 10/0.4kV 供配电系统、电力配电系统、照明系统、防雷接地及电气安全措施等。系统采用两路 10kV 市政电源供电，另配有 1200kW 柴油发电机组作为应急电源，共设置 2 个 1250kVA 和 2 个 1600kVA 节能型干式变压器，两两互为备用。配电方式有放射式、树干式和双回路树干式，配电级数不超过三级。一、二级负荷采用双电源供电，一级负荷在末端进行双电源自动切换。

照明设计选用节能型电光源和照明灯具，大空间场所采用分区控制、楼梯走道采用延时自熄开关达到节能目的。此外，设计还配置有智能照明控制系统，并充分利用自然采光、避免眩光等措施以实现绿色照明设计。

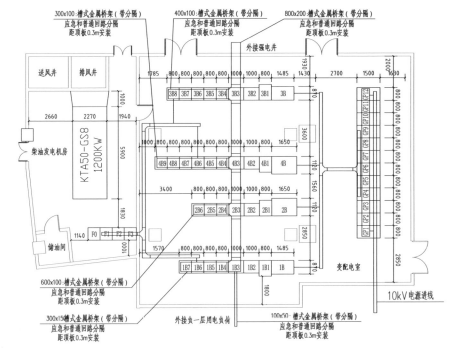

变配电所平面布置图

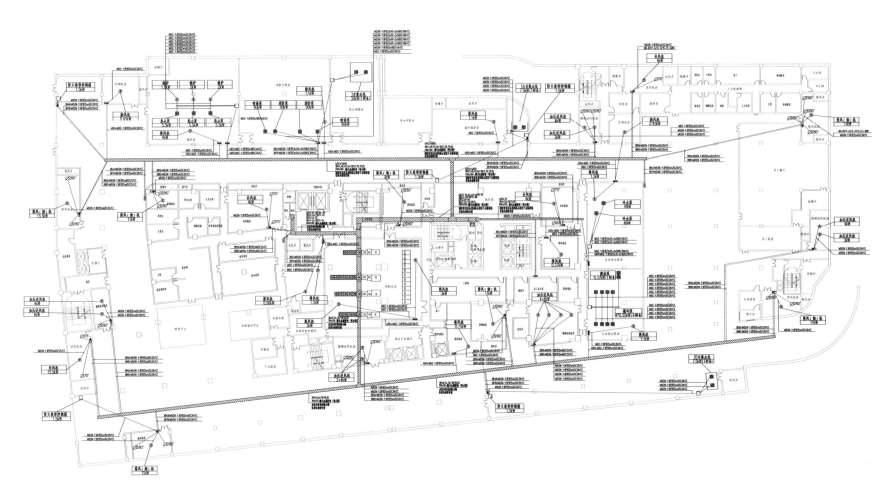

地下一层动力平面图

调研成果 PRE-RESEARCH

成都片区结构
基地位于武侯区，环城生态区内

成都交通结构
基地位于绕城高速旁，交通便利

成都绿地分布
基地位于环城生态区内
现在及未来都能有优良的自然环境

基地区位条件
基地距离周边交通枢纽20km以内
商务、旅游客源均方便达到

周边酒店分布
四星级酒店主要位于中心区
西北与东侧也有分布

城市结构分析

周边功能
主要为住宅区
邻近环球中心
公园多且大

客流来源
商务 54%
旅游 25%
会议 10%
政府 10%

54% 商务客源中心区
25% 旅游休闲
54% 商务客源所区

周边交通
北邻锦城大道
东邻剑南大道
距高速600m
交通便利

景观分布
环城绿带内
景观视野2000m
景观优越

2000m

劣势 噪声源多，配气站形象差 对建筑有影响

策略 建筑退距50m，靠东南角布置 隔绝噪声，避让配气站

优势 800m×400m公园，成都面积最大的 湿地公园，独特森林景观

策略 弧形斜线布置，正对景观 最大化营观面

上位规划解读

成都市锦成湖酒店设计

019·成都

锦城藝

——成都市锦城湖酒店设计

项目简介

　　项目用地位于四川省成都市环城生态区内，地处锦城湖北侧，景观视线优越。北侧为锦城大道，东侧为剑南大道，南侧为成都绕城高速，在西侧约600m处为绕城高速出入口，场地交通便利。

团队构成

建筑 ———— 朱浚涵　王夕璐　李思奇 ————

土木 ———— 马亮亮　李硕　王尧 ————

给水排水 ———— 邹林江 ————

暖通 ———— 徐颖 ————

电气 ———— 杨希杰 ————

建管 ———— 陈静颖　周泽龙　龚明江 ————

锦城湖精品酒店项目可行性研究报告节选

1. 建设规模

（1）项目建设规模与内容

锦城湖精品酒店项目总用地面积为 28391 m²。酒店建筑计容面积约 1.2 万 m²，地下室面积约 4500 m²（功能包括车库、机电设备房、后勤，具体面积根据需求确定），绿化率 25.1%，容积率 0.564~0.634，建筑密度 50%。

（2）项目实施进度计划

建设期为两年，22 个月施工建成，2 个月准备期，即 2019 年 9 月至 2021 年 9 月。

2. 项目开发条件

（1）投资环境

成都 GDP 增速稳定且高于全国水平，旅游业的增长率几乎为 GDP 增长的三倍。成都将旅游业作为城市标签和经济发展的重点之一，当地政府也鼓励投资方对成都的旅游业做出贡献。旅游业的蓬勃发展促进了酒店需求的增长。2021~2024 年间，酒店业将迎来高收益阶段。成都市星级酒店数量受到低迷期的影响呈现逐年递减的趋势，在未来中高端和高端酒店需求提高的情况下，新建酒店将具有极大的优势。

（2）地理位置

酒店周边存在大量亟待建设的区域，同时在区域规划中表现出极大的发展前景，建设新城区、建设现代产业基地以及高科技园区的发展，会带来大量投资人群以及商务洽谈活动，为酒店项目带来可观的客源以及收益。

锦城湖位于成都中心城市区域边缘地带，处于中心城市与南部新区之间，具有优先接纳核心区经济辐射，快速发展并传递辐射的先决条件，随经济增长，必定带来大量的酒店客源及利润。

锦城湖也是成都为数不多的湖泊之一。同时，整个项目位于城市公园内，项目用地的北侧是高端住宅区，东北侧为办公区，西北侧为学校，西侧为体育公园，东侧为环球中心，南侧混合有住宅区、学校和办公区。该项目教育、办公、自然、居住资源丰富，区域位置优越，有良好的市场环境，所以此处有建设酒店的条件，发展潜力大。

（3）市场环境

中国有着发展精品酒店的良好市场环境。一方面，国内消费者对酒店产品的需求已经不再是千篇一律的标准化的酒店产品，而是需求精细、个性化的产品和服务，可以给消费者带来不一样的体验价值。另一方面，得天独厚的地理和历史条件赋予中国众多极具特色的自然和人文资源，这些资源为中国发展精品酒店提供了环境和主题，这是中国发展精品酒店的先天优势。

3. 节能

（1）设计依据

《公共建筑节能设计标准》、《夏热冬冷地区居住建筑节能设计标准》、《民用建筑热工设计规范》、《旅游旅馆空调及热工节能设计标准》。

（2）节能措施

建筑：

1）屋面进行保温隔热处理，保温材料为挤塑聚苯乙烯保温块材，传热系数为 $K \le 0.7$。

2）外墙在石材幕墙内贴保温板，传热系数为 $K \le 1.0$。

3）底面接触空气的架空或外挑楼板传热系数为 $K \le 1.0$。

4）地面地下室外墙热阻限值 ≥ 1.2。

5）外窗的气密性等级不低于 II 级。

6）外窗采用隔热性能较好的断热桥铝合金型材，主要房间的玻璃为中空玻璃。外窗传热系数 K 及遮阳系数 SC 符合规范的要求。

设备：

1）热水管、热水回水管须保温，保温材料采用橡塑海绵。

2）公共卫生间内卫生洁具采用节水型及部分光电控制以节约用水。酒店顶层区域采用变频水泵供水以达到节能目的。

3）热交换器和冷却塔等设备采用节能型产品。

4）酒店设楼宇自控系统（BAS），对空调、通风设备等运行工况实行监视、控制、调节、测量，使空调系统能随建筑物的负荷变化选择最经济的运行方式。

5）过渡季节利用全新风供冷，实现免费冷却。

6）对使用功能、使用时间不同的建筑分别采用不同的空调系统。

7）加强空调风管、供回水管的保温，以减少能量损失。

8）加强能量的有效利用，以降低用电量。

9）变电站变压器、柴油发电机均选用高效率、低能耗产品。

10）照明功率密度值设计严格遵守照明节能设计要求。

11）照明灯具采用高效节能型光源，且荧光灯采用节能型电子整流器。

12）所有电机选用 Y 型节能型高效率电机。

13）水泵机采用变频供水方式，最大限度节约电能。

14）采用建筑设备自动监控系统，对空调设备、给水排水设备、电气设备、照明设备及其他用电设备进行监控和自动控制，降低能耗。

4. 环境影响分析

（1）周边环境现状

锦城湖精品酒店位于成都市高新区南部园区，靠近绕城高速路南段，项目西侧邻铁路线，东侧有配气站，紧邻锦城湖，锦城湖作为成都绕城生态区"六湖八湿地"规划中的一个湖泊，被定位为"悦动水岸——交织自然与城市的生态公园"。

由于项目尚没有施工，场址现状对环境污染影响较小且周边无大型污染源，主要污染物为道路扬尘、汽车尾气以及少量的建筑垃圾。

（2）环境影响分析

施工期间：

1）空气环境

项目施工期间的大气污染源主要为建设期间土石方和建筑材料运输所产生的扬尘和汽车尾气以及房屋装修的油漆废气等。

2）废水

项目施工期的废水排放主要为建筑工人的生活污水、地基挖掘时的地下水和浇筑混凝土后的冲洗水等。

3）固体废物

项目施工期间会产生大量的建筑垃圾和少量生活垃圾，产生的建筑垃圾和生活垃圾应做到及时清运，对环境影响很小。

4）噪声

项目施工期的噪声主要为各种施工机械、设备和工程运输车辆在运行过程中产生的噪声。

运营期间：

1）空气环境

项目运营期间的大气污染源主要为区域内汽车尾气和宾馆厨房排放的燃料废气和油烟废气等。

2）废水

项目运营期的废水排放主要为宾馆和公建部分产生的生活污水。

3）固体废物

项目运营期的固体废物主要为装修产生的建筑垃圾和日常生活垃圾。

4）噪声

项目运营期间的噪声主要为区域内的机器设备噪声及车辆交通噪声等。

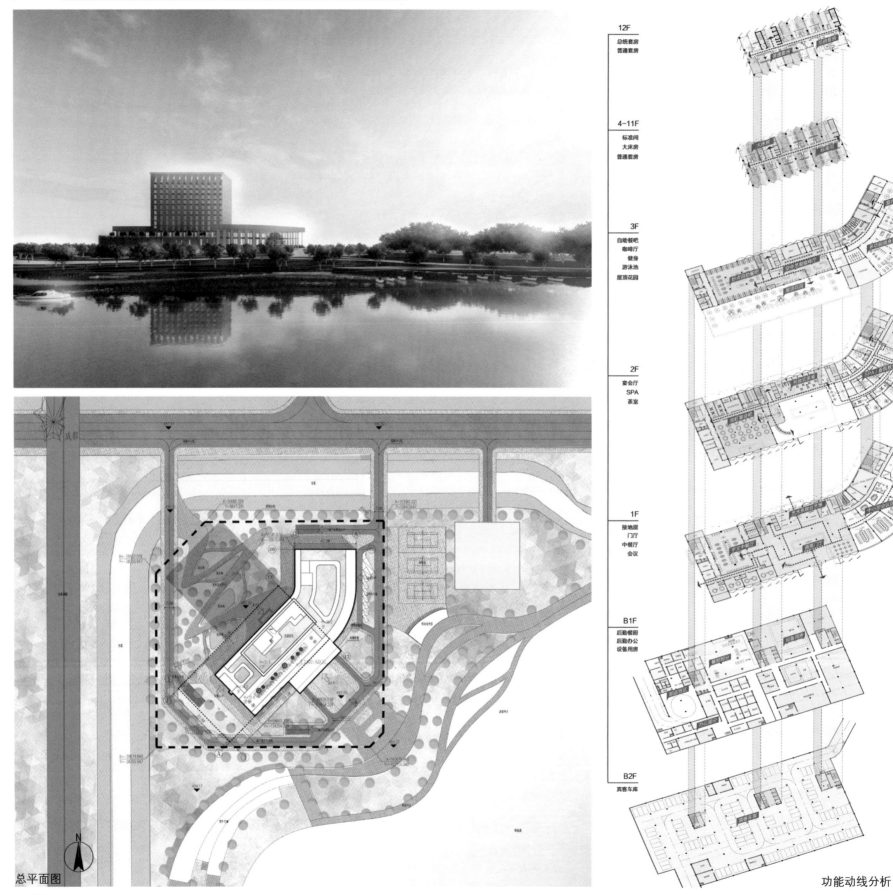

总平面图

功能动线分析

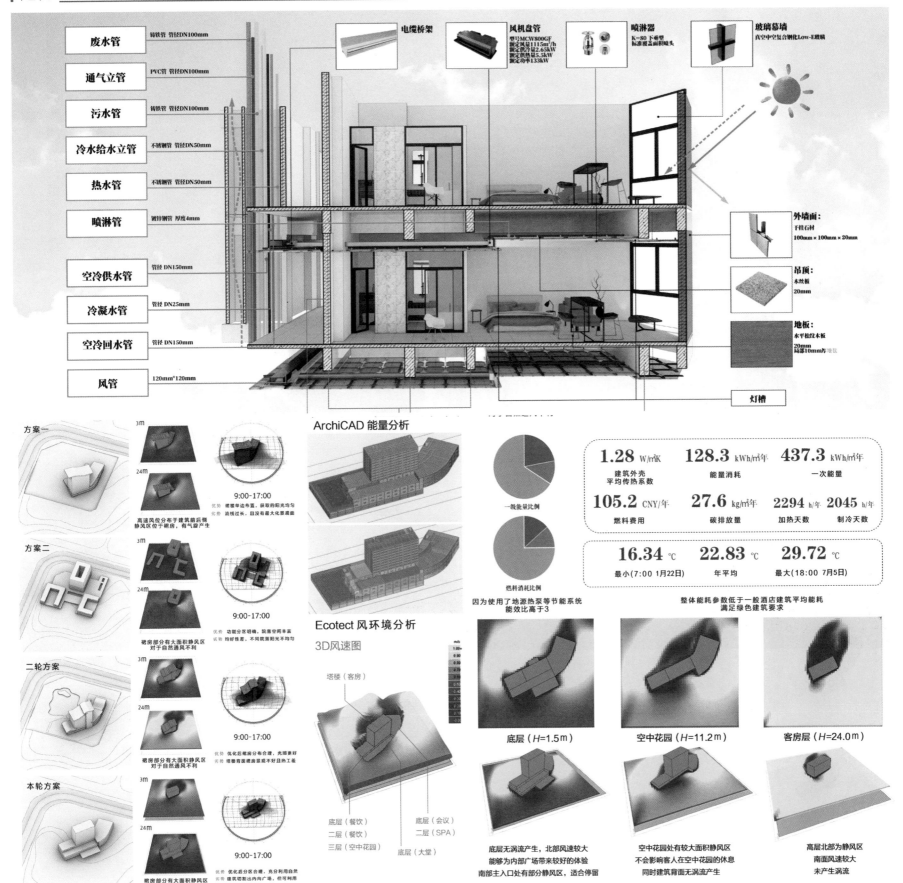

废水管 铸铁管 管径DN100mm
通气立管 PVC管 管径DN100mm
污水管 铸铁管 管径DN100mm
冷水给水立管 不锈钢管 管径DN50mm
热水管 不锈钢管 管径DN50mm
喷淋管 镀锌钢管 厚度4mm
空冷供水管 管径 DN150mm
冷凝水管 管径 DN25mm
空冷回水管 管径DN150mm
风管 120mm*120mm

电缆桥架

风机盘管
型号MCW800GF
额定风量1115m³/h
额定供冷量2.65kW
额定供热量5.5kW
额定功率133kW

喷淋器
K-80 下垂型
标准覆盖面相喷头

玻璃幕墙
真空中空复合钢化Low-E玻璃

外墙面：
FHGH
100mm×100mm×20mm

吊顶：
本丝板
20mm

地板：
水平松纹木板
20mm
局部10mm方

灯槽

方案一

3m
24m
9:00-17:00
高速风位分布于建筑前后侧
静风区位于裙房，有气旋产生
优势 裙楼单边布置，获取的阳光均匀
劣势 流线过长，且没有最大化观景面

方案二

3m
24m
9:00-17:00
裙房部分有大面积静风区
对于自然通风不利
优势 功能分区明确，塑造空间丰富
劣势 均好性差，不同就落阳光不均匀

二轮方案

3m
24m
9:00-17:00
裙房部分有大面积静风区
对于自然通风不利
优势 优化后裙房分布合理，光照更好
劣势 塔楼背围裙房噪明不好且热工差

本轮方案

3m
24m
9:00-17:00
裙房部分有大面积静风区
对于自然通风不利
优势 优化后裙房合理，充分利用自然
劣势 建筑切出内向内广场，但可利用

ArchiCAD 能量分析

一般能量比例
燃料消耗比例

因为使用了地源热泵等节能系统
能效比高于3

1.28 W/mK	128.3 kWh/㎡年	437.3 kWh/㎡年
建筑外壳平均传热系数	能量消耗	一次能量
105.2 CNY/年	27.6 kg/㎡年	2294 h/年 2045 h/年
燃料费用	碳排放量	加热天数 制冷天数

16.34 ℃	22.83 ℃	29.72 ℃
最小 (7:00 1月22日)	年平均	最大 (18:00 7月5日)

整体能耗参数低于一般酒店建筑平均能耗
满足绿色建筑要求

Ecotect 风环境分析

3D风速图

塔楼（客房）

底层（餐饮）
二层（餐饮）
三层（空中花园）

底层（会议）
二层（SPA）

底层（大堂）

底层 (H=1.5m)

空中花园 (H=11.2m)

客房层 (H=24.0m)

底层无涡流产生，北部风速较大
能够为内部广场带来较好的体验
南部主入口处有部分静风区，适合停留

空中花园处有较大面积静风区
不会影响客人在空中花园的休息
同时建筑背面无涡流产生

高层北部为静风区
南面风速较大
未产生涡流

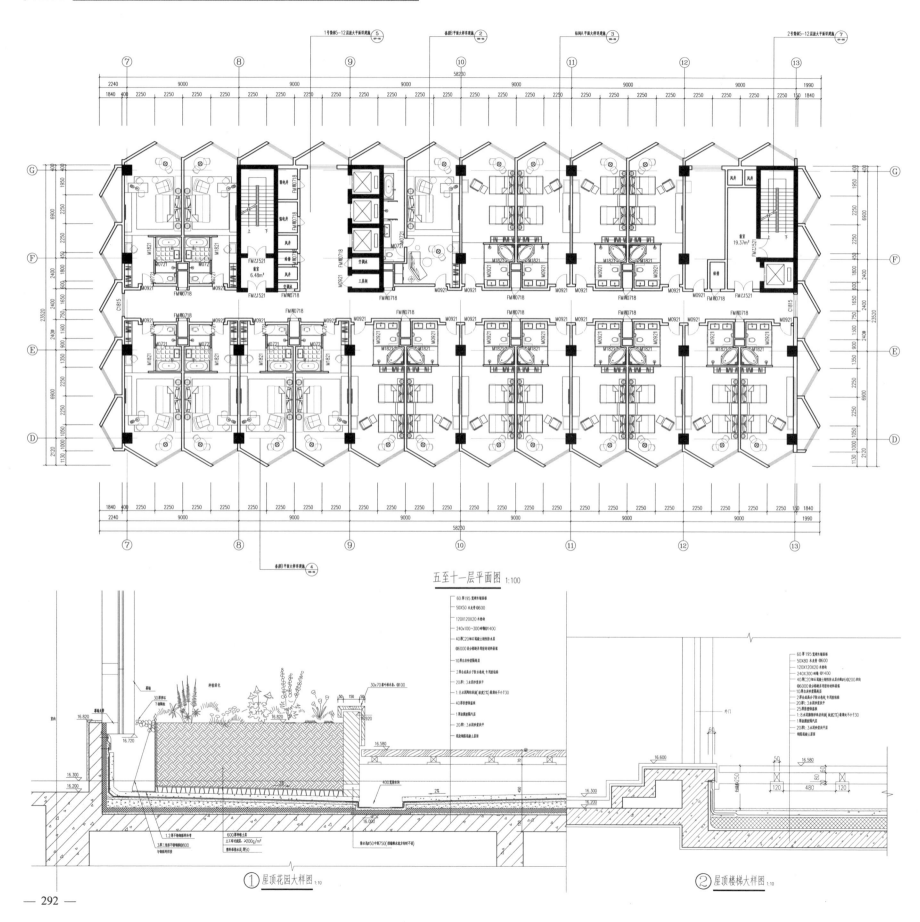

五至十一层平面图 1:100

① 屋顶花园大样图 1:10

② 屋顶楼梯大样图 1:10

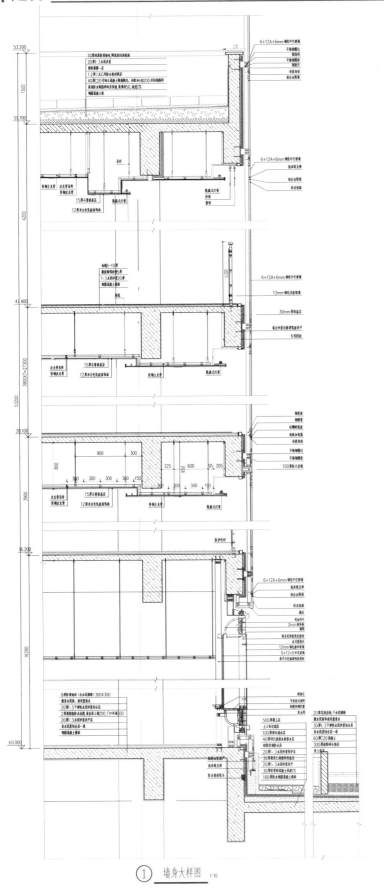

① 墙身大样图 1:10

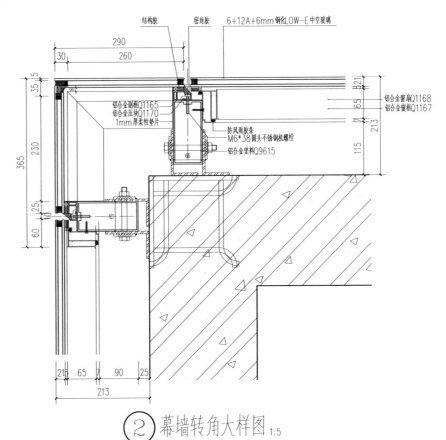

② 幕墙转角大样图 1:5

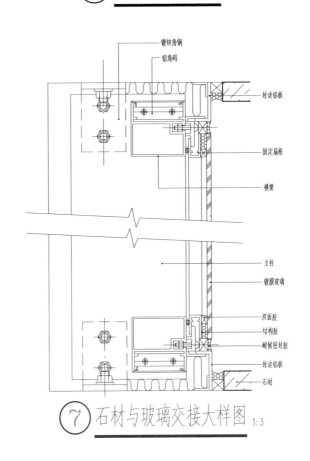

⑦ 石材与玻璃交接大样图 1:3

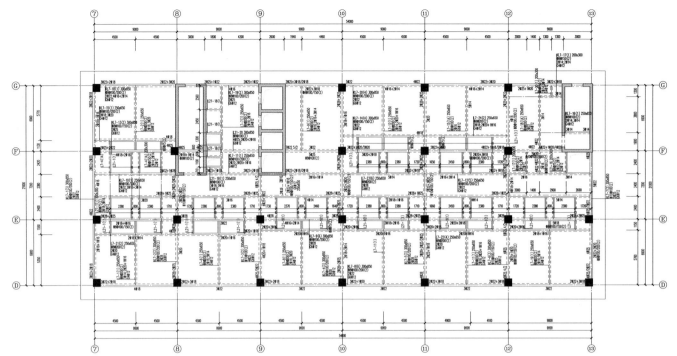

五至十层顶梁平法施工图

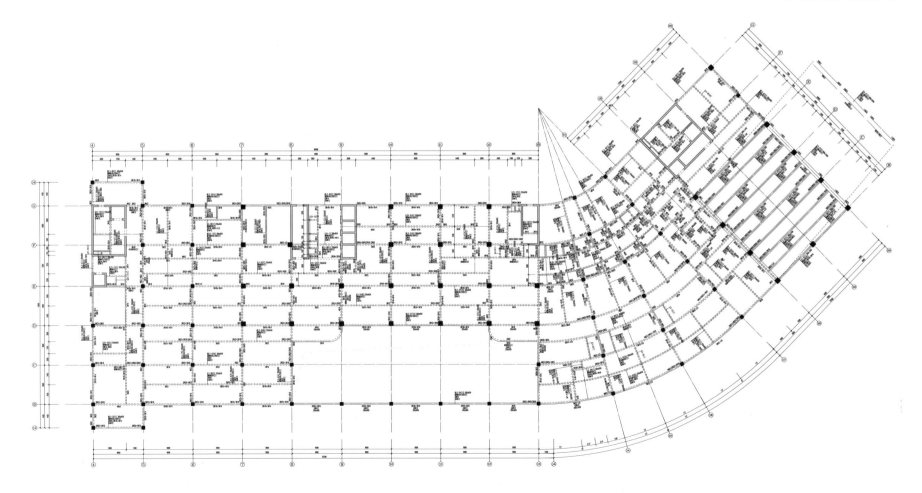

一层顶梁平法施工图

1. 生活水池设计

根据市政进水量计算可知，生活水池进水管管径为 DN50，根据《建筑给水排水设计规范》GB 50015-2003（2009 年版）3.2.4B 的规定，生活饮用水水池（箱）进水管口的最低点高出溢流边缘的空气间隙应等于进水管管径，但最小不应小于 150mm，当进水管从最高水位以上进入水池（箱），管口为淹没出流时应采取真空破坏器等防虹吸回流措施。故进水管口的最低点应高出溢流水位 150mm，以满足最小空气间隙要求。

根据水力计算结果可知，出水管管径为 DN80。

溢流管的管径应按照排泄最大入流量确定，一般比进水管大一级，取溢流管管径为 DN100，溢流管宜采用水平喇叭口集水，喇叭口下的垂直管段长不宜小于 4 倍溢流管管径。

水池泄水管的管径应根据水池泄空时间和泄水受体的排泄能力确定，一般可按 2h 内将池内存水全部泄空进行计算，但管径不宜小于 50~80mm，此次设计中取水箱泄水管管径为 DN65。泄水管上应设阀门，阀门后与溢流管相连，连接后管段管径为 DN100，并应采用间接排水方式排出，排出口距离地面至少 150mm。

通气管一般不少于 2 条，并应有高差，高差不小于 300mm，管道上不得设阀门，水箱的通气管管径一般宜为 100~150mm，本次设计中通气管管径为 DN150。通气管可伸至室内或室外，但不得伸到有害气体的地方，管口应有防止灰尘、昆虫和蚊蝇进入的滤网，一般应将管口朝下设置。

一般应在水池侧壁上安装玻璃液位计就地指示水位。在一个液位计长度不够时，可上下安装两个或多个。相邻两个液位计的重叠部分不宜小于 70mm。

水池顶部应设人孔，人孔的大小应按水箱内各种设备、管件的尺寸确定，并应确保维修人员能顺利进出，直径宜为 800mm~1000mm，最小不得小于 600mm，本次设计用方形人孔，平面尺寸为 600mm×600mm。人孔的一侧宜与水池（箱）内壁平；人孔处的内、外壁宜设爬梯。

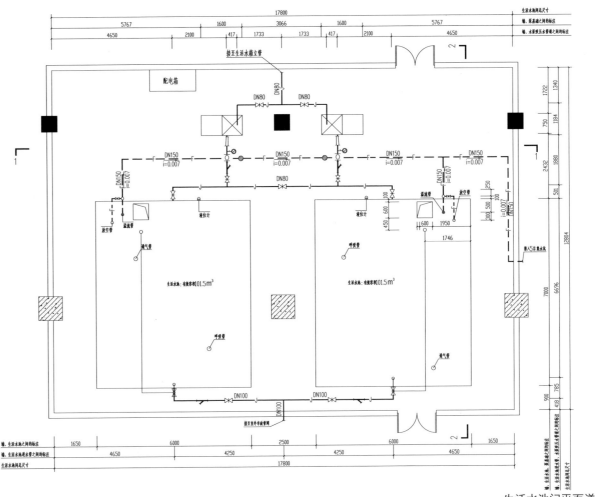

生活水池间平面详图

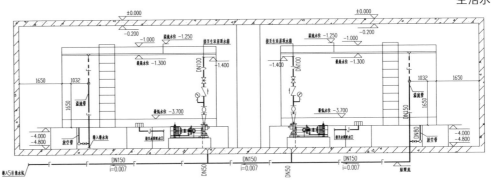

1-1 剖面图

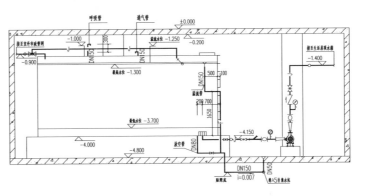

2-2 剖面图

2.防排烟系统设计

（1）防烟系统方案设计

根据《汽车库、修车库、停车场设计防火规范》GB 50067–2014 中第 8.2 条，除敞开式汽车库、建筑面积小于 1000m² 的地下一层汽车库和修车库外，汽车库、修车库应设排烟系统，并应划分防烟分区，防烟分区的建筑面积不宜超过 2000m²，且防烟分区不应跨越防火分区。防烟分区可采用挡烟垂壁、隔墙或从顶棚下凸出不小于 0.5m 的梁划分。

本工程车库面积为 4831m²，分为两个防火分区，需划分防烟分区。将车库划分为 3 个防烟分区，防烟分区编号分别为 B2-1,B2-2,B2-3。

（2）排烟系统方案设计

根据《建筑设计防火规范》GB 50016–2014 中 8.5.3 和 8.5.4，民用建筑的下列场所或部位应设置排烟设施：

1）设置在一、二、三层且房间建筑面积大于 100 m² 的歌舞娱乐放映游艺场所，设置在四层及以上楼层、地下或半地下的歌舞娱乐放映游艺场所；

2）中庭；

3）公共建筑内建筑面积大于 100 m² 且经常有人停留的地上房间；

4）公共建筑内建筑面积大于 300 m² 且可燃物较多的地上房间；

5）建筑内长度大于 20m 的疏散走道。

地下或半地下建筑（室）、地上建筑内的无窗房间，当总建筑面积大于 200 m² 或一个房间建筑面积大于 50 m²，且经常有人停留或可燃物较多时，应设置排烟设施。

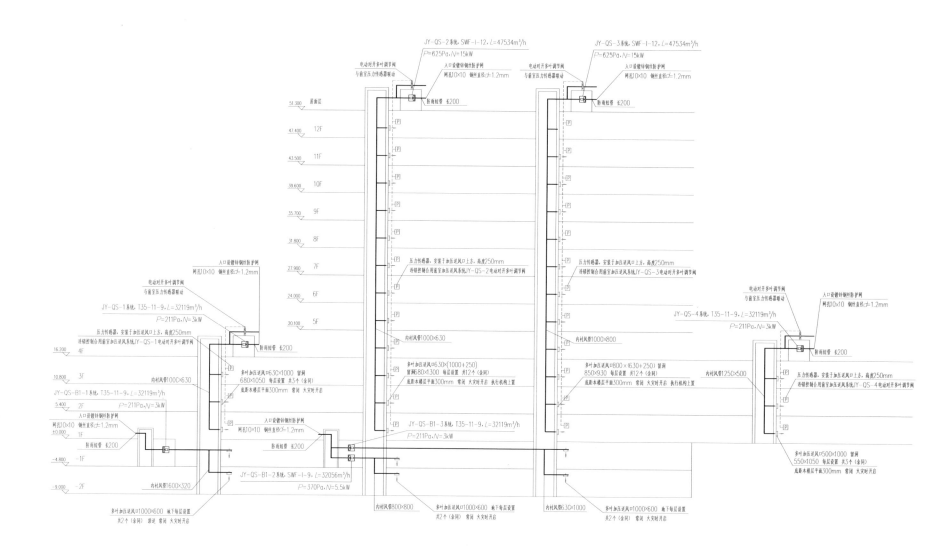

前室加压送风系统图

3. 电气照明设计

（1）电光源的选择

针对建筑的不同功能场所，合理选择电光源，并在满足照度标准和照明质量的前提下，优先选择节能型电光源（LED 或节能型荧光灯）。

（2）灯具的选择

针对建筑的不同功能场所，正确选择灯具类型，并在满足限制眩光和配光的条件下，优先选用反射效率高、耐久性好的反射式高效灯具。

（3）照明计算

采用利用系数法进行平均照度计算。在满足照度标准和照明质量要求的前提下，严格执行照明功率密度值（LPD）的规定。

（4）客房照明设计

设置智能照明控制系统。每间客房设置 RCU 控制器，房间内可通过面板人工控制；所有客房、总台服务器及酒店管理主机通过智能照明控制系统实现网络化自动控制。

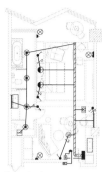

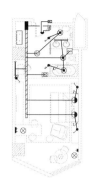

标准间照明平面图　　普通套房照明平面图　　商务套房照明平面图　　大床房照明平面图

■	配电箱	—
⚫⚫⚫	单联，双联，三联开关	—
▲	单联，双联暗装插座	—
◎	嵌入筒灯	进门玄关、主要过道
▬	单管荧光灯	梳妆台
⊗	防水防尘灯	卫生间
⊗	台灯，落地灯	写字台、客房局部照明
◑	壁灯	—
⊡	半嵌式吸顶灯	会客厅、阳台、总统套房装饰
⊠	夜灯	床脚
⊟	排风扇	卫生间
⊟	节电钥匙开关	进门处
▲	总照明开关	进门处
▭	请勿打扰灯	进门处

设备说明表

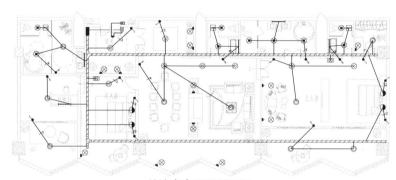

总统套房照明平面图

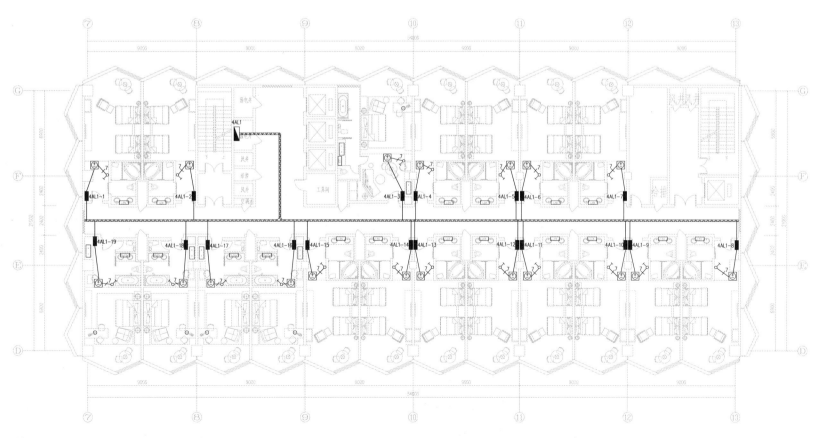

客房层配电箱平面图

锦湖苑

——成都市锦城湖酒店设计

项目简介

　　本项目属于锦城湖区域的重要建筑，需展示出成都的新形象、新风貌。建筑布局应充分考虑周围环境的影响，合理利用地形地貌，尽量使较多的客房能够享受湖景资源。功能上应满足高端商务及城市休闲旅客的住宿要求，并可满足一定规模的会务要求。

团队构成

建筑 ——— 田鸽 蔡祯 罗一华 ————————————

土木 ——— 吴祥均 袁真尧 萧诗萌 ————————

给水排水 ——— 蔡渺 ————————————————

暖通 ——— 唐茂川 ————————————————

电气 ——— 廖诗昆 ————————————————

建管 ——— 刘驰 陈波 杨强 张雨杨 ——————

锦湖苑酒店建设项目可行性研究报告节选

1. 建设规模

　　锦湖苑酒店项目总用地面积 28391m²。酒店建筑计容面积约 2.4 万 m² 左右，地下室面积约 9340m²（功能包括车库、机电设备房、后勤，具体面积根据需求确定），绿地率 31.20%，容积率 0.84，建筑密度 28.10%。

主要技术经济指标表

序号	指标名称	单位	指标数量
1	总占地面积	m²	28391
2	总建筑面积	m²	33432
3	地下建筑面积	m²	9340
4	地上建筑面积	m²	24092
5	建筑高度控制	m	50
6	建筑容积率		0.84
7	绿地率	%	31.2%
8	建筑密度	%	28.1%

2. 项目实施进度

（1）建设工期

　　该项目预计建设期共 21 个月，试运营 3 个月后进入运营期，故建设期取 2 年。

（2）项目建设进度预测

项目建设进度计划表

时间（月）	1-4	5	6-7	8-10	11-21	22
计划	勘察、设计、施工准备等前期准备	三通一平	土石方及基础工程	地下室工程	建筑、安装、装修及室外工程	对整体工程进行完工

（3）项目实施进度表

项目实施进度表

序号	项目	时间（季度）							
		1	2	3	4	5	6	7	8
1	勘察、设计、施工准备等前期准备								
2	二通一平								
3	土石方及基础工程								
4	地下室工程								
5	建筑、安装、装饰及室外工程								
6	整体完工								

3. 投资估算

　　该项目总投资为 28983.444 万元，单方造价 8669 元/m²。

　　该项目资金来源：银行贷款 1 亿元，自有资金 18983.444 万元。向建设银行借款的利率为 8%，建设期利息，当年采用项目自有资金偿还，借款本金采用"等额还本付息"的方式在项目建成后 10 年内还清。

4. 收入与成本预测

客房定价

　　通过该项目周边 6 家精品酒店各类房间的价格推算该项目客房价格。

　　最终推算出平均价格为 1118 元/间·天，总营业收入为 9634.391 万元/年。

工程费用表（部分）

序号	工程和费用名称	特殊说明	总价（万元）	数量（m²）	单方造价（元/m²）
1	土建及装饰工程				
1.1	打桩		374.00	24092	155
1.2	基坑维护		810.00	9340	867
1.3	土方工程		234.00	9340	251
1.4	地下建筑	含地下室装修	360.00	9340	385
1.5	地下结构		1800.00	9340	1927
1.6	地上建筑		765.00	24092	318
1.7	地上结构		1360.00	24092	565
1.8	装饰		4590.00	24092	1905
1.9	外立面	含入口雨篷	1700.00	24092	706
1.10	屋面		51.00	24092	21
1.11	标识系统		52.00	33432	16
	土建及装饰工程费小计		12096.00	33420	3619
2	机电安装工程				
2.1	给水排水工程		910.00	33420	272
2.2	消防喷淋		286.00	33420	86
2.3	煤气	包括调压站	52.00	33420	16
2.4	变配电	11500kVA	520.00	33420	156
2.5	应急柴油发电机组	2300kW	286.00	33420	86
2.6	电气		988.00	33420	296
2.7	泛光照明		104.00	33420	31
2.8	消防报警		104.00	33420	31
2.9	综合布线		143.00	33420	43
2.10	弱电配管		104.00	33420	31

5. 财务评价

（1）盈利能力分析

　　融资后的总投资收益率为 8.49%，资本金财务内部收益率为 9.65%，项目资本金净利润率 =11.36%>0，盈利能力满足要求。

（2）偿债能力分析

　　该项目利息备付率均大于 1，偿债备付率均大于 1，说明项目偿债能力较强，满足要求。

（3）敏感性分析

　　β = 评价指标变化的幅度（%）/ 不确定性因素变化的幅度（%）
　　客房入住率平均敏感度 =（10.96-8.25）/9.64/20%=1.406
　　客房平均价格平均敏感度 =（10.63-8.61）/9.64/20%=1.048
　　可变成本平均敏感度 =|9.20-10.08|/9.64/20%=0.456
　　工程费用平均敏感度 =（9.85-9.43）/9.64/20%=0.218

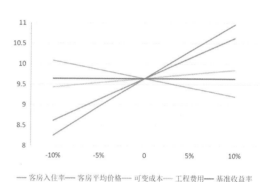

— 客房入住率 — 客房平均价格 — 可变成本 — 工程费用 — 基准收益率

图 1 敏感性分析表

　　通过敏感性分析，可以得出以下结论：

　　（1）项目的资本金内部收益率对四种不确定因素的敏感程度由大到小为客房入住率、客房平均价格、可变成本、工程费用。

　　（2）在项目运营期间，内部收益率对客房入住率最为敏感。因此，在项目运营期间，应该十分注意客房入住率的变化。

6. 可行性研究结论

　　投资环境和市场条件较好。该项目实施的各项基础条件已经具备，市场进入时机较为成熟，符合国家相关法律法规、政策规定。

　　经济、财务等方面较为合理、可行。该项目在经济、社会、环境等方面具有合理性，具有较强的还贷能力和抗风险能力，经济效益和社会效益较为显著。

　　建议：该项目应以创新为核心手段，避免与其他项目进行同质化竞争。国内酒店行业竞争激烈，如何凭借自身特色获得竞争优势，是新建酒店能否在市场上立足的关键。优秀的工程设计、特色鲜明且优质的服务等均为有利于酒店保持良好入住率的重要前提条件。

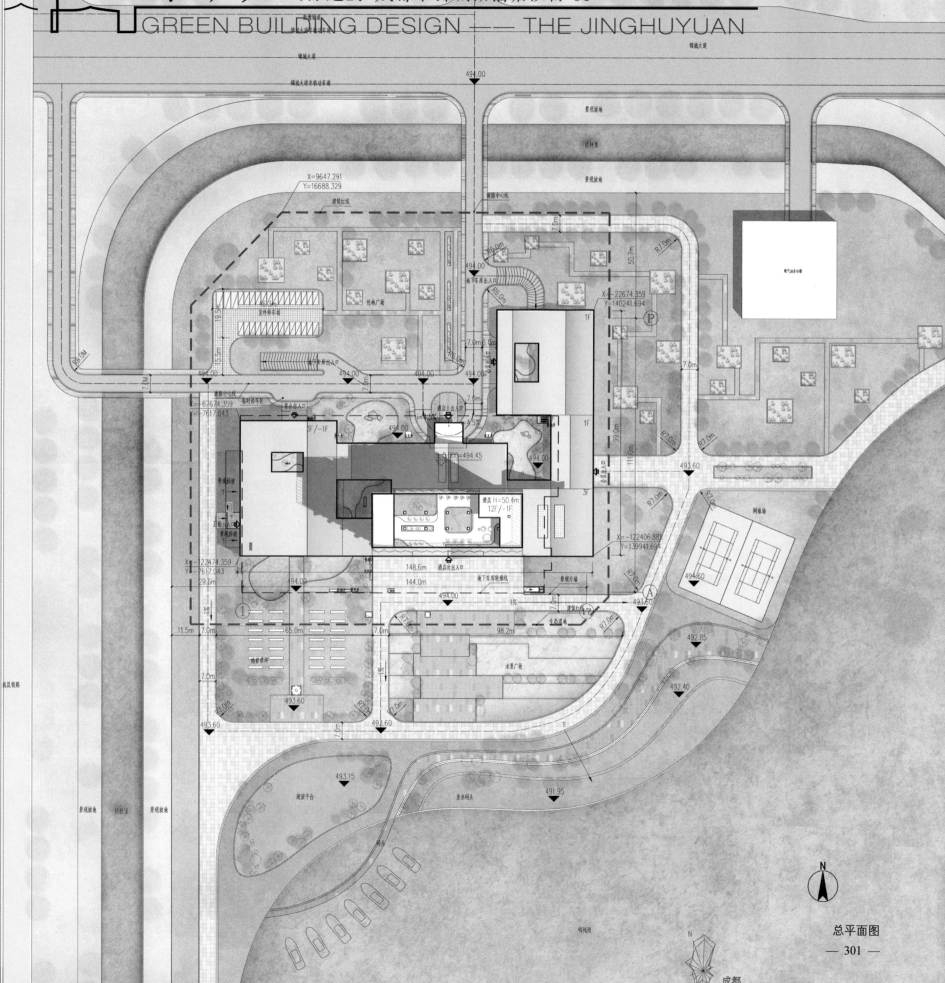

总图分析

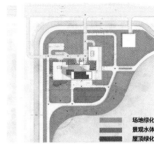

主要车行流线 主要人行流线 建筑消防扑救面图示 建筑消防扑救流线图示 场地绿化分析

应对策略

形体生成

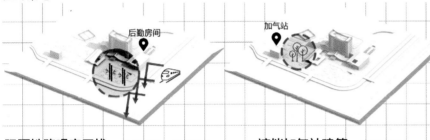

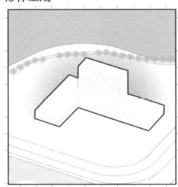

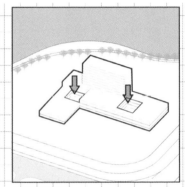

阻隔铁路噪音干扰 - **竹林广场、后勤房间** 遮挡加气站建筑 - **乔木绿植**

1.总体布局
建筑主要面向良好景观面布置。

2.形成院落
优化体量中置入院落，提升内环境。

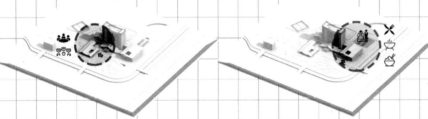

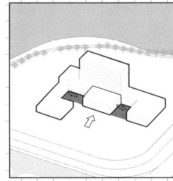

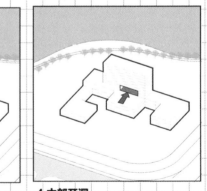

现代商务功能 - **多功能厅、大中小型会议室** 特色餐饮功能 - **中餐厅、宴会厅、婚宴场地**

3.突出入口
利用景观院落丰富层次，强化入口。

4.中部开洞
置入空中花园，垂直界面引入绿色。

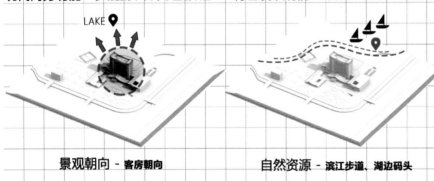

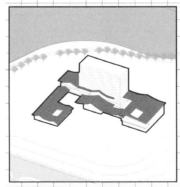

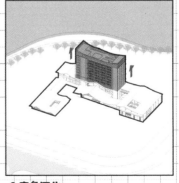

景观朝向 - **客房朝向** 自然资源 - **滨江步道、湖边码头**

5.抽象演绎
将形式意象利用建筑语言适当表达。

6.意象深化
根据概念意象，深化整体形象。

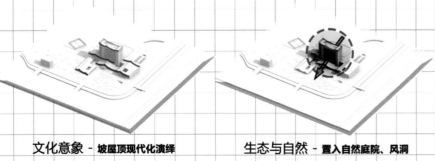

文化意象 - **坡屋顶现代化演绎** 生态与自然 - **置入自然庭院、风洞**

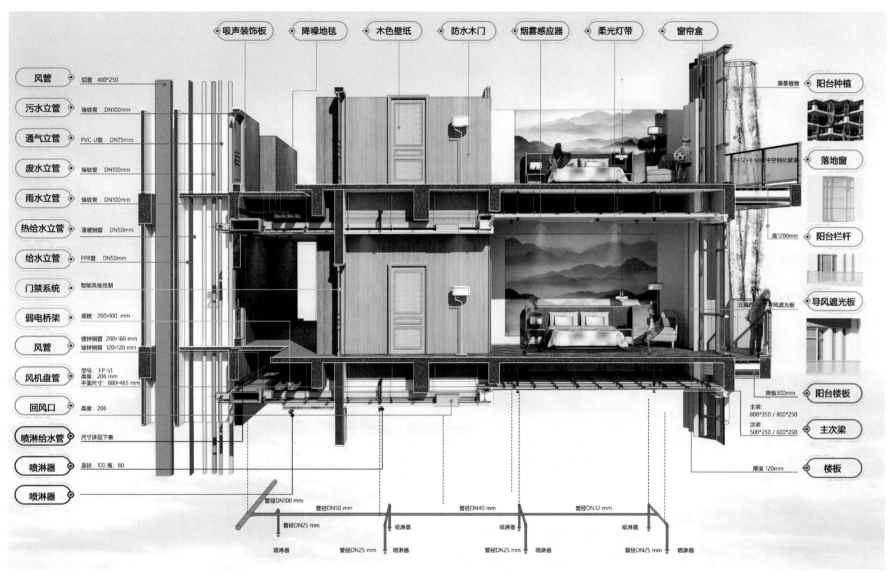

客房专业协同剖透视

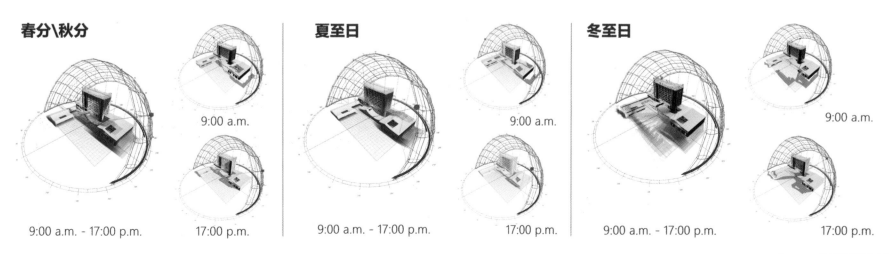

春分\秋分

9:00 a.m.

9:00 a.m. - 17:00 p.m.

17:00 p.m.

夏至日

9:00 a.m.

9:00 a.m. - 17:00 p.m.

17:00 p.m.

冬至日

9:00 a.m.

9:00 a.m. - 17:00 p.m.

17:00 p.m.

Ecotect 体量阴影分析

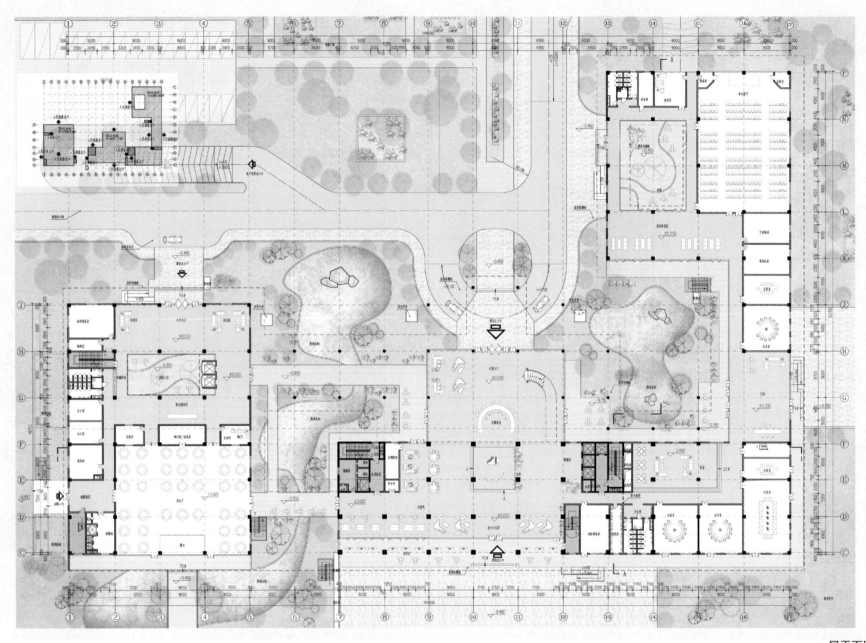

一层平面图

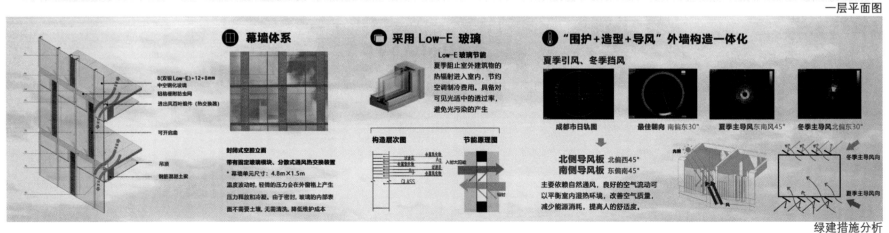

绿建措施分析

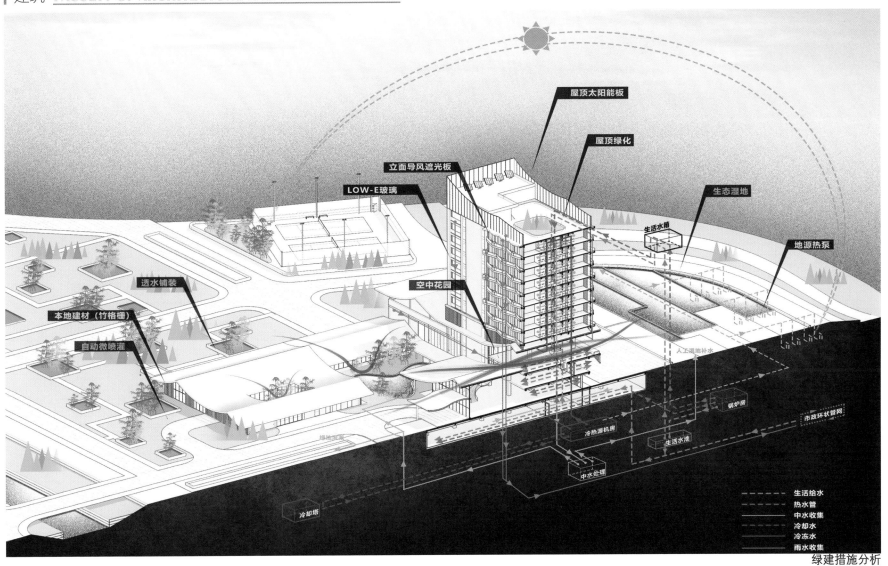

屋顶太阳能板　屋顶绿化　立面导风遮光板　LOW-E玻璃　生态湿地　生活水箱　地源热泵　空中花园　透水铺装　本地建材（竹格栅）　自动微喷灌　人工湿地补水　市政环状管网　锅炉房　冷热源机房　生活水池　中水处理　冷却塔

- - - - - 生活给水
- - - - - 热水管
───── 中水收集
───── 冷却水
───── 冷冻水
───── 雨水收集

绿建措施分析

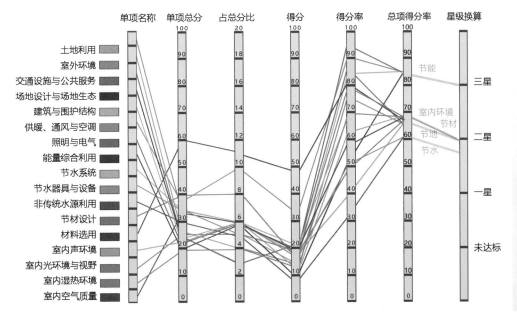

单项名称　单项总分　占总分比　得分　得分率　总项得分率　星级换算

土地利用
室外环境
交通设施与公共服务
场地设计与场地生态
建筑与围护结构
供暖、通风与空调
照明与电气
能量综合利用
节水系统
节水器具与设备
非传统水源利用
节材设计
材料选用
室内声环境
室内光环境与视野
室内湿热环境
室内空气质量

节能　室内环境　节材　节地　节水

三星　二星　一星　未达标

	节地与室外环境 w_1	节能与能源利用 w_2	节水与水资源利用 w_3	节材与材料资源利用 w_4	室内环境质量 w_5	施工管理 w_6	运营管理 w_7
设计评价 居住建筑	0.21	0.24	0.20	0.17	0.18	——	——
设计评价 公共建筑	0.16	0.28	0.18	0.19	0.19	——	——
运行评价 居住建筑	0.17	0.19	0.16	0.14	0.14	0.10	0.10
运行评价 公共建筑	0.13	0.23	0.14	0.15	0.15	0.10	0.10

表 3.2.7 绿色建筑各类评价指标的权重

节地与室外环境 0.16
室内环境质量 0.19
节水与水资源利用 0.18
节材与材料资源利用 0.19
室内环境质量 0.19

评分情况及总结

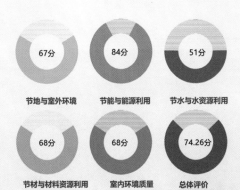

| 67分 节地与室外环境 | 84分 节能与能源利用 | 51分 节水与水资源利用 |
| 68分 节材与材料资源利用 | 68分 室内环境质量 | 74.26分 总体评价 |

在绿建评分中，节能与室外环境、室内环境质量相对较好，大部分的指标都达到了二星及二星以上的标准，但在节水与水资源利用方面有较大改进空间。

绿建得分情况分析

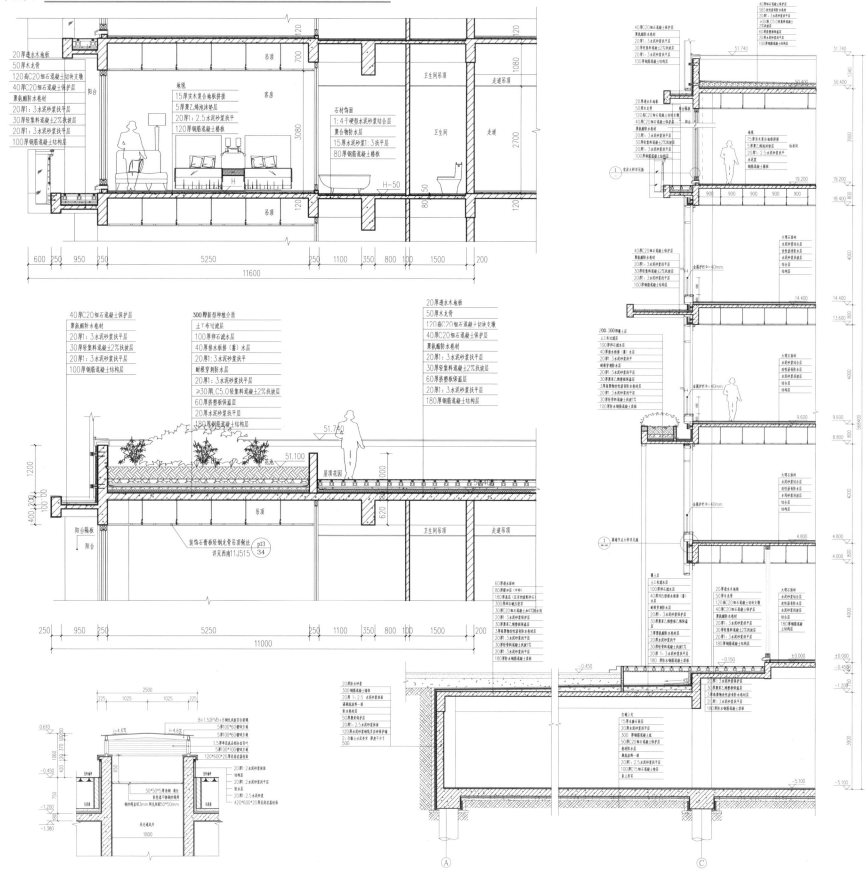

1.抗震设计

（1）采用被动减震原理中的耗能减震方式

耗能减震是通过采用耗能构件以消耗地震传递给结构的能量为目的的减震手段。从能量的观点看，地震输入结构的能量 ED 是一定的，因此，耗能装置耗散的能量越多，则结构本身需要消耗的能量就越小，这意味着结构的损伤降低。另一方面，从动力学的观点看，耗能装置的作用，相当于增大了结构阻尼，而结构阻尼的增大，必将使结构的地震反应减小。考虑到主体结构耗能情况很难改变，着手于附属结构构件耗能情况的改善。

（2）万向节在建筑隔墙与梁、柱连接中的应用

为了更好地达到预期效果，引入依靠地震监测指标为触动媒介的控制系统。仅当地震监测指标达到设防阈值时，系统启动，才允许万向节自由转动，即允许隔墙与结构构件实现相对脱离。作为组成部分之一的黏滞耗能器，能够利用活塞与缸筒相对运动时所产生的压力差挤压迫使黏滞流体材料从阻尼孔中通过，从而产生阻尼力并耗散能量。

（3）ECC（超高延性纤维增强水泥基复合材料）加固结构节点的应用

ECC 向多重微细裂纹稳态开裂模式的转变，具有显著的非线性变形、优良的韧性和耗能能力。起波钢筋先拉直后拉断的属性，可以在地震作用下使该截面首先形成塑性铰，实现"强柱弱梁"设计。故在计算过程中按照将内力放大的方式去考虑。

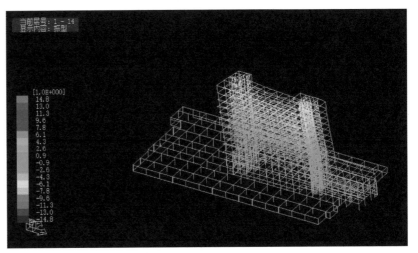
地震震形图

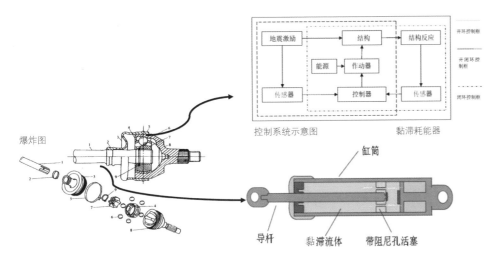
万向节节点示意图

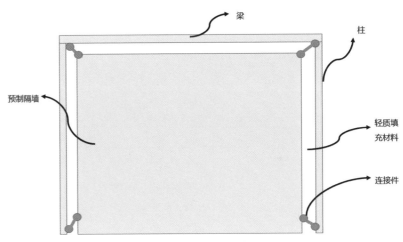
万向节安装示意图

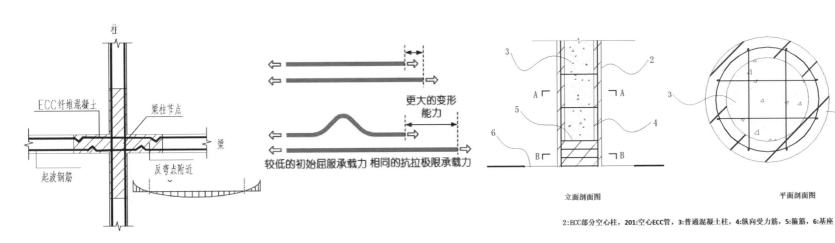

2:ECC部分空心柱，201:空心ECC管，3:普通混凝土柱，4:纵向受力筋，5:箍筋，6:基座

节点 ECC 纤维混凝土包裹示意图　　　　　　柱端 ECC 纤维混凝土包裹示意图

2.污水系统设计

（1）生活排水系统体制选择

该建筑采用污、废水分流制排水系统，排入建筑室外污水检查井后再进入污水处理站。

本设计中客房区域排水均设专用通气管，低区公共区域设伸顶通气或侧墙通气。地下室污水无法自流排出室外，采用潜污泵抽升排出。

（2）排水系统流程图

卫生器具及排水设备→排水管网→室外排水→处理构筑物→市政排水管网（流程图中未包括通气系统）

（3）排水系统的组成

排水系统由卫生器具、排水管道、检查口、清扫口、室外排水管道、检查井、集水井、潜污泵、污水处理站等组成。

通气系统包含伸顶通气管、专用通气管、结合通气管、汇合通气管。

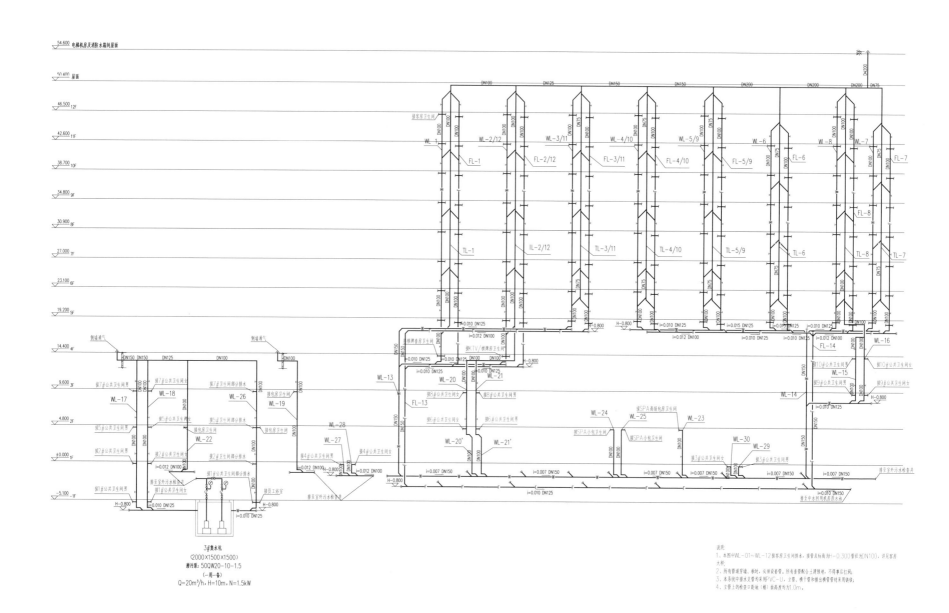

污废水系统原理图

3.冷热源方案

（1）复合式地源热泵

本设计采用的冷热源方案为复合式地源热泵，其优点在于土壤温度稳定，热泵性能系数较高，总体运行较稳定，缺点在于施工量较大，初投资较高，需考虑冷热不平衡带来的影响。

（2）节能分析

与常规系统相比，复合式地源热泵系统年耗电量为 520.85MW·h，每年节约标煤 181.78 吨。

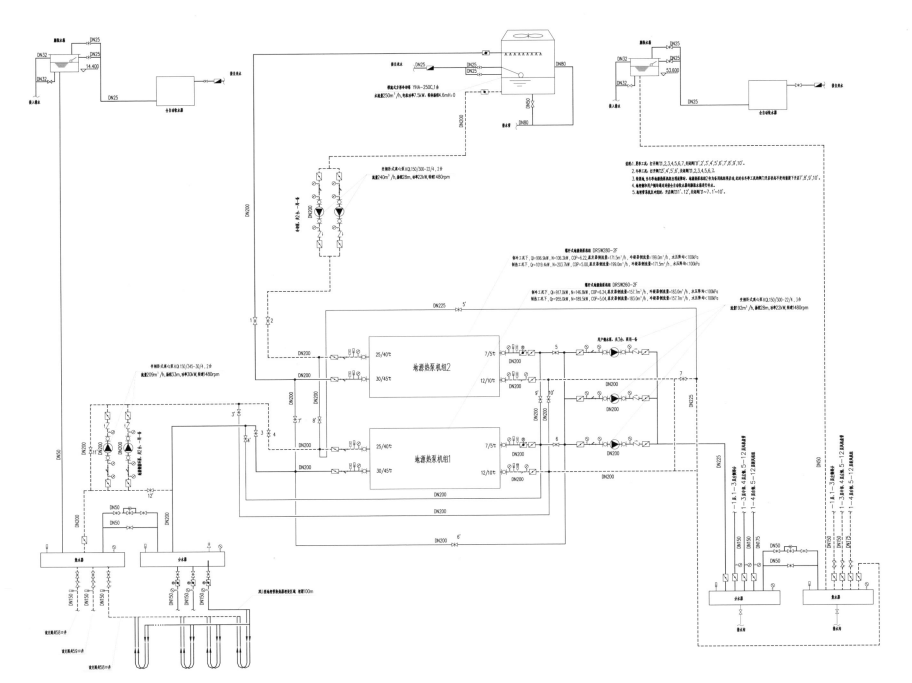

冷热源流程图

4. 弱电系统

本酒店弱电系统包括：①电气消防系统：火灾自动报警及消防联动控制系统；②安全防范系统：入侵报警系统、视频安防监控系统、出入口控制系统、电子巡查系统、车位引导系统等；③信息设施系统：综合布线系统、数字电视系统、电子会议系统、智能会议系统等；④建筑设备监控系统：冷热源监控系统、空调监控系统、给水排水监控系统以及电梯监控系统等。

5. 火灾自动报警和消防联动控制系统

安装在探测区域内的火灾探测器不断地向所监视的现场发出巡测信号，监视现场的烟雾浓度、温度等火灾信息，并通过传输线路不断地反馈给火灾报警控制器。当确定发生火灾时，火灾报警控制器产生报警信号，显示火灾发生部位，打印报警时间、地址等，同时发出声光报警信号，接通应急广播指挥人员疏散，启动联动控制系统，如打开排烟风机、正压送风机、关闭空调机，切断相关区域非消防电源，启动应急照明电源，电梯迫降首层，关闭防火卷帘，启动灭火系统等。

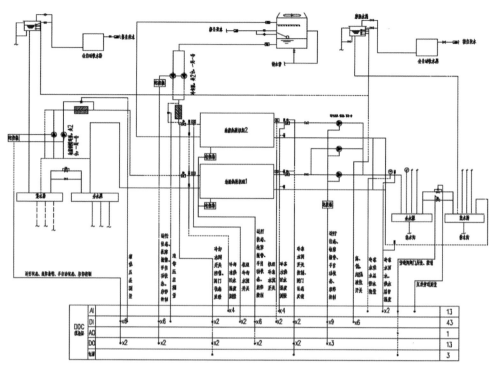

冷热源系统监控原理图

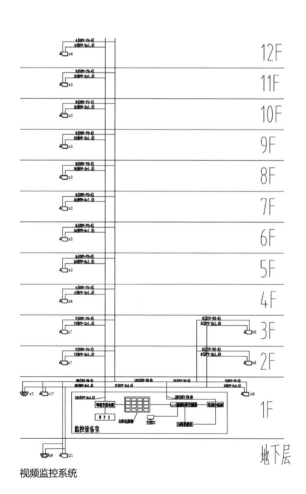

视频监控系统

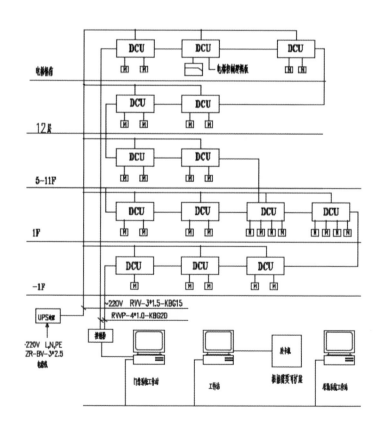

门禁系统

安全防范系统布置图

学生采访专辑

A 李上 2015·建筑

联合设计与过去设计最大的区别就是项目的实际操作性和与其他专业的紧密配合。我们设计的作品不再是单纯的自我审美和构思的投射，而是一个可以落地的可以真正投入使用的真实建筑。

沟通的重要性也是我在整个设计中最突出的体验。设计进行到正草阶段时，建筑和结构方面的图纸都即将画完的时候，两个专业在图纸数据核对时不经意发现了柱子尺寸的差别。每张平面图的修改都花费了我们大量的时间，而这些无用功都是由于两专业前期沟通的不细致造成的。

C 熊辩 2015·结构

在毕设的三个月里，朝夕相处的优秀的同学们也成为很好的朋友，我从这些优秀的同学那里也学到了很多东西，比如说高效的工作态度，乐观的生活态度，这一段经历改变了我很多。

土木学院的传统毕业设计注重对学生耐性的锻炼和结构概念的训练主要表现在手工绘制图纸和手算结构内力上。而联合毕业设计则与实际结合得紧密，能够让我们提前学习到工作中的一些知识，并且综合性比较高，能够拓宽土木工程专业的学生的视野和全局概念，让学生懂得在结构设计中和其他建筑专业协调的重要性。

U 顾伟康 2016·给排

这四个月我累并充实着。时间很快，很多事情都是这样，在过程中痛苦挣扎，希望时光快快流逝，行将结束之际，却又感慨这段匆匆流逝的岁月。其实刚开始并不是特别想报联合毕设，因为认识到这是"时间最长、最有挑战性的毕业设计"。现在想来，还是很庆幸自己当初的选择，庆幸自己曾为之奋斗，庆幸自己在最后的盛夏有如此收获。

U 吴从越 2017·环境

联合毕业设计以绿色建筑为主题，我的设计内容更是以节水与水资源综合利用为核心，选题既新颖又符合国家发展的趋势，平时我们的课程设计从未涉及污水、雨水和自来水量的平衡计算，也从未考虑过建筑中水和清洁雨水作为非传统水源的回收再利用，设计构筑物的时候，需要把各种功能尽可能地精简浓缩为一体，很多地方都不能直接照搬参考规范，对我的实际工程设计能力也提出了很高的要求，所以这对我来说既是一个挑战，又是一个很宝贵的学习和锻炼自我的机会。

M 黄琪 2017·建管

联合毕业设计最大的教训是做一件陌生的事情之前，准备工作要先做好。比如这一次做BIM，因为第一次接触，所以很多东西都很陌生。

建管学院在这次联合毕业设计的过程中涉及的工作比较多，几乎从头至尾都要涉及。我们的解决办法是采用分工的形式来完成这些工作，但最后导致一个严重的问题是我们对其他人所做的工作深度的了解不够，成果是零散的。这也是老师一直提醒我们要注意的问题，要对其他人的工作与自己的工作的关系有所了解，及时沟通。

A 赵航疆 2017·建筑

最突出的一点就体现在"联合"二字上。各个专业的同学在各自专业课老师的指导下，按照设计任务要求，依据所学专业知识和个人技能，在设计团队中充分发挥学术专长和专业技能。在设计过程中，充分地进行沟通交流，了解各专业协调与配合的方法和流程，密切配合工作，增强对工程项目设计与建设过程的整体把握，培养团队协作精神与沟通协调能力。

作为14人小组的组长，在这个设计中扮演了工作中项目负责人的角色，在这个过程中，协调各专业的配合、分配任务、整理资料、汇报、汇总等繁杂的工作确实给了我更多的挑战，4个月来在几个专业的同学之间周旋也确实对我的能力有一定提升，也让我相比起我的组员更加了解其他专业的同学，更能理解他们的工作，对我有极大的锻炼意义。

教师感言

随着教育教学改革的不断深入,"多维度"、"多元化"成为教学模式和教学组织关注的热点,联合毕业设计就是其中一个典型的范例。

目前国内各高校联合毕业设计的模式不外三种类型:一种是跨学校或跨地域的相同专业之间的联合,是学科内单一专业的地域文化和跨学校的交流,突出本学科专业自身的研究特点;另一种是跨学校或跨地域的不同专业之间的联合,体现不同学科、不同专业之间的横向知识拓展和多维融合;第三种就是跨学科或跨学校的不同学科、不同专业之间的联合,重点强化不同学科、不同专业之间的知识结构的纵向延伸和连贯,展示全过程的协同关联。重庆大学建筑学部联合毕业设计就属于这种类型,其特点就是发挥各学科、各专业自身的优势,强化学科和专业之间的联系,横向联合建筑、土木、城环、建管四个学院,纵向延伸建筑策划、方案设计、结构设计、环境与设备设计和施工管理设计的全过程融合。

参加了6年的重庆大学建筑学部联合毕业设计教学,一直铭刻内心、感触最深的并不是教了多少学生、做了什么事情,辛苦固然重要,但更多的是对联合教学"协同融合"的体会和思考。

说起联合就会谈到协同和融合,但要做到真正的协同融合并非是一个简单的事情。一是各学科、各专业之间存在差异造成的隔阂而形成各自独立的状态,二是各学科和专业之间缺乏联系导致的沟通和交流不畅,三是缺少完整连续的系统教学过程训练而出现的全过程中各环节的脱离。

针对这些问题,学部联合毕业设计的有效办法是:认知层面——解决教师和学生的思想观念融合,加强学科和专业之间的联系,换位思考,相互理解,强化系统的连续性和完整性,突出教学与实践的关联,从越界走向跨界;教学层面——建立教师之间、学生之间、专业之间的协同指导和交流,拓展知识面,注重知识结构的完整性和连续性,形成常态协同联合,从单一走向多元;组织层面——将各专业教师和同学混合编组,制定工作协同流程,明确各专业之间的协同时段、介入方式、工作任务,同时发挥"校—企"合作优势,引入企业导师,形成联合指导,从协助走向协同;管理层面—定期检查预期目标,加强环节控制,交叉评阅指导,实现互融互通,企业导师答辩,实现社会检验,公开展评,获取信息反馈,从配合走向融合。

经过长期不断的坚持和努力,真正做到了不同专业之间、师生之间、教学成果、教学过程的全面协同和融合,得到了社会各界的充分肯定和效仿。虽然辛苦,但很值得。

联合为融合提供了平台,联合为融合带来了机遇和挑战。

——邓蜀阳(建筑城规学院·建筑)

参与建筑学部联合毕业设计的指导工作后,我们认为:首先联合毕业设计的优势在于各专业设计人员能就同一工程项目集中设计,便于各专业学生在设计中与相关专业设计人员沟通,增强学生对其他建筑相关专业的了解,并能提高各专业学生设计阶段的工种协调能力。其次,参照目前项目设计中方案设计、初步设计与施工图设计的分阶段设计,分别对应有项目组的方案汇报、中期汇报、毕业设计答辩三步,能够提高学生编制方案、初步设计阶段文件以及专业汇报的能力。最后,通过相关专业设计,能完成现实项目的综合设计,提高了学生完成毕业设计的成就感以及项目组的集体协作能力。

——张 勤/谢 安(城市建设与环境工程学院·给水排水)

空调系统作为建筑设备体系的一部分，对建筑的正常使用及节能运行起着重要作用。通过联合毕业设计，可以让暖通专业的同学们深刻理解建筑和建筑师的思想，更好地服务于建筑，理解建筑的结构体系以及与各专业之间的协调、配合。通过联合毕业设计的培养，让同学们知道一个好的建筑设计绝对不是某个专业的最优设计，一定是多专业共同努力和平衡的结果。暖通专业交出的成果不仅是一份优秀的暖通设计，而且是一个满足各专业需求的、经过了不断优化的成熟作品。

——陈金华（城市建设与环境工程学院·暖通）

在这场模拟实际建筑工程设计过程的演练中，电气专业的同学常常感到置身于非常困惑和艰难的境地。由于专业的特点，电气设计基本处于整个设计链条的最末端。如何摆脱同学们从设计开始阶段等米下锅到后期根本不可能完成设计任务的困局，是摆在老师和同学们面前的一道难题。经过几年的摸索，我们总结出了一套根据各阶段特点逐步推进，确保完成设计任务的办法（以供配电系统设计为例）：在设计初期，同学们通过查阅文献资料、熟悉专业规范，配合建筑专业完成方案设计，包括确定电气设备房、竖井的数量、位置、面积等；设计中期（相关专业提供用电设备负荷之前），进行照明平面、防雷接地平面设计和供配电系统的模拟设计和计算，即利用往届相同功能建筑相关专业的设计方案和设备负荷，进行负荷计算、供配电系统设计、短路电流计算以及低压竖向配电系统、高低压配电系统等的设计和计算演练，完成专业理论知识和实际建筑工程电气设计的衔接；相关专业提供设备负荷和工作图后，重新核实计算结果，更新负荷计算表，最终完成供配电系统、电力配电系统设计。多年的教学实践证明，这样的设计推进模式，同学们既真实感受到了电气专业在实际设计过程中的工作状态，又保证了教学任务的完成。

——卿晓霞（城市建设与环境工程学院·电气）

与传统的土木工程毕业设计相比较，多专业联合毕业设计有如下特点：

1. 采用真实工程设计项目作为毕业设计任务要求，克服建筑、土木、设备、建管相关专业学生在传统毕业设计过程中相互脱节的现象，使设计过程与实际工作衔接。学生设计任务是根据实际工程项目设计任务书确定的，并设定了限制条件，有利于学生在设计过程中有真实体验，有利于提高设计研究的深度。

2. 采用以建设项目大组与多专业小组结合的方式进行联合毕业设计，让土木工程专业学生在多学科背景下的团队中承担个体、团队成员以及负责人的角色。

3. 通过方案设计讨论、比对、定案、汇报训练及通过文献分析，使学生具备在复杂工程专业分工条件下的协调配合的能力。通过对建成项目和在建项目的参观考察以及学生自己完成的与设计任务类似的项目调研，使学生具备与业界同行及社会公众有效沟通和交流的能力。

4. 通过结构初步设计说明书编写、设计图纸绘制及汇报评审，使土木工程专业学生具有设计对复杂工程问题的解决方案，设计特定建筑要求的结构方案的能力，具备综合考虑建筑、结构、设备及工程经济要求的设计能力。结构初步设计中体现创新意识，考虑社会、健康、安全、法律、文化以及环境因素。通过绿色建筑设计，能够理解和评价针对复杂工程问题的工程实践对社会可持续发展的影响。

5. 通过施工图设计阶段的专业融合，应用数学、工程力学和其他土木工程科学的基本原理，并通过文献研究分析，计算分析建筑结构，分析结果要求满足美观、实用、安全、经济的工程设计原则。通过绘制结构施工图、结构计算书编制及毕业答辩汇报文件编制，使学生初步具备复杂工程综合设计与独立工作的能力。

6. 利用建筑信息化技术（BIM）结合大数据、物联网技术，开展多专业协同创新实践，使学生初步具备针对复杂工程问题，选择与使用恰当的技术、资源、现代工程工具和信息技术工具的能力，包括对复杂工程问题的预测与模拟能力，并能理解其局限性。

7. 校企联合培养模式让学生更早地接触到工程实际对设计工作的要求，体验工程设计的复杂性与严肃性。

8. 利用联合毕业设计独有的专业融合培养模式，使学生具有自主学习和终生学习的意识，有不断学习和适应发展的能力。

多专业联合毕业设计是土木工程专业成果导向教育实践的成功案例，其支撑条件、师资队伍、教学方法、课程体系和评价方法与中国工程教育专业认证 CEAA 的毕业要求高度融合。

——甘 民（土木工程学院·结构）

作为重庆大学建筑学部本科多专业联合毕业设计的指导教师，本人主要参与联合毕业设计建设管理部分的指导工作，面向的学生以学部建设管理房地产学院的学生为主，同时也面向参加联合毕业设计的学部其他学院的学生。联合毕业设计实践教学的关键在于联合，其培养目标在于通过联合实现对学生未来职业发展所需的多专业知识、素质、能力的整合与融合性培养，并在此基础上使学生真正形成面向实践、面向行业未来和发展、面向学生未来职业发展多方面需求的综合性专业能力与通识能力。经过多年的实践，建筑学部本科多专业联合毕业设计实践教学活动业已具备臻于成熟的教学方案、面向实践且与时俱进的教学内容、团结协作的指导教师团队、严格有效的教学管理制度、关注学生成长与发展的培养环境、校企密切协同的合作办学机制，为实现联合毕业设计的上述教学目标奠定了坚实的基础。回首往事，令人感慨：在目前国内高等学校面临的特殊发展环境下，这样的本科实践教学活动能够坚持下来已属难能可贵，继续坚持下去可能更加举步维艰。愿我们这群人能够不忘人民教师的初心，坚守高等学校本科教育和本科人才培养的初衷，继续坚持下去！

——杨 宇（建设管理与房地产学院·建管）

后记

自完成自己的联合毕业设计至今，已经过去了足足两年，但这两年中和建筑学部多专业联合毕业设计的联系却愈加深刻。

作为 2017 年的体验者，深感联合毕设对自己颇有裨益，也多有些不舍的意思，第二年我便自告奋勇地申请作为卢峰老师的助教，参与到 2018 年的联合毕设中来，既是希望能够亲自将这份收获、体悟传递下去，也想试着换个角度重新思考联合毕设的意义与价值。

毫不夸张地说，联合毕设所给予我们的在知识、眼界等方面的影响是重大的。这体现在三个方面：①同其他专业在设计中的碰撞、协调，促进了对本专业知识更加深入、理性的理解，过程中彼此对技术原理充分讨论，很好地巩固了双方对各自技术手段的认知，今后面对同类问题，便有了针对"新问题"主动探索"新方法"的思路和可能，而不是简单照搬"旧套路"；②设计过程中来自各专业的种种限制、要求，是对当前复杂城市、建筑问题所指向的技术综合性的真实反映，大家真实感受到的挣扎和束缚，生动诠释了在我们初识建筑学时常听到的比喻——建筑是带着镣铐的舞蹈；③联合毕设对建筑项目全过程的模拟，丰富了我们认知建筑的视角，使大家初步了解了策划、经济、结构、设备等专业关注的内容，这种全面的专业视野和知识储备在全周期绿色建筑、BIM 协同等当下热门议题的背景下更显得尤为重要。

如果说，建筑学前 5 年的专业学习，最终将我们引入了建筑设计的大门，那么建筑学部多专业联合毕设便在本科专业教育的尾声，为我们呈现了职业建筑师未来的发展方向和应有的工作状态。2018 年 9 月，当我和同为编委的几位小伙伴从老师那里接到这本作品集的编撰任务时，我们认为这本作品集除了作为教学成果的阶段性总结，更应成为一个窗口——帮助建筑学学生，甚至其他相关专业学生跨越专业壁垒，建立协同创作的意识。

基于这样的思考，在组织书中的内容时，我们希望尽可能地体现毕业设计的教学思考。一方面，选择其他专业和建筑设计联系最为密切的部分工作成果，以设计流程为主要线索编入书中每个设计作品；此外不同作品之间所选内容又有一定的差异性，保证整本书中能相对完整地体现任一专业在建筑项目中所解决的核心内容。另一方面，站在建筑学学生的视角，尽可能地在书中"还原"设计过程中各专业间发生过的矛盾与冲突，这些问题会因方案的不同而不同，却是准建筑师们的奇思妙想和其他专业技术诉求的真实碰撞与融合，这也应是本书的精华所在。为此，共同参与这本书编撰工作的几位编委也均是由往届参与多专业联合毕业设计的同学担任，这里也非常感谢他们的辛苦付出。

当然，最需要感谢的还是联合毕业设计教学团队的所有老师，今天联合毕业设计所取得的丰硕成果，得益于他们数年的坚持与奉献，这本作品集的顺利成书更离不开他们所给予的宝贵意见与指导，同时也非常感谢他们的信任、支持，让我们有机会负责本书的编撰工作，将自己的一点思考、体会呈现其中！此外，重庆大学建筑学部的老师们，这些年不辞辛劳地为联合毕业设计保驾护航，承担了许多幕后管理工作，在此一并致谢！

历时近一年，这本书的编撰工作也即将结束，也许书中内容尚有不足，敬请各位读者不吝指正。

徐焕昌

2020 年 6 月 30 日

The Multi-professional Graduate Design of the Architecture Department